U0363534

《生态文明研究丛书》
主编 沈满洪

生态文明建设的淳安样本

沈满洪 李玉文 谢慧明 等 著

中国财经出版传媒集团
中国财政经济出版社
北京

图书在版编目（CIP）数据

生态文明建设的淳安样本 / 沈满洪等著．－－北京：
中国财政经济出版社，2023.11（2023.12 重印）
（生态文明研究丛书 / 沈满洪主编）
ISBN 978 - 7 - 5223 - 2345 - 9

Ⅰ.①生… Ⅱ.①沈… Ⅲ.①生态环境建设 - 研究 -
淳安县 Ⅳ.①X321.255.4

中国国家版本馆 CIP 数据核字（2023）第 119135 号

组稿编辑：周桂元　　　　　责任校对：胡永立
责任编辑：周桂元　　　　　责任印制：张　健
封面设计：孙俪铭

生态文明建设的淳安样本
SHENGTAI WENMING JIANSHE DE CHUN'AN YANGBEN

中国财政经济出版社 出版

URL：http://www.cfeph.cn
E - mail：cfeph@cfeph.cn

社址：北京市海淀区阜成路甲 28 号　邮政编码：100142
营销中心电话：010 - 88191522
天猫网店：中国财政经济出版社旗舰店
网址：https://zgczjjcbs.tmall.com
北京财经印刷厂印刷　各地新华书店经销
成品尺寸：170mm×240mm　16 开　21.5 印张　352 000 字
2023 年 11 月第 1 版　2023 年 12 月北京第 2 次印刷
定价：96.00 元
ISBN 978 - 7 - 5223 - 2345 - 9
（图书出现印装问题，本社负责调换，电话：010 - 88190548）
本社质量投诉电话：010 - 88190744
打击盗版举报热线：010 - 88191661　QQ：2242791300

林　震　北京林业大学生态文明研究院院长、教授

孔凡斌　浙江省新型重点专业智库——浙江农林大学生态文明研究院执行院长、教授、首席专家

张俊飚　浙江农林大学浙江省乡村振兴研究院首席专家、教授

潘　丹　江西财经大学生态经济研究院院长、教授、首席专家

张　宁　山东大学蓝绿发展研究院院长、教授

王建明　浙江财经大学工商管理学院（MBA学院）院长、绿色管理研究院院长、教授

谢慧明　宁波大学商学院副院长、长三角生态文明研究中心主任、教授

方　恺　浙江大学区域协调发展研究中心副主任、公共管理学院长聘教授、浙江生态文明研究院学术交流中心副主任

总　序

　　2003 年 7 月 10 日，时任浙江省委书记习近平在中共浙江省委十一届四次全体（扩大）会议上的报告中明确提出"八八战略"，即发挥"八个方面的优势"，推进"八个方面的举措"。"八八战略"之五便是："进一步发挥浙江的生态优势，创建生态省，打造'绿色浙江'"①。我是在"八八战略"指引下成长起来的一名生态经济学者。正因为"八八战略"的持续推进，才持续有机会参与"八八战略"尤其是战略之五的规划研究、工作总结、经验提炼及理论宣讲，多次承担浙江文化研究工程重大项目并出版《绿色创新——生态省建设创新之路》《生态文明建设：浙江的探索与实践》等专著。

　　生态文明建设是一个博大精深的课题。因此，我几十年只做一件事——生态文明研究，主要研究方向是习近平生态文明思想、生态经济发展战略、生态文明制度建设、资源与环境经济学等。一个人的力量总是有限的，团队建设和平台建设不可或缺。于是，在浙江大学工作期间积极推动成立"浙江大学循环经济研究中心"，并担任常务副主任；在浙江理工大学工作期间，牵头成立"浙江理工大学浙江生态文明研究中心"，兼任主任和首席专家，使之成为浙江省重点研究基地；在宁波大学工作期间，牵头成立"宁波大学长三角生态文明研究中心"，兼任

---

　　① 习近平. 干在实处 走在前列——推进浙江新发展的思考与实践［M］. 北京：中共中央党校出版社，2006：71 - 73.

主任和首席专家，使之成为浙江省推进长三角一体化发展支撑智库；在浙江农林大学工作期间，牵头重组"浙江农林大学生态文明研究院"，兼任院长和首席专家，使之成为浙江省新型重点专业智库。

浙江农林大学生态文明研究院、碳中和研究院是为了响应国家生态文明建设、碳达峰碳中和重大战略而设立，旨在综合运用文理融合、多学科交叉的研究方法，为国家和地方生态文明建设、碳达峰碳中和领域提供跨学科综合解决方案，力求在生态产品价值实现机制、低碳发展路径与政策、亚热带森林增汇稳碳、碳达峰碳中和制度创新、生态文化传承与创新、生态文明法治理论与实践等领域研究取得重大突破。研究院前身是 2011 年设立的浙江农林大学生态文明研究中心。2021 年 6 月，更名为浙江农林大学生态文明研究院，并设立浙江农林大学碳中和研究院，实行"两院合一"运行机制。2021 年 9 月获中共浙江省委宣传部批准为浙江省习近平新时代中国特色社会主义思想研究中心研究基地。2022 年 12 月获浙江省哲学社会科学工作办公室、浙江省新型智库联席会议批准为浙江省新型重点专业智库，并进入浙江省建设具有全国影响的新型智库培育名单。研究院下设生态经济、低碳发展、生态文化、生态治理等四个研究所。研究院现有研究人员 70 余人，有正高级职称的研究人员占三分之一以上。国家"万人计划"哲学社科领军人才沈满洪教授、孔凡斌教授担任研究院首席专家。浙江省特级专家及国家科技进步奖二等奖获得者周国模教授、国家一级作家及茅盾文学奖得主王旭烽教授、国家"万人计划"青年拔尖人才潘丹教授、国家优青张宁教授分别担任低碳发展、生态文化、生态经济、生态治理四个研究所的方向带头人。沈满洪教授任院长，孔凡斌教授任执行院长。研究院产出了一大批有较大影响的学术理论和智库成果。主要研究成员承担了包括国家自然科学基金重大重点项目、国家社科基金重大重点项目以及"973 项目"在内的国家级和省部级项目 250 余项，在《经济研究》等国内外重要学术期刊发表学术论文超过 1000 余篇，出版学术专著 160 余部，成果获得国家科技进步奖等省部级优秀成果奖近 50 项，获得国家发明专利 20 余项，提交的政策咨询报告获中共中央、国务院、全国人大、中央国家机关部委和省级党委政府领导批示超过 100 次，产生了较大的学术影响、良好的社会影响和重要的决策影响。正值本专著校稿期间，沈满洪教授领衔的生态文明教师团队入选浙江省高校黄大年式教师团队。

浙江省是习近平生态文明思想的重要萌发地和率先践行地。浙江省各个单位高度重视生态文明研究和平台建设。但研究平台呈现出"多"而"散"的问题。根据省委"大成集智"的指示精神，在浙江省社科联的领导下，成立了"浙江省生态文明智库联盟"。该联盟由浙江农林大学生态文明研究院牵头，由浙江大学区域协调发展研究中心（国家高端智库）、浙江省发展规划研究院、浙江大学中国农村研究中心、浙江省生态环境科学设计研究院、浙江理工大学浙江省生态文明研究院等浙江省 16 家从事生态文明研究的国家高端智库、省级新型重点专业智库、研究基地等组成。国家"万人计划"哲学社会科学领军人才沈满洪教授担任智库联盟理事长。智库联盟坚持以习近平新时代中国特色社会主义思想为指导，利用绿水青山就是金山银山理念浙江省先行地优势，忠诚践行"八八战略"，聚焦生态文明研究，通过重大选题联合攻关、数据库案例库共建共享、联合举办国际学术论坛等重大举措，着力推动浙江省经济社会全面绿色转型重大理论与实践问题研究，集聚高显示度研究成果，为浙江省率先建成人与自然和谐共生的省域现代化先行示范区、生态文明制度"重要窗口"提供大成集智和理论支撑。智库联盟已经开展了一系列卓有成效的工作：协同开展重大项目研究，如浙江省文化研究工程重大项目"共同富裕的探索与实践——浙江案例研究"（系列丛书 22 本）、浙江省哲学社会科学重大项目"碳中和论丛"（11 本）；合作举办国际性全国性学术会议，如"PACE 中国绿色低碳发展的理论与政策国际研讨会"（年度系列）等。

习近平生态文明思想是一个博大精深的理论体系，是一个开放发展的理论体系，尚有大量的理论问题、战略问题、政策问题值得深入研究。我国生态环境保护虽然取得历史性、转折性、全局性变化，但是，我国生态文明建设处于生态环境安全需要与生态环境审美需要并存、陆域生态环境保护与海洋生态环境保护并存、生态经济化任务与经济生态化任务并存、工业化现代化目标与绿色化低碳化目标并存的历史方位。可见，生态文明研究的任务依然任重道远，急需深入推进和深化生态文明研究。为此，浙江省生态文明智库联盟、浙江农林大学生态文明研究院推出"生态文明研究丛书"。

《生态文明研究丛书》为"不定期""不定册""连续出版"丛书。"不定期"就是不受出版时间的严格约束，书稿成熟就与出版社签署协议，进入出版程序；"不定册"就是不受一时认识水平的约束，实施开放式选题；"连续出版"就是形成生态文明研究的系列拳头产品，避免一本书单打独斗。该丛书可能的选题方向主要有：（1）习近平生态文明思想研究。重点研究习近平生态文明思想的理论以及全国各地践行习近平生态文明思想的实践。（2）绿色发展的理论和实践研究。重点研究绿色发展理论、生态产品价值实现机制、各地绿色发展实践、绿色发展制度和政策等。（3）碳达峰碳中和研究。重点研究国家与地方碳减排增碳汇、碳达峰碳中和战略、适应气候变化等理论与实践。（4）生态文明治理制度研究。重点研究资源与环境法律制度、生态环境治理机制、生态文明体制改革等。（5）生态文化建设研究。重点研究茶文化、竹文化、生态林业文化等特色生态文化、生态文明哲学、生态文明伦理、生态文明教育等。欢迎符合选题要求的著作纳入本丛书！

　　丛书编委会由浙江农林大学生态文明研究院院长及各学科带头人、浙江农林大学生态文明研究院学术委员会全体委员、浙江省生态文明智库联盟部分成员单位学术带头人组成。作为该丛书主编，对于各位专家同意邀约担任编委会委员表示衷心感谢！

沈满洪

2023 年 6 月于杭州

　　（作者系浙江农林大学生态文明研究院院长、浙江省生态文明智库联盟理事长、浙江省人民政府咨询委员会委员、中国生态经济学学会副理事长）

摘　要

习近平同志在浙江工作期间，曾 7 次到淳安县视察，对淳安县生态文明建设做出一系列批示和指示。主要包括：关于坚持"生态立县"、坚定不移地走可持续发展之路的观点；关于合理开发和可持续利用水资源也大有文章可做的观点；关于要坚持既要金山银山，又要绿水青山的观点；关于应该更加关心和支持淳安县的发展的观点。习近平同志担任中央政治局常委期间，又批示指出：浙江、安徽两省要着眼大局，从源头控制污染，走互利共赢之路。这些重要论述均对习近平生态文明思想的萌发和形成奠定了重要基础。

党的十八大以来，习近平总书记深刻回答了"为什么建设生态文明""建设什么样的生态文明""怎样建设生态文明"等重大理论和实践问题，形成了习近平生态文明思想。党的二十大报告进一步丰富和发展了习近平生态文明思想，提出了"提升生态系统多样性、稳定性、持续性""积极稳妥推进碳达峰碳中和"等重要论述。习近平总书记对淳安县生态文明建设的批示指示精神和习近平生态文明思想是指导淳安县生态文明建设的根本遵循。

淳安县通过生态县建设、美丽淳安建设、绿色共富创建等战略部署，走出了一条生态优先、绿色发展、共同富裕的现代化道路。一是生态环境质量持续改善。2002 年以来出境断面水质持续保持 Ⅰ 类，千岛湖成功列入全国良好湖泊生态环境保护试点和国家江河湖泊生态保护重点支持湖泊，被评为五个"中国好水"水源地之一。二是生态经济健康发展。淳安县三大产业地区生产总值分别从 2002 年的 9.80 亿元、14.34 亿元、14.02 亿元增长至 2022 年的 42.36 亿元、71.29 亿元和 155.86 亿元。三是居民生活水平持续提升。2002—2022 年淳安县城乡居民的收入水平持续提升。城镇常住居民人均可支配收入从 2002 年的 8756 元增长至 2022 年的 55228 元，增长了 530.74%，农村常住居民人均可支配收入从 2002 年的 3215 元增长至 2022 年的 26156 元，增长了 713.56%。

　　在充分肯定淳安县生态文明建设成就的同时，浙江省及杭州市等上级组织必须看到，为了建设新安江电站、为了保护千岛湖风景、为了确保杭州市和嘉兴市饮用水安全，淳安人民付出了巨大的经济社会代价。连接浙皖的新安江黄金水道既成就了历史上的著名徽商，又成就了建设新安江水库前的甲等县——淳安县。新安江水电站的建设使淳安县整整倒退20年，1978年的人均GDP才恢复到1958年的水平，淳安县成为贫困县。千岛湖国家级风景旅游区的建设，要求更加严格的生态环境保护，在旅游业迅速崛起的同时，经济增长总体趋缓，淳安县成为加快发展县。"千岛湖引水工程"的建设使千岛湖成为杭州市和嘉兴市的"大水缸"，淳安县成为"浙江省山区26县"，而且从浙江省山区26县前列退居后列。因此，省市政府支持淳安县的绿色高质量发展是题中应有之义。

　　淳安县在践行习近平生态文明思想过程中，妥善处理了生态保护与经济发展、自上而下与自下而上、上游地区与下游地区等关系，并形成了一些宝贵的经验。一是坚持规划先行，以不同阶段千岛湖的主体功能定位为目标编制相应规划，并坚定不移地予以实施，在实践中出台并迭代升级最严格的生态环境保护"千岛湖标准"；二是坚持价值引领，即使在付出巨大发展成本和机会成本的情况下，仍然弘扬顾全大局的精神、勇于创新的精神和敢于担当的精神；三是坚持需求导向，根据生态需求递增规律，利用自身生态优势和外部市场需求发展生态农业、生态工业、生态旅游业等深绿产业；四是坚持优质优价，通过打造千岛湖区域公共品牌提升生态产品附加值。

　　面向未来，淳安县要以习近平生态文明思想为指导，按照"生态优先，绿色发展，共同富裕"的总体要求，率先建成人与自然和谐共生的示范、率先建成山区绿色高质量发展典范、率先建成加快发展县绿色创新驱动共同富裕的模范，成功建成生态环境美、生态文化美、生态产业美、生态人居美的"美丽淳安"，成为"美丽杭州"的精品、"美丽浙江"的示范、"美丽中国"的样板。

　　由于新安江是浙皖跨界河流、千岛湖是杭州市和嘉兴市的饮用水源，导致淳安县的生态文明建设涉及淳安县、杭州市及嘉兴市、浙江省和安徽省、中央政府等多级多个主体。对于淳安县而言，淳安的事是淳安的事。要按照省委书记易炼红关于创新深化、改革攻坚、开放提升的要求，绘制美好蓝图、奋发图强发展、创新改革开放。对于杭州市而言，淳安的事是杭州的事。杭州市淳安特别生态功能区，是杭州市的特别生态功能区，不是淳安县的特别生态功能区，理当支持特别的保护、支持特别的考核、支持特别的补偿。对于浙江省而言，淳安的事是浙江的事。基于财政体制的"省管县"，理当支持特别的保护、支持特别的发展、支持特别的投入。而且，要协调杭州市和嘉兴市对淳安县的共同补偿。对于中央政府而言，淳安的事是国家的事。要协调安徽省和浙江省共同保护新安江流域生态环境。要支持淳安县总结淳安经验、打造淳安样本、建设淳安窗口。

深入推进淳安县生态文明建设，必须破解生态保护与经济发展的对立论误区。习近平总书记强调的"共抓大保护，不搞大开发"的核心要义是坚持"生态优先，绿色发展"。但是，在部分干部心目中，还是存在这样那样的错误认识和矛盾：一是把"共抓大保护"误解成"共促大保护"。只是监督淳安县保护，不是作为保护主体亲自投入保护。二是把"不搞大开发"误解成"不可搞开发"。三是把绿色发展误解成普通发展。其实，在生态优先的前提下是可以推动绿色发展的，更加可以大力推动深绿色发展。

淳安县是全国首个特别生态功能区——杭州市淳安特别生态功能区，旨在通过创新特别的管理体制、落实特别的财政投入、支持特别的生态补偿、给予特别的产业政策、设计特别的绩效考核，从而实现特别的生态环境保护、特别的深绿产业发展以及特别的居民民生发展。通过杭州市淳安特别生态功能区建设的综合评价可知，"特别的保护"和"特别的补偿"等落实相对较好，而"特别的制度""特别的投入""特别的政策"实现"特别的发展"落实相对不足。杭州市与淳安县人均收入差距不是缩小而是扩大，2018—2022年农村常住居民人均可支配收入倍数从1.718上升到1.735。2019年淳安县在浙江山区26县中排第17位，2021年为第18位。淳安特别生态功能区建设的三年实践存在两个突出问题：一是地方立法没有得到全面实施；二是特别生态功能区没有实施特别的考核。因此，一方面，要通过浙江省人大及杭州市人大的执法检查，监督该地方立法的全面实施。另一方面，要通过"一区一策"的办法对淳安县进行考核单列。

淳安县生态产品价值转化具有坚实的生态基础——生态补偿受偿额度全省第一、社会基础——"两山"理念深入人心、制度基础——制度体系基本建立。但是，生态产品的价值实现依然面临一系列问题："为谁转

化"——过多集中于政府、"谁来转化"——过度集中于政府、"转化什
么"——主要集中于林水、"转化多少"——只达到理论测算应补金额的
50% 左右。根据域外生态产品价值实现的经验,淳安县要不断完善政府主
导型、混合交叉型与市场主导型形成"三管齐下"的转化路径。一要继
续做大"绿水青山"这一立足之本,为实现生态普惠民众和争取财政转
移支付奠定基本盘;二要继续完善以生态补偿为主体的生态产品价值实现
机制,形成中央政府——省级政府——市级政府叠加的补偿体系,形成生
态补偿、循环补助、低碳补贴协同的补偿体系,形成县域内部补偿、县域
之间补偿和省域之间补偿的补偿体系;三要积极推动生态产权交易制度建
设,积极创建用水权和林权等自然资源产权交易制度,排污权等环境资源
产权交易制度,碳排放权、碳汇权、用能权等气候资源产权交易制度;四
要充分利用生态优势,大力发展生态农业、生态工业、生态服务业等深绿
产业,打造以千岛湖为特色的区域公共品牌,努力提升生态产品附加值。

　　淳安县发展深绿产业是淳安县生态功能定位和市场需要层次递增的必
然要求,是发挥淳安县生态环境优势和满足居民生态产品需求的必然要
求。淳安县发展深绿产业不仅有着显著的经济效益,还有着显著的生态效
益和社会效益。淳安县深绿产业发展存在空间不足、附加值低、产业链接
不足、产业融合不足等突出问题。首先,要解决淳安县"要不要发展"
的认识问题。"共抓大保护,不搞大开发"不是不要发展,而是要求绿色
发展。上级政府都要支持淳安县实现"特别的发展"。其次,要解决淳安
县"哪里发展"的空间问题。坚持"亩均论英雄",提高存量土地的资源
生产率、充分利用好可以开发的土地资源;探索"多规合一"试点,优
化发展空间,用足省市政府给予淳安县的"点状开发"的土地利用政策;
做强"飞地经济",杭州市的"飞地"要通过合作机制做大做强,嘉兴市
的"飞地"要尽快落实到位付诸实施。

　　高质量发展建设共同富裕示范区是中央赋予浙江省的神圣使命,淳安
县不能掉队;千岛湖成为杭州市和嘉兴市的饮用水源意味着淳安县发展的
约束条件更加严苛,只能走"绿色共富"之路。但是,2018—2022 年浙
江省对淳安县城乡居民可支配收入倍数分别从 1.274 上升到 1.290 和从
1.413 上升到 1.436;2018—2021 年杭州市对淳安县城乡居民收入倍数分
别从 1.403 上升到 1.409 和从 1.718 上升到 1.730。2018—2022 年淳安县
农村常住居民人均可支配收入占城镇常住居民人均可支配收入的比重由

44.29%提高为47.36%。要实现淳安县的绿色共富，必须推进分配机制创新，一次分配改革聚焦自然资源产权、环境资源产权和气候资源产权等参与分配，获取自然资源要素分配收益；二次分配改革聚焦生态补偿、循环补助、低碳补贴等，获取财政转移支付收益；三次分配改革聚焦特别生态功能区和革命老区等，获取社会捐赠收益。淳安县绿色共富之路必须立足自身生态优势，推进深绿产业发展。为此，必须铲除阻碍淳安县深绿发展的观念性障碍、制度性障碍、政策性障碍。

没有淳安县的生态保护，就没有美丽中国的杭州样本；没有淳安县的绿色共富，就没有杭州市的共同富裕。一方面，淳安县生态保护不仅在县域层面，而且在杭州市级层面均是践行绿水青山就是金山银山理念的重大成就，是美丽中国建设的杭州生动样本。另一方面，作为杭州市唯一的山区县（浙江省共有山区县26个），加快淳安县绿色高质量发展是补齐杭州共同富裕短板的必要举措。淳安县的绿色共富，并非守着特别生态功能区的牌子不要开发，而是在生态优先的前提下发挥本地特色适度开发，探索人与自然和谐共生的现代化之路。

目　　录

总论篇

专论篇

案例篇

总论篇

　　总论篇就淳安县生态文明建设的生动实践及成效进行了总结，就淳安县生态文明探索实践的经验启示进行了提炼，就淳安县深入推进生态文明建设的总体构想做出了展望。淳安县已经为我国生态文明建设打造了一个特别美丽的样本，并为其他同类地区提供了宝贵经验。面向未来，淳安县还要打造生态文明建设样本的升级版。

| 第一章 |

淳安县生态文明建设的生动实践及成效

淳安县是时任中共浙江省委书记习近平同志的基层工作联系点。习近平同志曾 7 次深入淳安县调研指导工作，离开浙江后又先后 5 次捎来书信和口信。淳安县承载着习近平总书记的殷切期望，肩负着生动展示习近平生态文明思想实践成果的重大使命。淳安县一直致力于成为践行绿水青山就是金山银山理念的标杆县，取得了显著成效。

第一节　淳安县生态文明建设的战略谋划

一、生态县建设战略

2002 年 12 月，以习近平为书记的中共浙江省委领导班子提出以建设生态省为主要载体和突破口，走"生产发展、生活富裕、生态良好"的可持续发展之路。2003 年，《浙江生态省建设规划纲要》正式下发标志着浙江生态省建设拉开序幕。① 习近平同志代表浙江省委在省委全会上做报告，明确提出了"八八战略"，其中的重要内容之一便是"进一步发挥浙江的生态优势，创建生态省，打造'绿色浙江'"。习近平同志亲自担任浙江生态省建设工作领导小组组长，并就创建生态省作出了一系列部署。在习近平同志的推动下，浙江省生态文明建设在空间上逐步形成了生态省、生态市、生态县（市、区）、生态乡（镇、街道）、生态村的创建体系，并在各个层面、各个方面开展了生态文明建设，成为全国生态文明先行示范区。

2004 年 10 月 3 日，习近平同志在淳安县检查指导工作时强调："淳安要大力坚持'生态立县'。淳安山青水秀，有一流的生态优势。淳安一定要切实转变经济增长方式，抓好生态建设，保护好千岛湖水源，这是事关淳安今后发展的大计，也是对全省大局的重大贡献。"② 淳安县始终坚持把生态环境保护作为落实生态县建设战略的重要举措，提出了"坚持环境立县，打造生态淳安"的发展目标，牢固树立"保护第一、生态优先"的工作理念，深化生态创建，彰显生态优势，做强生态经济，共建生态文明。

开展生态县建设以来，淳安县在绿水青山就是金山银山理念的指引下，以生态保护为前提，以绿色发展为重心，以民生福祉为依归，逐渐形成生态保护与经济发展良性互动的局面。2004 年淳安县被国家环保部命名为第三批国家级生态示范区，2009 年初被浙江省人民政府命名为省级生态县，2012 年 7 月通过国家生态县考核验收，2016 年被正式授予"国家生态县"荣誉，2018 年被认定为浙江省省级生态文明建设示范县，2019 年被确立为全国首个特别生态功能区，2020 年成功创建"绿水青山就是金山银山"实践创新基地。2022 年淳安县跻身全国县域旅游综合实力百强县榜单前 10 名。生态县建设是一项长期综合工程，只有起点、没有终点。在获得"国家生态县"荣誉后，淳安县仍按照生态文明建设的要求，不断巩固生态创建成果，把生态建设作为永续主题来谋划，努力探索更加高效的生态文明建设工作机制，让绿色成为千岛湖最靓丽的底色，

---

① 周光迅，郑玥. 从建设生态浙江到建设美丽中国——习近平生态文明思想的发展历程及启示［J］. 自然辩证法研究，2017（7）.

② 施扬. 建设生态省发展大旅游推进经济社会全面发展［N］. 浙江日报，2004 - 10 - 05.

让生态优势成为淳安县的核心发展优势。

二、美丽淳安建设战略

党的十八大报告首次提出"美丽中国"这一生态文明建设的战略目标，并成为"五位一体"总体布局的重要部分。党的十九大报告进一步强调，加快生态文明体制改革，建设美丽中国，既要创造更多物质财富和精神财富以满足人民日益增长的美好生活需要，也要提供更多优质生态产品以满足人民日益增长的优美生态环境需要。必须坚持节约优先、保护优先、自然恢复为主的方针，形成节约资源和保护环境的空间格局、产业结构、生产方式、生活方式，还自然以宁静、和谐、美丽。① "美丽中国"作为当代中国面临日趋严峻生态环境和资源形势作出的战略性选择，彰显了以习近平同志为核心的党中央坚持人与自然和谐共生方略，致力于建设富强民主文明和谐美丽的社会主义现代化强国的宏韬伟略。建设美丽中国，实现中华民族永续发展，是当代中国生态建设的必然逻辑，它必将推动中国社会走向生态文明新时代。

随着美丽中国战略目标的提出，浙江生态省建设战略提升为美丽浙江建设，相应地形成了美丽杭州、美丽淳安等系列美丽区域创建工作。党的十八大后，习近平总书记在专门听取杭州市工作汇报时指出，杭州要更加扎实推进生态文明建设，成为"美丽中国"建设的杭州样本。② 随后，杭州开始了"美丽杭州"创建工作，淳安县入选成为"美丽杭州"唯一实验区，在全省乃至全国范围内率先进行"美丽县域"建设的探索，并取得了卓越成效，形成了淳安样本。淳安县提出了"六个更美目标"：一是"水更美"。保护好一湖秀水，是淳安县自身永续发展的前提，上下严格的自我加压更是促使淳安县水质标准成为全国标杆。二是"山更美"。山林是重要的生态系统，要突出山林的生态屏障作用，要体现山林的景观功能，严格临湖临溪沿路照面山管理、生态修复和景观营造，打造全国一流的生态景观长廊。三是"村更美"。建设布局优、环境美、风貌新、产业

① 习近平. 决胜全面建成小康社会 夺取新时代中国特色社会主义伟大胜利 [N]. 人民日报，2017－10－18.

② 吕圆苗. 美丽杭州实验区 水秀天下蝶变梦——县委十三届六次全体（扩大）会议报告关键词解读 [N]. 今日千岛湖，2013－09－19.

特、人文显的美丽乡村，打造兼具"乡土气息、美丽元素、景观风貌"的浙江省级美丽乡村标杆县、全国乡村振兴示范区，实现乡村全面振兴。四是"城更美"。构建以小城镇政府驻地为中心，宜居宜业、舒适便捷的镇村生活圈，城乡融合发展体制机制初步建立，推动形成工农互促、城乡互补、全面融合、共同繁荣的新型城乡关系。五是"业更美"。积极推动观光游向休闲度假游转型，推动传统农业向规模化、企业化、精品化方向转型，推动传统工业向科技型、创新型、生态型方向转型，加快产业融合发展，重点发展农业休闲观光园区、旅游商品加工、三产融合综合体、工业旅游等业态。六是"人更美"。打造环境怡人、精神充实、稳步增收、保障完善、社会安全的社会环境，让"美丽杭州"实验区的建设成果惠及全县人民，形成具有淳安特色的民生幸福。

美丽淳安建设战略强调把生态文明建设与人民福祉紧密联系起来。提高淳安人民的生活品质是淳安生态县建设战略的主基调和主旋律，也是满足人民日益增长的美好生活需要的必然要求。美丽淳安战略实施以来，淳安县上下共同奋斗，既保住绿水青山又创造金山银水，在发展中保护、在保护中发展，围绕生态美、生产美、生活美，打造一个由内而生的美丽淳安。2022 年 7 月 8 日，浙江省建设新时代美丽浙江推进大会召开，淳安县荣获 2021 年度美丽浙江建设（生态文明示范创建行动计划）工作考核优秀县（市、区），这也是淳安县连续五年蝉联此项殊荣。截至 2022 年，淳安县还获评新时代美丽城镇建设优秀县（市、区），新时代美丽乡村建设考核优秀县（市、区），汾口镇、威坪镇、姜家镇、枫树岭镇、千岛湖镇创建成为省级美丽城镇建设样板，临岐、文昌、瑶山等 17 个乡镇创建成为市级美丽城镇建设样板。累计打造省级美丽乡村示范乡镇 14 个、省级新时代美丽乡村达标村 337 个、市级精品示范线 14 条、市级精品村特色村 116 个。火炉尖社区被评为省级引领型未来社区。

三、绿色共富创建战略

共同富裕是社会主义的本质要求，是人民群众的共同期盼。党的十九届五中全会科学研判国内外形势和我国发展条件，对全面建成小康社会之后我国全面建设社会主义现代化国家新征程做出了重大部署，提出"到2035 年全体人民共同富裕取得更为明显的实质性进展"的目标。随后

《中华人民共和国国民经济和社会发展第十四个五年规划和2035年远景目标纲要》明确提出，支持"浙江高质量发展建设共同富裕示范区"①。这是以习近平同志为核心的党中央作出的一项重大决策，充分体现了党中央对解决我国发展不平衡不充分问题的坚定决心，也为浙江高质量发展建设共同富裕示范区提供了强大动力和根本遵循。

人与自然和谐共生是中国式现代化的重要特征。高质量发展建设共同富裕示范区是中央赋予浙江的特殊使命。包括淳安县在内的浙江山区26县是共同富裕的突出短板。作为浙江省生态文明建设的排头兵、先行者，推进绿色共富是淳安县的最佳选择。2020年4月，习近平总书记给淳安县乡亲们带去问候，希望大家心往一处想、劲往一处使，把日子过得更加红火，发扬先富帮后富精神，带动周边走共同富裕之路。淳安人民牢记总书记的嘱托，始终坚持"绿水"润万物，咬定"青山"不放松，持续推进全域共富大美，不断筑牢共同富裕绿色基底，在山水间迸发出新的生命力。2021年7月，中共淳安县委十四届十一次全体（扩大）会议通过了纵深推进特别生态功能区建设促进共同富裕的实施意见，旨在以纵深推进特别生态功能区建设为统领，以"解决地区差距、城乡差距、收入差距"主攻方向，构建推动共同富裕的体制机制，为全省山区县跨越式高质量发展、实现共同富裕提供更多淳安经验。在2022年1月召开的中国共产党淳安县第十五次代表大会上，首次提出了共建特别生态区，共享魅力千岛湖的"四富"，即加快推动高标准保护、高质量发展、高品质生活、高水平创新，促进生态美富、深绿兴富、民生安富、改革增富。

绿色共富战略不仅要求提高淳安人民的生态福祉，还强调将"绿水青山"纳入财富分配体系。这对生态产品的价值转化提出了更高的要求，充分体现了淳安县坚定走好"绿水青山就是金山银山"之路的高度自觉和实践担当。2021年，淳安县入选浙江省高质量发展建设共同富裕示范区试点地区。对照省委"每年有新突破、5年有大进展、15年基本建成"的要求，淳安县行动迅速，不断形成推动共同富裕的阶段性标志性成果。第一，"大下姜联合体模式"被农业农村部作为全国经典案例推广，"以大下姜联合体模式，打造共同富裕淳安样板"案例成功入选浙江省缩小

---

① 中华人民共和国国民经济和社会发展第十四个五年规划和2035年远景目标纲要 [N].人民日报，2021-03-12.

城乡差距领域首批试点，"大下姜党建联盟乡村联合体共富模式"入选浙江省乡村振兴十佳创新实践案例。第二，淳安县东树坑村扎实推进集体经济为核心的强村富民乡村集成改革，通过盘活闲置农房，以"公司＋农户＋村集体"的模式，发展"旅居养生"产业，带动本地农产品销售，实现三方共赢共富，入选浙江省强村富民乡村集成改革典型案例。第三，淳安县创新实施"强村带弱村"共建共享工程、"先富带后富"全面帮带工程，全县92个"强村"与82个"弱村"联动发展，6500余名先富者（户）与1.1万户低收入农户结对帮扶，实施结对帮扶项目102个，带动村集体及低收入农户增收560余万元。随着淳安特别生态功能区建设的不断推进，一条人与自然和谐共生、经济社会发展与生态环境保护相得益彰的绿色共富之路正在不断拓展延伸、铺陈蔓延。

第二节　淳安县生态文明建设的生动实践

一、以发展规划为总揽，走生态优先、绿色发展、共同富裕之路

在2002年以前，灌溉、航运、发电、防洪、旅游是千岛湖的主要功能。随着周边地区环境形势日益严峻，千岛湖功能定位在上位规划的指引下发生转变。第一，转变为饮用水源地。2005年水利部、浙江省联合批准的《钱塘江河口水资源配置规划》要求新安江水库在流域供水中发挥更为重要的作用。2013年，国家发展改革委印发的《千岛湖及新安江上游流域水资源与生态环境保护综合规划》明确新安江水库的定位是长三角地区重要战略水源地。2019年，千岛湖配供水工程正式通水，标志着淳安县从战略水源地转变为现实饮用水源地。第二，转变为生态功能区。2016年，国务院印发《关于同意新增部分县（市、区、旗）纳入国家重点生态功能区的批复》，淳安县成为浙江省新增的十一个国家重点生态功能区之一。2019年杭州市人民政府审议通过《杭州市淳安特别生态功能

区管理办法》，标志着淳安县正式开启特别生态功能区的建设工作。通览近二十年与淳安县相关规章条例不难发现（见表1-1），随着千岛湖功能定位的转变，淳安县及时调整规划，在推陈出新中走出了一条生态优先、绿色发展、共同富裕之路。

表1-1   淳安县经济社会发展相关规划、规章、条例

颁布时间	文件名称	颁布单位
1989年	《饮用水水源保护区污染防治管理规定》（〔89〕环管字第201号）	国家环境保护局、卫生部、建设部、水利部、地矿部
2005年	《关于进一步加强千岛湖保护的决议》	淳安县人大常委会
2005年	《浙江省水功能区、水环境功能区划分方案》（浙政办发〔2005〕109号）	淳安县人民政府办公室
2006年	《浙江省土地利用总体规划（2006-2020）》	浙江省人民政府办公厅
2006年	《淳安县土地利用总体规划（2006-2020）》	淳安县人民政府办公室
2006年	《淳安县域总体规划（2006-2020年）》	淳安县人民政府办公室
2010年	《千岛湖水域经营性垂钓管理工作实施方案》	淳安县人民政府办公室
2010年	《水产种质资源保护区管理暂行办法》（中华人民共和国农业部令2011年第1号）	农业部
2011年	《淳安县"十二五"环境保护规划》	淳安县环境保护局、淳安县发展和改革局
2011年	《浙江省饮用水水源保护条例》	浙江省人大常委会
2011年	《富春江-新安江风景名胜区总体规划（2011-2025年）》	浙江省建设厅、杭州市人民政府
2013年	《国务院关于促进海洋渔业持续健康发展的若干意见》（国发〔2013〕11号）	国务院办公厅
2013年	《千岛湖与新安江上游流域水资源与生态环境保护综合规划》	浙江省发改委
2014年	《淳安县低收入群体生活补贴机制实施方案》	淳安县人民政府办公室
2014年	《关于加强千岛湖临湖地带建设项目联合审查和监管的实施意见》（淳政办发〔2014〕27号）	淳安县人民政府办公室
2014年	《关于加强沿湖沿线规划控制的若干意见》（淳政发〔2014〕28号）	淳安县人民政府办公室

续表

颁布时间	文件名称	颁布单位
2014 年	《千岛湖水上运动休闲项目管理暂行办法》（淳政办发〔2014〕43 号）	淳安县人民政府办公室
2014 年	《淳安县畜禽养殖业污染整治工作实施方案》（淳政办发〔2014〕65 号）	淳安县人民政府办公室
2014 年	《关于进一步加强项目建设占用千岛湖水域的管理的通知》（淳政办发〔2014〕90 号）	淳安县人民政府办公室
2014 年	《淳安县农业面源污染治理项目和资金管理办法（试行）》（淳政办发〔2014〕130 号）	淳安县人民政府办公室
2015 年	《中共中央国务院关于加快推进生态文明建设的意见》（中发〔2015〕16 号）	中共中央办公厅、国务院办公厅
2015 年	《国务院关于印发水污染防治行动计划的通知》（国发〔2015〕17 号）	国务院办公厅
2015 年	《杭州市第二水源千岛湖配水供水工程管理条例》	杭州市人大常委会
2015 年	《淳安县现代农业发展规划》	淳安县发展和改革局
2016 年	《淳安县"十三五"渔业发展规划（2016－2020）》	淳安县发展和改革局
2016 年	《千岛湖镇城区截污纳管建设项目管理办法》	淳安县人民政府办公室
2016 年	《千岛湖镇城区排水管理办法》	淳安县人民政府办公室
2016 年	《农业部关于加快推进渔业转方式调结构的指导意见》（农渔发〔2016〕1 号）	农业部
2016 年	《淳安县千岛湖镇城市风貌管理办法》	淳安县人民政府县长办公会议
2016 年	《关于切实做好畜禽养殖污染扩面整治工作的通知》（浙农专发〔2016〕36 号）	浙江省农业厅
2016 年	《关于建立千岛湖沿湖沿线综合巡查管理机制的通知》（县委办〔2016〕11 号）	中共淳安县委办公室
2016 年	《浙江省水利厅关于下达农村饮用水水源保护范围划定工作计划的通知》（浙水保〔2016〕27 号）	浙江省水利厅
2016 年	《关于印发《淳安县困难残疾人生活补贴实施办法》和《淳安县重度残疾人护理补贴实施办法》的通知》（淳政办发〔2016〕76 号）	淳安县人民政府办公室

续表

颁布时间	文件名称	颁布单位
2016 年	《浙江省渔业转型升级"十三五"规划》（浙发改规划〔2016〕575 号）	浙江省发展改革委、浙江省海洋与渔业局
2016 年	《国务院关于同意新增部分县（市、区、旗）纳入国家重点生态功能区的批复》（国函〔2016〕161 号）	国务院
2016 年	《浙江省生态环境保护"十三五"规划》（浙政办发〔2016〕140 号）	浙江省人民政府办公厅
2016 年	《淳安县生态环境保护"十三五"规划》（淳环保〔2016〕70 号）	淳安县环保局
2016 年	《千岛湖环境质量管理规范（试行）》	淳安县人大常委会
2017 年	《杭州市环境保护"十三五"规划》（省政办函〔2017〕7 号）	浙江省人民政府办公厅
2017 年	《浙江省人民政府办公厅关于制止粮食生产功能区"非粮化"的意见》（浙政办发〔2017〕84 号）	浙江省人民政府办公厅
2017 年	《关于推进全县"业态转型"促进绿色发展的实施意见（试行）》	淳安县人民政府办公室
2017 年	《关于扶持生态工业企业发展的若干意见》淳政发〔2017〕9 号	淳安县人民政府办公室
2017 年	《关于进一步促进生态农业产业发展的实施意见》（淳政发〔2017〕15 号）	淳安县人民政府办公室
2017 年	《关于推进全域旅游发展的若干意见》（淳政发〔2017〕6 号）	淳安县人民政府办公室
2017 年	《关于强化建设项目选址及用地前期多规审查工作的通知》（淳政办发〔2017〕111 号）	淳安县人民政府办公室
2017 年	《淳安县生态环境保护项目和资金管理办法（试行）》	淳安县环保局、淳安县财政局
2017 年	《浙江千岛湖及新安江流域水资源与生态环境保护项目移民安置计划》	淳安县发展和改革局
2017 年	《关于全面落实划定并严守生态保护红线的实施意见》（浙委办发〔2017〕59 号）	中共浙江省委办公厅

续表

颁布时间	文件名称	颁布单位
2018 年	《淳安县富丽乡村建设指导手册》	淳安县人民政府办公室
2018 年	《关于全面实行永久基本农田特殊保护的通知》（国土资规〔2018〕1 号）	国土资源部
2018 年	《浙江省生态保护红线》（浙政发〔2018〕30 号）	浙江省人民政府办公厅
2018 年	《浙江省水产养殖污染防治管理规范（试行）》（浙海渔业〔2018〕19 号）	浙江省海洋与渔业局
2018 年	《淳安县渔业管理办法》（淳政办发〔2018〕19 号）	淳安县人民政府办公室
2018 年	《千岛湖临湖地带建设管控办法（试行）》（县委办〔2018〕34 号）	中共淳安县委办公室、淳安县人民政府办公室
2018 年	《千岛湖临湖地带综合整治验收工作规程》	中共淳安县委办公室、淳安县人民政府办公室
2019 年	《关于开展畜禽养殖禁养区划定和禁限养政策排查整改的通知》（浙环函〔2019〕305 号）	浙江省生态环境厅
2019 年	《淳安县水功能区水环境功能区优化调整方案》	淳安县发展和改革局、杭州市生态环境局淳安分局
2019 年	《关于建立合作交流机制的协议》	杭州市人大、黄山市人大
2019 年	《杭州市淳安特别生态功能区管理办法》（市政府令317 号）	杭州市人民政府办公室
2020 年	《淳安—歙县两地人大关于新安江—千岛湖生态保护绿色发展合作备忘录》	淳安县人大常委会、歙县人大常委会
2020 年	《淳安县"绿水青山就是金山银山"实践创新基地建设实施方案》（淳政发〔2020〕6 号）	淳安县人民政府办公室
2020 年	《浙江省"三线一单"生态环境分区管控方案》（浙环〔2020〕2 号）	浙江省生态环境厅
2020 年	《淳安县"无废城市"建设工作方案》（淳政办发〔2020〕11 号）	淳安县人民政府办公室
2020 年	《淳安县"三线一单"生态环境分区管控方案》（杭环淳〔2020〕33 号）	杭州市生态环境局淳安分局
2020 年	《关于加强农村污水终端中水高效利用工程设施管理的通知》（淳综保〔2020〕17 号）	千岛湖生态综合保护局
2020 年	《淳安县人民政府办公室关于印发淳安县节水行动实施方案的通知》（淳政办发〔2020〕17 号）	淳安县人民政府办公室

续表

颁布时间	文件名称	颁布单位
2020 年	《深入实施"生态制造业计划"推进高质量发展若干政策》（淳政发〔2020〕13 号）	淳安县人民政府办公室
2021 年	《淳安县人民政府关于进一步促进现代服务业高质量发展的若干意见》（淳政发〔2021〕1 号）	淳安县人民政府办公室
2021 年	《淳安县特别生态功能区生态公益林市级补偿资金管理办法》（淳林〔2021〕46 号）	淳安县林业局、淳安县财政局
2021 年	《淳安县水安全保障"十四五"规划》	淳安县发展和改革局、千岛湖生态综合保护局
2021 年	《淳安县水土保持"十四五"规划》	淳安县发展和改革局、千岛湖生态综合保护局
2021 年	《淳安县水生态环境保护"十四五"规划》	淳安县发展和改革局、杭州市生态环境局淳安分局
2021 年	《杭州市淳安特别生态功能区条例》	杭州市人大常委会
2021 年	《淳安县"十四五"生态制造业发展专项规划》	淳安县发展和改革局、淳安县生态产业和商务局
2021 年	《淳安县生态环境保护"十四五"规划》	淳安县发展和改革局、杭州市生态环境局淳安分局
2021 年	《淳安县生态渔业发展"十四五"规划》	淳安县发展和改革局、淳安县农业农村局
2022 年	《淳安县政府投资项目管理办法》	淳安县人民政府办公室
2022 年	《淳安县产业发展导向目录（2021 年本）》	淳安县人民政府办公室
2022 年	《关于加强淳安县农村生活污水处理设施运行维护管理的实施意见》	淳安县人民政府办公室
2022 年	《淳安县人民政府办公室关于强化工业用地保障加快推进工业项目投产落地的意见》	淳安县人民政府办公室
2022 年	《淳安县农（林）自用船舶管理办法（试行）》	淳安县人民政府办公室
2023 年	《淳安县水资源节约保护和利用总体规划（2020—2035 年）》	淳安县千岛湖综合保护局

1. 高标准环境保护规划筑起生态安全屏障

2002 年以来，淳安县一以贯之地坚持环境保护，并逐步提高标准。早在 2005 年淳安城市污水处理厂污水排放标准便开始执行 GB18918 -

2002 中的一级标准，地表水水质执行 GB3838－2002 中的Ⅱ类标准。淳安县于 2016 年出台了全国首个县级环境质量管理标准——《千岛湖环境质量管理规范》，对环境准入、污染物排放、环境监管和环境质量等提出了极为严格的千岛湖标准。2019 年，淳安县又对《千岛湖环境质量管理规范（试行）》进行修编，打造千岛湖标准 2.0 升级版。2020 年 8 月，淳安县出台《淳安县"无废城市"建设工作方案》，提出了产废无增加、资源无浪费、固废无倾倒、废水无直排等八项建设目标。2020 年 12 月，淳安县出台《淳安县节水行动实施方案》，提出全面提升水资源利用效率，形成节水型生产生活方式的建设目标。淳安县出台《淳安县水资源节约保护和利用总体规划（2020—2035 年）》。高标准环境保护规划的相继出台，让淳安县生态安全有了更可靠的保障。

2. 高质量发展规划助力产业建设深绿转型

2016 年以后，随着《千岛湖环境质量管理规范》等一系列环境规划相继出台，全域范围内可发展空间进一步收缩。发展深绿产业是淳安县破解资源约束、奋力推动生态产品高水平转化的必然选择，是淳安县加快定位转变、动能转化、产业转型、素质转提的根本途径。2017 年 11 月，淳安县出台《关于推进全县"业态转型"促进绿色发展的实施意见（试行）》，提出充分发挥市场配置资源的决定性作用，支持企业通过"转型升级"淘汰低效落后产能，推动绿色高效发展。同年，淳安县相继出台《关于扶持生态工业企业发展的若干意见》《关于进一步促进生态农业产业发展的实施意见》《关于推进全域旅游发展的若干意见》，对工业、农业和旅游业的深绿色转型作出了进一步部署。2020 年 5 月，淳安县出台《"绿水青山就是金山银山"实践创新基地建设实施方案》，提出在生态优先的前提下，坚持"无污染、小空间、高科技、资源型"的方向，不断完善产业发展导向目录和政策体系，重点打造大旅游、健康食品、康体养生、高端制造、文创总部五大生态新型产业，充分发挥千岛湖的生态优势，深化改革创新，主动拥抱新经济、新趋势。2022 年 1 月淳安县人民政府办公室发布《淳安县产业发展导向目录（2021 年本）》，推动深绿产业转型。

3. 高水平社会保障与公共服务规划增进民生福祉

保障和改善民生是满足人民日益增长的美好生活需求的必然选择，是实现共同富裕奋斗目标的重要途径。2013 年 4 月，淳安县出台了《偏远农村学校教师任教奖励实施办法》，对县城学校教师到农村学校支教（含挂职、任职，不含因评职称去农村支教）人员实行偏远农村学校教师任教奖励政策。2014—2016 年，淳安县陆续制定出台了《淳安县低收入群体生活补贴机制实施方案》《淳安县困难残疾人生活补贴实施办法》和《淳安县重度残疾人护理补贴实施办法》将城乡最低生活保障对象、残疾人基本生活保障对象、城镇"三无"人员、农村五保供养对象、孤儿、重点优抚对象、在职困难职工、无固定收入残疾人、"一户多残"家庭残疾人等群体纳入补贴范围，提高他们的生活质量。2016 年，淳安县出台《千岛湖镇城市风貌管理办法》，提出提升城市魅力，塑造城市整体风貌，提升城市居民居住环境质量。2018 年，淳安县编制全省首部《富丽乡村建设指导手册》，全面规范农村基础设施建设，助力美丽乡村建设。高水平社会保障与公共服务规划使淳安县居民的获得感、幸福感、安全感更加完善、更有保障、更可持续，不断满足着人民对美好生活的向往。

二、以绿色考核为依托，落实生态保护责任

1. 建立绿色考核评价制度

完善的考核评价体系可以科学调动各级人民政府及其工作人员的积极性，引导发展的方向和方式。提高政府及其公务员参与生态文明建设的积极性和主动性，关键在于将生态文明建设纳入政绩考核的指标体系。

2013 年，杭州市将淳安县确定为"美丽杭州"唯一的实验区，进行单列考核，考核项目从 127 项简化到了 18 项。其中最为关键的是，取消对淳安县 GDP 等多项经济考核指标，仅保留 4 个和生态经济有关的指标。与此同时，地表水环境功能区水质稳定达标率、环境空气质量优良率、区域建设用地集约利用综合评价指数等生态保护指标权重都得到空前加强。2015 年，为使发展实绩考核评价机制与主体功能定位相适应，浙江省也取消了包含淳安县在内的山区 26 县的 GDP 总量考核，转而对其经济发展速度、发展质量、民生保障、生态环保等进行综合排名。

取消 GDP 考核后的淳安县非但没有走下发展的考场，反而开始了一场新的"赶考"，针对三个核心考题，提交了淳安答案。第一，加和减的问题——GDP 不考核了，但生态保护的考核要求必须更高。淳安县于2016 年出台了全国首个县级环境质量管理标准——《千岛湖环境质量管

理规范》，对环境准入、污染物排放、环境监管和环境质量等提出了极为严苛的"千岛湖标准"。"千岛湖标准"的出台，让淳安县生态安全有了更可靠的保障。第二，快与慢的问题——经济总体增速可以慢一些，但生态经济发展必须更快更好。生态经济项目一路绿灯，而不符合千岛湖环境考核要求的产业和项目实行一票否决。第三，多和少的问题——经济总量可以少点，但农民收入必须多起来。为提高农民收入，淳安县还独创了一个考核指标——全县景区化农民旅游产业收入占农村居民人均纯收入的比重。考核指挥棒转向，意味着发展理念和发展方式的调整，淳安县切换到了绿色发展的新跑道。

2. 建立生态环境保护责任追究制度

（1）建立领导干部任前"绿色谈话"制度

对于淳安县干部来讲，"上任第一课"不是经济发展课，而是生态环保课，就任时拿到的"第一本账本"不是资产账本，而是生态账本。每份生态账本，都列出了当地自然环境资源方面的基本情况及存在问题等。对照这份详细的"账本"，每一位接受谈话的干部，都以问题为导向，围绕绿色理念、绿色使命、绿色责任、绿色发展等内容，谈思路、谈想法、谈对策。除了责任告知、表态发言、领导谈话等"谈"的环节，"绿色谈话"制度还要求领导干部要对自己说过的话"签字画押"，即签订承诺。"绿色谈话"制度对处于"为官"起步阶段的领导干部进行教育、提醒和约束，引导广大领导干部切实将千岛湖的生态保护内化于心、外化于行、强化于责。

（2）出台乡镇交接断面水质考核制度

2013年，为进一步推动淳安县小流域综合治理，淳安县委、县人民政府出台了《关于深化乡镇交接断面水质考核进一步推进千岛湖水环境保护的意见》，将乡镇交接断面水质考核工作列入专项考核，以2012年乡镇交接断面水质监测为标准，在乡镇跨行政区域河流水质断面不定期监测考核高锰酸盐、氨氮、总磷、总氮4项指标。把千岛湖水环境保护延伸至源头，形成各乡镇环保的倒逼机制，最严厉的惩戒将实行环保工作一票否决。

（3）率先推行千岛湖"湖长制"

为了全力打造千岛湖全国一流水源地，淳安县在完善全县河长管理体系的基础上，在全省率先推行"湖长制"。按照"分级管理、属地负责"的原则和"党政同责""一岗双责"的要求，将千岛湖划分成5个湖区，由副县级以上领导兼任 5 个湖区的湖长，联合湖区所属的乡镇、村一起共同开展巡湖活动，携手保护千岛湖。千岛湖良好湖泊的保护成效，成了全国淡水湖泊保护的样板。2017 年，中央电视台《经济半小时》《辉煌中国》《中国新闻》等名专栏先后五次对淳安县"湖长制"工作进行长篇报道，吸引了全国各地的环保专家来千岛湖取经、学习。

（4）落实领导干部自然资源资产离任审计制度

自 2017 年起，淳安县审计局已针对 13 个乡镇的主要领导开展自然资源资产审计，督促领导干部切实履行自然资源资产管理和生态环境保护责任，为高标准保护、高质量发展的淳安县生态文明建设提供了有力保障。具体工作包括：第一，突出重心。审计实施过程中，严格按照《千岛湖环境质量管理规范（试行）》的要求制定审计目标，重点审查和发现环境准入控制、污染物排放及自然资源资产处置中存在的问题。第二，勇于创新。结合淳安县实际，按照"一体两翼多维"的审计思路，与国土、农业、林业、水利、环保等多个部门建立审计协作机制，打好"组合拳"。第三，狠抓整改。相关部门高度重视审计整改，认真制定整改方案，积极推动审计整改，倒逼乡镇领导干部严格落实生态保护主体责任。2019 年，淳安特别生态功能区设立之后，淳安县审计局进一步扩大自然资源资产审计覆盖面，2021 年度将对淳安县规划和自然资源局进行自然资源资产审计，这是淳安县首次将自然资源资产审计被审计单位从乡镇扩展到部门。

三、以机制创新为保证，拓宽生态产品价值转化渠道

建立健全生态产品价值实现机制，是促进绿水青山向金山银山转化的关键。习近平总书记强调："要积极探索推广绿水青山转化为金山银山的路径，选择具备条件的地区开展生态产品价值实现机制试点，探索政府主导、企业和社会各界参与、市场化运作、可持续的生态产品价值实现路径。"① 拥有"一湖秀水，满目青山"优越生态产品资源的淳安，背靠长三角这一广阔的生态产品市场，有条件持续拓宽"绿水青山就是金山银山"转化通道。

---

① 习近平在深入推动长江经济带发展座谈会上的讲话［N］. 人民日报，2018－06－14.

1. 建立健全生态资产监管开发机制

（1）积极开展生态系统生产总值（GEP）核算

传统的单一针对 GDP 指标的考核方式存在结构性缺陷，没有涵盖生态系统产出与效益，无法科学反映真实发展水平。而 GEP 核算恰能通过明确生态系统分布、编制生态产品清单等步骤，评估生态系统为人类生存与福祉提供的产品与服务功能量和价值量，填补了单一 GDP 考核的空缺部分。2019 年 10 月，淳安县成功列入浙江省 11 家县级生态系统生产总值（GEP）核算试点之一，探索建立具有淳安特色的 GEP 常态化核算和考核制度。建立全域 GEP 核算评估体系，制定淳安县生态产品目录清单，科学评估各类生态产品的直接价值和潜在价值，核算范围包括淳安县境内的绿色物质产品价值（农林牧渔业产品、优质水源等）、调节服务价值（水源涵养、土壤保持、洪水调蓄、水环境净化、空气净化、固碳释氧等）和文化服务价值（生态旅游、景观价值）。淳安县 GEP 核算的生动实践，摸清了自身的"绿色家底"，为进一步拓宽"绿水青山就是金山银山"转化通道打下了基础。

（2）在完成 GEP 核算的基础上，创新探索开展"两山银行"改革试点

淳安县"两山银行"并不是真正意义上的银行，而是按照"生态优先、绿色发展，政府主导、市场主体，点面结合、先试先行，淳安特色、利益共享"的原则建立的生态资源资产开发经营的服务平台，全称为"淳安生态资源经营开发有限公司"，是淳安县国有资产投资有限公司下属一级公司。它借鉴商业银行"分散式输入、集中式输出"的模式，以"存入绿水青山，取出金山银山"为理念，对全县分散零碎、闲置沉睡的生态资源进行有序的收储流转、整合提升，引进社会资本进行适度开发和盘活经营，打通资源变资产、资产变资金、资金变资本的"最后一公里"，从而实现高水平保护、高质量开发。截至 2022 年，171 个"两山银行"转化实施项目中，投资总额 22.7 亿元，带动就业人数 3700 余人，促进村集体和农民增收近 6500 余万元。

2. 探索拓展生态资本金融衍生品市场

（1）探索公益林补偿收益权质押贷款新模式

面对淳安县森林资源丰富、但绝大多数村集体实力薄弱、单村单户难以发挥资源优势的现状，2017 年，淳安县率先在里商乡石门村开展公益林补偿收益权质押贷款试点，利用村集体统管山 30% 公益林补偿收益权

作质押，贷款 230 万元用于建设当地宰相源乡村旅游基地，当年就为村集体经济创收 27.6 万元，为全县消薄增收打开了新渠道。在试点成功经验基础上，按照"整县整合、抱团发展"思路，整合全县生态公益林资源，以全县 402 个村生态公益林补偿收益权集体留存部分作为授信基数，向淳安县农商银行质押贷款，成功融资 2.5 亿元，由政府国有公司统一代管运作融资所得资金，并最终选定投资资金风险低、收益持续有保障的淳安"飞地经济"西湖区千岛湖智谷项目，2019 年该项目带动村集体增收近4000 万元，平均每村增收 10 余万元，有效缓解了项目前期融资和村集体消薄增收"两难"问题，真正达到了资源变资产、资产变资本良性转化目的，有效实现村集体从"输血"到"造血"的可持续发展。

（2）发行生态环保政府专项债券

千岛湖配水工程实施后，为提升千岛湖水资源环境，确保湖州市和嘉兴市饮水安全，淳安县启动实施包括土地整治复绿、沿湖生态修复与环境提升工程、农业及农村面源污染防治、河道综合治理工程、矿山治理和生态修复、水源地保护与建设等在内的全域生态环境治理工程，项目总投资13.1 亿元。淳安县将预期可实现的水资源转化收益作为偿还来源，以发行生态环保政府专项债券的方式筹集到资金 10 亿元，统筹用于开展生态环境综合治理项目，实现了水产品的资源向资金转化，形成从生态资源转化为资金又反作用于提升生态环境的良性循环，探索出水资源这一生态产品价值转化的道路，实现社会效益、生态效益和经济效益多方共赢。[①]

3. 积极探索多元化多层次生态补偿制度

在一定历史时期，淳安县生态环境保护存在"少数人负担、多数人受益；上游地区负担、下游地区受益；贫困地区负担、富裕地区受益；流域内负担、流域外受益"现象。千岛湖水生态补偿机制对于保护千岛湖生态环境，促进流域内人与自然和谐共处，推动上下游协调发展起到了非常有效的作用，部分解决了资源配置不公平不合理的现象。随着生态补偿实践的不断深入，千岛湖水生态补偿机制不断更新完善，形成了具备淳安特色的多层次生态补偿模式。

---

① "绿水青山就是金山银山"实践模式与典型案例（16）｜浙江省淳安县探索"生态银行"现代金融模式，2021 - 08 - 14. https：//baijiahao. baidu. com/s？id = 17080775070508823 01&wfr = spider&for = pc.

（1）上级政府对下级政府的纵向财政转移支付

中央对淳安县的纵向财政转移支付。千岛湖的生态保护对于全国的生态建设和水资源保护都极具重要意义，根据《水污染防治法》第八条规定："国家通过财政转移支付等方式，建立健全对位于饮用水水源保护区区域和江河、湖泊、水库上游地区的水环境生态保护补偿机制"，中央财政需要对千岛湖进行生态补偿。据不完全统计，2022年，淳安县收到来自中央的生态补偿类资金包含中央水利建设专项资金2371万元，2023年1—9月，淳安县收到来自中央的生态补偿类资金包含中央水利建设专项资金2732万元。2022年淳安县争取中央资金2740万元。

浙江省对淳安县的纵向财政转移支付。千岛湖是浙江省的绿色天然屏障，是省级重点生态功能区示范区，其生态保护对全省的生态文明建设具有全局性、整体性意义。特别是浙江省是"省管县"的财政体制，浙江省应是千岛湖生态补偿的主要补偿方，通过纵向财政转移为淳安提供生态补偿资金。据不完全统计，2022年，淳安县收到来自浙江省的生态补偿类资金包括省级水利建设专项资金13440万元，浙江省生态环境专项资金4370.30万元，省级及以上生态公益林补助9128万元，天然商品林停伐补助1856万元，天然商品林停伐管护补助57万元。2023年1—9月，淳安县收到来自浙江省的生态补偿类资金包括省级水利建设专项资金11008万元，2023年已下达浙江省生态环境专项资金3459万元。2022年淳安县争取省级资金13440万元。

杭州市对淳安县的纵向财政转移支付。在"省管县"的财政体制下，淳安县的财政结算、资金分配与资金调度等统一由省财政直接管理，杭州市本不需要对淳安县进行生态补偿。但由于杭州市区是与淳安具有生态关联的发达受益区，淳安县作为欠发达的生态保护区，自2005年开始就陆续得到杭州市提供的生态补偿资金。据不完全统计，2022年淳安县共收到杭州市水利建设专项资金6850万元，杭州市生态补偿专项资金4805.58万元，市级生态公益林补助245万元，特别生态功能区建设资金2000万元。2023年1—9月淳安县共收到杭州市水利建设专项资金4515万元，2023年已下达4044.16万元。2022年淳安县争取市级资金6981万元。

（2）同级政府间的横向财政转移支付

浙江省与安徽省的横向财政转移支付。2011年，国家财政部、环保部先后下发《关于启动实施新安江流域水环境补偿试点工作的函》《关于开展新安江流域水环境补偿试点的实施方案》，新安江流域启动了全国首个跨省流域水生态补偿试点。该机制设立了补偿专项基金，由浙皖两省共同监测，根据交接断面的水质标准来确定省际之间的补偿。淳安县自 1985 年就开始断面水质的监测工作，2012 起开始与上游黄山市开展联合水体监测工作，为跨省流域水生态补偿试点工作开展打下基础。新安江流域横向生态补偿的实践也不断助推千岛湖生态环境保护迈向新的阶段。

淳安县与建德市的横向财政转移支付。2022 年 9 月 26 日，浙江省人民政府印发《关于深化省内流域横向生态保护补偿机制的实施意见》，明确指出"建立市域内横向生态补偿机制，上下游所在县（市、区）负责签订横向生态补偿协议签订补偿协议的政府负责补偿资金的预算安排及资金结算"，淳安县—建德市成为实施省内流域横向生态保护补偿的区域。《意见》还就实施内容做了详细说明，若 P 值（水质补偿指数）低于 0.9 时，由建德市按照协议规定拨付淳安县，当 P 值高于 1.1 时，由淳安县按照协议规定拨付建德市，位于 0.9 和 1.1 之间时，淳安县与建德市按照协议相互不补偿。

（3）非财政转移支付形式的生态补偿

杭州市与淳安县基于千岛湖配水工程的生态补偿。千岛湖配水工程是保障杭州城市供水安全、提升饮水水质的重大民生工程。2019 年 9 月 29 日，千岛湖配水工程正式通水运行，9.78 亿吨千岛湖水流出淳安县，过建德市，穿桐庐县，经富阳区，流入杭城千家万户，保障了杭州市区供水安全，提升杭州居民的饮用水水质。2021 年 2 月，杭州市财政局出台《关于试行杭州市第二水源千岛湖配水工程水资源费市本级分成返还政策的通知》（杭财预〔2021〕3 号），将 9.78 亿吨千岛湖水收取水费中水资源费部分返还淳安县。2022 年，淳安县收到来自于杭州市返还的水资源费 1.05 亿元。

四、以重点工程为抓手，将生态文明理念落到实处

1. 保护生态环境工程

（1）持续深化"五水共治"

按照山水林田湖一体化保护要求，深化"五水共治"组合拳，争创

"全省首批无污水直排县"。制定出台了《关于进一步加强千岛湖临湖地带建设项目环境保护管理的若干意见》《千岛湖生态环境保护总体实施方案（2017—2020年）》等文件，深化千岛湖综合保护工程，大力实施城乡治污设施建设运营、环境整治提升、农业面源污染治理、农村治污运维、湖面垃圾打捞市场化运营等重点工程。

（2）积极开展"五气共治"

淳安县严格落实浙江省、杭州市决策部署，聚焦"气十条"，从燃煤烟气、工业废气、汽车尾气、城市扬尘、油烟废气5个方面发力开展蓝天保卫战。不断推进企业废气整治，完成重污染企业关停和挥发性有机物（VOCs）企业污染综合治理工作。持续推进老旧车辆淘汰工作，制定实施《淳安县国三柴油车淘汰补助实施细则》，鼓励国三和老旧机动车自主淘汰。组织开展加油站油气回收和餐饮油烟专项检查，并积极督促相关问题整改。强化机动车尾气监测站的监督管理，开展加油站油气回收专项检查。强化施工场地和道路扬尘灰气控制，落实精细化管理。加强餐饮排气治理，实施餐饮油烟设备长效管理及露天焚烧的监管。

（3）大力开展"五废共治"

2017年起，淳安县对生活固废、污泥固废、建筑固废、有害固废、再生固废等固废污染物开展"五废共治"行动。开展农业废弃物全量收集利用，构建完善的废弃包装物回收处置体系、全面提升农业废弃物资源化利用水平。分类运处生活废弃物，严格落实《杭州市生活垃圾管理条例》，进一步推进源头减量，建设垃圾分类投放转运体系。打造绿色建筑，提升建筑垃圾处置利用水平，推行绿色建筑设计和建筑垃圾规范利用。抓好绿色生产，实施工业固废资源循环治理。

（4）严格保护生物多样性

生物多样性关系人类福祉，是人类赖以生存和发展的重要基础。[1]淳安县积极开展全域全物种生物多样性调查。完成水生生物多样性调查，完成浮游生物3次、鱼类6次野外调查。强化千岛湖国家森林公园建设和管理，建立外来入侵物种和生物安全预警监控体系，严格保护重点保护物种，建设珍稀濒危物种、珍贵树种繁育种植基地，提高区域主要生态功能保护水平。积极探索生物治水模式，实施土著渔种资源增殖放流，滤食影

---

① 习近平在联合国生物多样性峰会上的讲话［N］. 人民日报，2020-09-30.

响水质的藻类和有机物质，形成"大头鱼"保水、"小头鱼"治水的放鱼治水特色保护模式，入选中央党校生态文明教学课程，成功复制推广至江西阳明湖、湖北富水湖等全国 15 省 21 个湖泊。

2. 发展深绿产业工程

淳安县坐拥优美的千岛湖风景，良好的生态环境资源，空气优良率达到 99%。生态是淳安县最大的优势，也是千岛湖最靓丽的名片。因此，淳安县依托生态资源，不断做大做强深绿产业，依托独特资源沿产业链上下游链式拓展，提升深绿产业发展质量和效益。

（1）做足深绿水产业

千岛湖拥有丰富的优质水资源，2015 年入选首批"中国好水"水源地。依托得天独厚的优质水资源，淳安县已经形成了以饮用天然水和啤酒饮料为代表的特色支柱产业——水产业。2023 年 1—7 月，全县水饮企业销售收入 81.77 亿元，同比增长 17.11%，水饮料规上企业中农夫山泉、千岛湖啤酒、康诺邦等 3 家企业被评为国家高新技术企业。随着淳安县水饮料产业不断壮大，水饮料企业不断推出婴幼儿用水、茶道用水、化妆水、小分子水等高附加值产品，推动水产业向深绿方向发展。

（2）做深深绿旅游业

千岛湖旅游始于 1982 年，是国家级风景名胜区、国家 AAAAA 级旅游景区，旅游业是淳安最具潜力、最有活力、最富魅力的支柱产业。自 2012 年起，淳安县开始持续实施"全县景区化"及全域旅游战略，坚持融合发展、深绿发展路径，基本形成了"湖区观光、城市休闲、乡村度假"的全域旅游发展格局。

（3）做强深绿农业

淳安县农业资源丰富，具有茶叶、淡水有机鱼、山核桃、中草药等众多特色农林产品，其中一些农产品已具有一定的品牌效应，如临岐镇的"淳六味"中草药、"千岛湖"鱼头、"常香果"牌山核桃仁等。淳安县积极推动农业和旅游业的结合，发展观光农业、采摘农业、精品民宿等新旅游新业态，实现农民的自我就业，加快向生态致富的转变，实现高品质生活的目标。

（4）做活深绿文创业

淳安具有优良的生态优势和文化底蕴，一直以来在文创产业方面持续发力，打响了"创意千岛湖"的文化品牌。影视摄影产业发展态势良好，千岛湖成为"中国醉美摄影旅游目的地"，每年吸引超过 10 万对新人前来旅拍，成功举办三届"醉美千岛湖"全国摄影大赛和首届中国浙江千岛湖国际摄影大赛等富有影响力的国际赛事。文创发展平台建设初具成效，秀水街文创园获评首批浙江省文创街区，姜家乐水小镇、临岐百草小镇等县级特色小镇不断涌现，培育出威坪镇茶合村、梓桐镇杜井村等一批各具特色且产业导向鲜明的文创村。

3. 弘扬生态文化工程

（1）传承和发扬优秀传统文化

淳安县是荣膺"文献名邦"之誉的文化县。传承和发扬传统文化，是淳安人民义不容辞的历史责任。第一，保护非物质文化遗产。建立非物质文化遗产为补充的"非遗"重点项目保护名录，对列入国家非物质文化遗产名录的淳安竹马传统舞蹈、三角戏传统戏剧进行传承发扬。第二，深入挖掘城市文化。不断深化以保护城市文脉和文化遗产为目的的"城市记忆工程"，全面"追寻"淳安城市历史，讲好淳安故事。第三，传承淳安县红色文化。作为杭州唯一的"革命老区"，淳安县拥有 40 余处新中国成立前的革命遗址，形成了枫树岭下姜、中洲茶山、威坪茶合和王阜板桥等四大红色基地。依托红色文化资源，淳安县积极发展红色旅游，树立新时代红色文化标杆。

（2）创新和培育现代生态文化

2015 年来，借杭州市"文创西进"东风，淳安县大力培育鱼文化创意、乡村文化等现代生态文化，全面打响"文化名县"品牌。第一，积极推进乡村文化建设。推进乡村公共艺术平台建设，大力开展群众性文化艺术活动，不断增强居民文化艺术和审美意识，让艺术融入乡村、提升乡村、展示乡村、激活乡村。第二，充分挖掘"水文化"。从饮水、用水、治水、管水、护水、节水、亲水、观水、写水、绘水等方面，不断加大对以水和水事活动为载体的"水文化"研究，并有效利用淳安"一湖秀水"的优势，打造"水文化"创意品牌。

（3）推动和加强生态文明教育宣传

将生态文明教育贯穿教育宣传贯彻到生产生活的全过程，有助于提高全民的环保意识，树立社会主义生态文明观和"保护生态，人人有责"的责任观，为推动淳安县绿色发展提供内在动力。第一，积极开展生态文明宣传。不断加强网络平台建设，打造"淳安发布"等新媒体，开设

"生态文明建设"专题,展现淳安县的生态文明和人文精神。第二,不断加强生态文明教育。将生态文化建设纳入党群宣教体系,把生态文明知识纳入党政干部理论学习的内容,定期举办生态文明专题培训班,全面提升党政干部的整体生态文明意识水平。第三,积极引导公众参与。建立重大决策公众参与机制,重大决策需要充分听取公众意见。建立了环境违法行为有奖举报制度,鼓励广大市民群众检举监督身边的环境违法现象。

4. 践行生态生活工程

(1)持续推进美丽城乡建设

淳安县坚持以美丽城乡建设为重要抓手,全面提升城乡发展质量,推动城乡面貌美丽蝶变。第一,建设国际旅游小城市。淳安县深入实施城市品质提升工程和浙江省小城市试点培育计划,不断加快硬件建设和软件提升,全力打造"水秀天下,'淳'安于心"的国际化旅游休闲度假小城市。第二,培育独具韵味小集镇。按照"淳安韵味、乡土记忆、民俗风情、全域旅游"的要求,打造一批产业特色小镇。自 2015 年以来,淳安县建设了姜家千岛湖乐水小镇、丰茂半岛原生态养生小镇等一批特色小镇。这些特色小镇立足于生态底本,在生态保护中寻求绿色发展,通过不断发挥自身的优势,走特色化发展道路,更好地把生态效益转化经济效益。第三,打造内外兼修的富美乡村。自 2003 年"千村示范,万村整治"工程启动以来,淳安县农村面貌持续改善。同时积极发展新型农村集体经济,鼓励乡村实施全资源开发,持续推进村级集体经济消薄增收。

(2)开展绿色生活建设工程

习近平总书记指出:"我们要倡导简约适度、绿色低碳的生活方式,拒绝奢华和浪费,形成文明健康的生活风尚。"① 淳安县积极推动推动生活方式绿色化,将生态文明建设融入居民生活的方方面面。第一,引导绿色生活。倡导"公民低碳行动",推行生态优先的决策方式、资源能源节约的生产方式、健康文明的生活方式。营造良好绿色出行环境,鼓励以公共交通、自行车、步行等方式绿色出行。第二,构建低碳社会。开展低碳社区、低碳家庭和低碳园区试点示范,持续加大推广发展力度。推动政府机构节能,实施"绿色办公"计划,持续推进节约型公共机构示范单位创建。

---

① 习近平. 共谋绿色生活,共建美丽家园 [N]. 人民日报,2019 – 04 – 29.

五、以方法创新为密钥，全面提高社会治理水平

1. 创新系统治理模式

习近平总书记指出："山水林田湖草是一个生命共同体。"[①] 大气、水、土壤、山林、农田等生态因素是相互联系的整体，牵一发而动全身。生态系统保护必须系统治理，不可零敲碎打，以水为例，不可就水论水，必须打破"水利不上岸，环保不下水"之类的"九龙治水"格局。

淳安县是国家级生态示范区，也是浙江省特别生态功能区、长三角战略水源保护区。淳安县在"山水林田湖草"生态修复过程中，以保护千岛湖为核心，坚持水上和岸上并举、城市和农村并举、减排与修复并举为方针，用独特的"千岛湖系统治理模式"奋力谱写美轮美奂的生态丽章。第一，水上与岸上并举。一方面，持续推进河面打捞、河道疏通、增殖放流、采砂治理等重点工作。另一方面，针对千岛湖临湖地带违规建筑问题，按照"不留余地、不留死角、不留尾巴"的整治要求，举全县之力推进千岛湖临湖地带综合整治。第二，城市与农村并举。一方面，推进生活小区"污水零直排区"建设，开展汾口镇、威坪镇、文昌镇、里商乡"污水零直排"改造提升，另一方面，推进乡镇建成区"污水零直排"管网建设，完善农村生活污水处理设施运维监管服务平台，对沿湖沿溪200个农村污水处理终端进行提升改造。第三，减排与生态修复并举。治理圈定"一张图"，努力把污染排放的分子做得更小，把生态修复的分母做得更大。不断加大山体、湖泊、湿地、流域等生态敏感点修复，着力推进水上森林、临湖生态缓冲带、入湖口人工湿地、临湖地带生态截流沟建设，同步推进美丽河道、美丽库塘建设。系统治理使得淳安县成为浙江省的"大花园"。

2. 创新数字化治理模式

2003年，时任浙江省委书记的习近平同志提出"推进'数字浙江'建设"，认为"数字浙江是全面推进我省国民经济和社会信息化、以信息化带动工业化的基础性工程"。2021年，浙江省全面开展数字化改革以来，淳安县围绕着统筹运用数字化技术、数字化思维、数字化认知，推动

---

① 习近平. 在联合国生物多样性峰会上的讲话［N］. 人民日报，2020–09–30.

县域经济社会发展和治理能力的质量变革、效率变革、动力变革的要求，开展一系列数字化改革实践，形成了具有淳安辨识度的数字化应用场景。

以淳安县创新开发的全国首个水库全域智治平台——"秀水卫士"为例。"秀水卫士"千岛湖场景，按照"四水统筹，全域智治，保障饮用水安全为核心"的思路，构建"流域—库区"一体化的全域护水智治体系。"秀水卫士"实现了对千岛湖13条入湖河流、532个农村污水处理终端、225艘游船污水上岸、9家重点污染源企业等数据的全面监控。每日生成"今日态势"报告，可直观展示全域水环境态势和短期水质水安全的预测预警；每日生成千岛湖水质和藻类生长预测预警报告，可对未来3—7天水质和藻类水华进行预测预警，超过设定阈值异常报警，自动启用应急联动处置闭环流程。"秀水卫士"作为国内首套饮用水源地、贫中营养大型深水湖泊库区水质水华预测预警系统，为环境管理部门应急决策提供重要的决策支撑，为千岛湖的生态防控提供重要保障，真正实现水库全域生态环境智慧化、数字化管理，全面保障千岛湖水质安全。

"秀水卫士"仅仅是淳安县众多数字化改革成果的其中之一。除此之外，"数字第一湖"数字化应用场景，通过"车巡+徒步巡+船巡+无人机巡+视频监控巡"，实现"面上查、线上巡、空中看"的立体化执法监管机制，逐步实现千岛湖水域一网统管、整体智治。淳安县数字化欠薪防治平台——"真薪"，上线一键记工、电子举证、全程留痕、实时监测等功能，让农民工不再烦"薪"忧"酬"。"伊加工"数字化应用场景，帮助传统来料加工业实现了数字化转型，打通了市场、产业和百姓三者间的数据壁垒，不断拓展山区群众增收空间，走出高质量发展共同富裕新路子。

3. 创新协同联动模式

生态环境问题是一个整体性问题，任何一个区域都无法独善其身。新常态下，地区本位主义和"一亩三分地"思维定式已不再适用。习近平总书记强调："坚持协同联动，打造开放共赢的合作模式。"[①] 20年来，淳安县持续扩大开放水平，积极打破行政区域限制，加强生态环境保护和治理的同时，与周边地区展开深度合作，使整体利益产生乘数效应。

---

① 习近平. 共担时代责任 共促全球发展——在世界经济论坛 2017 年年会开幕式上的主旨演讲［N］. 人民日报，2017－01－18.

（1）发展新安江跨界生态保护的共建共享模式

新安江跨皖浙两省，发源于安徽休宁县，流经淳安县、建德市，是钱塘江、富春江的上游，千岛湖水 60% 来自上游地区（安徽省黄山市）。2012 年，在国家财政部、原环境保护部的大力推动下，浙皖两省正式建立新安江流域生态补偿机制，该机制包括建立新安江流域生态共建共享示范区。2012 年以来，淳安县始终坚持先行先试，创新与流域上游地区的协商与协作机制：第一，共设点位，强化信息共享。淳安县和黄山市环境监测站每个月都会在新安江跨界交接街口断面设置 3 条垂线、9 个测点，开展水质联合监测采样一次，做到监测数据互惠共享。第二，共建平台，强化保护合作。淳安县和黄山市共同制定出台了《关于千岛湖与安徽上游联合打捞湖面垃圾的实施意见》《关于新安江流域跨界环境污染纠纷处置和应急联动工作的实施意见》等相关制度，在新安江水质监测、联合垃圾打捞、联合环境执法等领域展开深度合作。第三，共谋合作，强化区域协同发展。淳安县与黄山市持续深化合作共识，在生态环境共治、交通互联互通、旅游资源合作、产业联动协作、公共服务共享领域等方面不断深化区域协同发展。2020 年，淳安县与黄山市歙县在两省交接的新安江开展增殖放流和共植"红旗林"的活动在新闻联播播出，两地通过党建引领，共绘"共饮一江水、共植一片绿、共护母亲河"新画卷。

（2）探索跳出淳安、发展淳安的飞地模式

2019 年设立淳安特别生态功能区以来，淳安县以"飞地经济"模式为抓手，全力推进山海协作进程，为实现千岛湖的生态高标准保护、产业高质量发展开辟了新路径，托起了经济发展新蓝海。2019 年，千岛湖智谷大厦飞地平台的正式建成启用，淳安县生态资源以另一种形式"飞"入西湖区。作为淳安县在西湖区发展的第一块飞地，千岛湖智谷大厦承载起消薄增收任务的同时，也为两地合作提供了新的探索和实践平台。两地通过建立和完善联合招商机制，招引优质项目推动产业集聚发展，实现共赢。借助飞地经济，淳安县在异地有了自己的发展空间和产业基地。而对西湖区来说，飞地以淳安县优质生态资源为依托，吸引大量生态经济、数字经济、高新技术等新兴产业，加速优质项目及人才向西湖区集聚。千岛湖智谷大厦并非淳安飞地经济探索的唯一硕果，西湖区云栖小镇千岛湖智邦大厦、钱塘新区千岛湖智海大厦、淳安嘉兴飞地等一批飞地项目也正在有序建设和推进中。2022 年，飞地工业经济典型企业——中宏科创新能源储能项目落户飞地，成为省、市重点工业制造项目，标志着淳安异地工业版块正式启动。

第三节 淳安县生态文明建设的主要成效

一、生态环境质量持续改善

1. 水环境质量稳定趋好

千岛湖湖体水质长期保持优良，2002 年以来出境断面水质持续保持 I 类，2020 年综合营养状态指数始终在全国重要水库中排第 4 名，2015—2017 年连续三年获得浙江省治水最高荣誉"大禹鼎"金鼎，2020—2022 年获得"大禹鼎"银鼎。淳安县集中式生活饮用水水源水质每月进行 29 项监测，根据《地表水环境质量标准》（GB3838‐2002）、《地表水环境质量评价方法（试行）》（环办〔2011〕22 号）标准评价，集中式饮用水水源水质达标率始终保持100%，市控以上地表水功能区达标率为100%。全域 84 条河流，没有一条"黑河、臭河、垃圾河"，100%为 II 类以上水质，曾获得浙江省"清三河"达标县称号。千岛湖成功列入全国良好湖泊生态环境保护试点和国家江河湖泊生态保护重点支持湖泊，被评为五个"中国好水"水源地之一。

如图 1‐1 所示，2002 年以来，淳安县水质状况稳定趋好。根据《地表水环境质量标准》（GB3838‐2002），2002—2022 年，千岛湖入境水质的三项考核标准中，高锰酸盐指标趋于平稳，入境高锰酸盐指标从 1.7 毫克/升上升到 1.9 毫克/升，出境高锰酸盐指标从 1.3 毫克/升下降到 1.1 毫克/升。氨氮指标趋于平稳，入境氨氮指标从 0.08 毫克/升下降至 0.04 毫克/升，出境氨氮指标基本保持在 0.01 毫克/升左右。入境总磷指标从 0.021 毫克/升上升至 0.037 毫克/升，呈上升趋势，而出境总磷指标从 0.009 毫克/升下降至 0.006 毫克/升，趋向平稳。而水质的参考标准总氮指标出现了的上升趋势，入境总氮指标从 1.15 毫克/升上升到 1.21 毫克/

升，出境总氮指标也从 0.57 毫克/升上升至 0.90 毫克/升，出境水质始终
保持湖泊 I 类标准。① 出境水质远远优于入境水质，千岛湖水环境治理成
果显著。

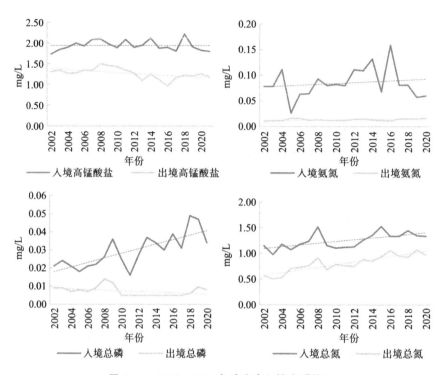

图 1-1　2002—2021 年淳安出入境水质状况

数据来源：淳安县人民政府提供。

2. 森林生态系统更加稳定

淳安县致力于自然资源整体性保护和生态环境系统性修复。在治理湖
水的同时，还深入实施"护林复绿涵水"工程，推进林相改造、森林彩
化、封山育林等举措，构建绿色保护屏障。2002—2022 年，淳安县造林
面积从最初的 1.5 万余亩稳步增长到了 2.75 万亩多，封山育林面积更是
从最初不足 20 万亩增长至 200 多万亩，成功纳入国家第三批"山水林田
湖草"生态修复工程试点。截至 2022 年，淳安县森林面积 516 万亩，生
态公益林 249.7 万亩，林木蓄积量 2966 万立方米，森林覆盖率达

---

① 湖泊换流缓慢，因此外界条件对湖水水质的影响比对河水水质的影响要显著，湖泊水质
评价标准高于河流水质.

77.88%，是浙江省森林面积和生态公益林面积最大、林木蓄积量最多的县。2017年淳安县成功创建省森林城市，荣获"全国集体林权制度改革先进集体"。2022年，淳安县全年空气优良天数359天，优良率98.4%。二氧化氮年均浓度值11微克/立方米，二氧化硫年均浓度值5微克/立方米，符合《环境空气质量标准》（GB3095－2012）一级标准。可吸入悬浮颗粒物（PM2.5）年均浓度18微克/立方米，远优于《环境空气质量标准》（GB3095－2012）二级标准限值（35微克/立方米），被评为首批"浙江省清新空气示范区"。

3. 生物多样性保持稳定

淳安县作为浙江省唯一一个特别生态功能区，在生物多样性保护方面确实作出了巨大贡献。淳安县不遗余力保护生物多样性，系统实施一系列生物多样性保护重大工程，包括千岛湖森林与湿地生态系统恢复工程、自然保护小区建设工程、古树名木与林木种质资源保护工程等，努力打造人与自然和谐共生的自然环境。截至2022年，淳安县已鉴定维管束植物195科2003种，蕨类植物35科136种，种子植物160科1867种，其中属国家一级保护野生植物有中华水韭、南方红豆杉、珙桐等4种，属于国家二级保护野生植物有金钱松、浙江楠、长序榆等34种。野生脊椎动物37目122科567种，其中，鱼类7目17科125种，两栖类2目9科31种，爬行类2目10科42种，鸟类18目65科294种，哺乳类8目21科75种；属国家一级保护的野生动物有黑麂、中华穿山甲、白颈长尾雉等9种，属国家二级保护的有猕猴、黑熊、白鹇等56种。其中特别值得一提的是，千岛湖还是我国特有的世界濒危物种海南鸦的重要繁殖地和栖息地，分布着迄今为止发现的最大海南鸦野生种群。此外，被中国野生动物保护协会授予"中国红嘴相思鸟之乡"。2021年，"千岛鲁胜地生物多样性保护与可持续利用"案例、"千岛湖水基金——千岛湖流域生态可持续发展探索"案例从全球七大洲26个国家的258个申报案例中脱颖而出，成功入选"生物多样性100＋全球典型案例"名单。

表1－2列出了全国大型湖泊和水库的鱼类丰富度（以物种数表征）。这些湖库的鱼类丰富度与千岛湖湖区的相比较发现，仅水域面积是千岛湖5倍以上的鄱阳湖和洞庭湖的鱼类丰富度高于千岛湖，其他水域面积远远大于或稍小于千岛湖的湖泊和水库的鱼类丰富度均较明显低于千岛湖，说明千岛湖的鱼类多样性较高。

表 1 - 2　　　　　　　　不同大型湖库鱼类丰富度比较

水库名称	面积（km²）	物种数	资料来源
丹江口水库	1050	33	白敬沛等（2020）①
新丰江水库	370	48	张建国等（2007）②
洪泽湖	1597	51	毛志刚等（2019）③
鄱阳湖	3850	90	李敬鸿等（2021）④
洞庭湖	2625	80	蒋忠冠等（2019）⑤
太湖	2000	52	张翔等（2021）⑥
千岛湖	500	70	本报告结果

数据来源：淳安县人民政府提供。

二、深绿产业健康发展

1. 深绿产业结构优化升级

淳安县充分发挥自身的林水优势，因地制宜地走生态发展特色化、本土化之路。不断推进小城镇的业态调整，打造具有千岛湖味道、产城人融合的宜居宜业宜游"三宜"美丽城镇。淳安县一、二、三产业地区生产总值分别从 2002 年的 9.80 亿元、14.34 亿元、14.02 亿元增长至 2022 年的 42.36 亿元、71.29 亿元、155.86 亿元，其变化趋势如图 1 - 2 所示。深绿产业转型升级总体经历了三大阶段：第一阶段（2002—2010 年），工业兴县，工业富县。这一阶段是淳安加速工业化阶段，生态工业唱主角，工业园区为主战场，形成了以水饮料、农特产品加工、纺织服装、机械制

① 白敬沛，黄耿，蒋长军．丹江口水库鱼类群落特征及其历史变化［J］．生物多样性，2020（10）：1202 - 1212.
② 张建国，李桂峰，刘丽波，等．新丰江水库刺网渔获物组成及鱼类资源状况初步分析［C］．2007 年中国水产学会学术年会暨水产微生态调控技术论坛论文摘要汇编，2007：123.
③ 毛志刚，谷孝鸿，龚志军，等．洪泽湖鱼类群落结构及其资源变化［J］．湖泊科学，2019，31（04）：1109 - 1119.
④ 李敬鸿，林鹏程，黎明政，等．鄱阳湖物理生境特征及其对鱼类群落结构的影响［J］．水生态学杂志，2021，42（05）：95 - 102.
⑤ 蒋忠冠，曹亮，张鹗．洞庭湖鱼类的群落结构及其时空动态［J］．水生生物学报，2019，43（S1）：42 - 48.
⑥ 张翔，沈伟，周国栋．2018—2020 年太湖鱼类群落结构及其环境因子典范对应分析［J］．生态与农村环境学报，2021，37（05）：674 - 680.

造、高新技术为代表的生态型、资源型、科技型工业体系。第二阶段
（2010—2015 年），以湖兴县，旅游强县。这一阶段淳安通过淘汰了一系列
高耗能、高污染的落后产业，实现了向浅绿色产业转型升级，以旅游为龙
头的现代服务业逐步取代了工业经济成为主导产业。第三阶段（2015 年至
今），深绿兴县，秀水富民。旅游业发展虽然没有进入平台期，但面临着
有市场无产品的发展瓶颈。这一阶段的任务是以聚合高端要素、高新技
术、高效业态、高净值群体、高效率服务，全力推动浅绿产业向深绿产业
转型升级。总体来说，通过限制高污染、高能耗的传统工业化发展，大力
发展绿色环保的生态产业，推进浅绿产业向深绿产业转型升级，淳安县
一、二、三产业比重从 2002 年的 25.7∶37.6∶36.7 调整为 2022 年的
15.7∶26.5∶57.8。淳安县产业结构的变化并非一般区域常规的"二三一"
顺序向"三二一"顺序的转变，而是以严格控制第二产业发展为前提的。

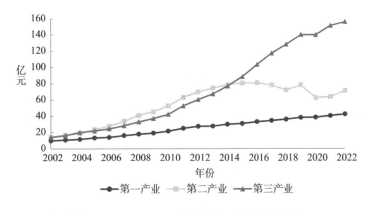

图 1 - 2　2002—2022 年淳安县三大产业增加值

数据来源：《淳安统计年鉴》。

2. 深绿特色产业蓬勃兴起

（1）深绿旅游业特色鲜明，品牌效应显著

一流的生态优势为淳安旅游业的发展提供了良好的基础，极其有利于
大旅游和全域旅游的发展。自 2012 年起，淳安县开始实施"全县景区
化"及全域旅游战略，坚持融合发展、深绿发展路径，已基本形成了
"湖区观光、城市休闲、乡村度假"的全域旅游发展格局，2018 年成功创
建了首批省级全域旅游示范县。2018—2022 年连续四年上榜中国县域旅
游综合竞争力百强县，旅游度假区跻身国家级旅游度假区。2022 年全县

接待国内外游客 812.1 万人次，实现旅游经济总收入 126.8 亿元。淳安县已初步走上以康美环境为引领，康美生活为目的，旅游业为核心，相关产业相互配合的深绿旅游产业发展道路。

（2）深绿工业转型提质

水饮料产业是淳安最具时代特征的战略、最为突出的比较优势、最为宝贵的核心竞争力，是最符合淳安发展导向的生态产业。2022 年，全县登记水饮料企业 27 家，实现主营业务收入 106.7 亿元，一个百亿元水饮料产业正在千岛湖畔冉冉升起。除此之外，淳安县还着力发展高新技术产业。2022 年，淳安县规模以上工业新产品产值 13.41 亿元，增长 19.0%，新产品产值率 11.8%，高新技术产业增加值为 15.96 亿元，增长 14.5%。2023 年 1—8 月，高新技术产业增加值 11.5 亿元，同比增长 8.5%。淳安县围绕始终坚持生态发展、精准发力、重点突破的总要求，大力发展资源型的水饮料产业和科技型的高端制造业等新兴产业，着力构筑"无污染、小空间、高科技、资源型"的深绿工业体系。

（3）深绿农业稳定向好

淳安县农业资源丰富。截至 2022 年，全县有茶田 19.10 万亩，养殖蚕桑面积 2.47 万亩，种植水果 14.80 万亩、种植粮食 17.25 万亩，种植蔬菜 15.10 万亩。2021 年，淳安县成功创建省级农业绿色发展先行县、省级林下经济产业示范县、省级渔业转型发展先行区，被认定为全国首个国家特色农产品生态气候适宜地，被评定为国家农业产业强镇。截至2022 年底，实现农业增加值 43.07 亿元。农业产业缩量提质，涌现了名优水果、中药材、中华蜂等一批特色产业基地，农产品"千岛湖"公用品牌利用率显著提高。"千岛湖茶"区域公用品牌跻身全国 50 强，列浙江前 10 位，鸠坑茶、淳安覆盆子、淳安前胡获国家农产品地理标志登记。

3. 深绿经济效率稳步提升

淳安县因千岛湖战略水源地的特殊地位，资源节约和环境保护的责任更加重大。节约资源可以真正从源头减少污染的排放，有利于全面、系统、精准保护千岛湖水源地，有助于淳安特别生态功能区生态资源价值转换和深绿产业发展。因此，淳安县以资源循环利用为核心，以资源节约集约利用为目标，推进节能节水，推行"清洁生产"，注重资源循环利用，推动企业技术创新、转型升级。如图 1－3 所示，2007 年以来，淳安县深绿经济效率持续提升，单位 GDP 能耗、单位 GDP 电耗、单位 GDP 水耗持续下降。截至 2020 年，淳安县单位 GDP 能耗、单位 GDP 电耗、单位 GDP 水耗分别为 317.39 千克标准煤炭/万元、580.44 千瓦时/万元和 55.27 亿立方米/万元，较 2007 年分别降低了 26.19%、15.02% 和 71.79%。其中，2020 年淳安县单位 GDP 能耗、单位 GDP 电耗水平在全省范围内走在前列，单位 GDP 能耗是浙江省 382.27 千克标准煤炭/万元的 83.03%，单位 GDP 电耗是浙江省 747.47 千瓦时/万元的 77.65%。淳安县积极推动资源循环利用。2020 年，淳安县规模养殖场畜禽养殖粪污资源化利用率达 99% 以上，农作物秸秆综合利用率达 95% 以上，废弃农药包装物回收率达 90% 以上，一般工业固体废弃物综合利用率达 100%，建筑垃圾综合利用率达到 60%，工业园区再生水（中水）回用率到 10% 以上。

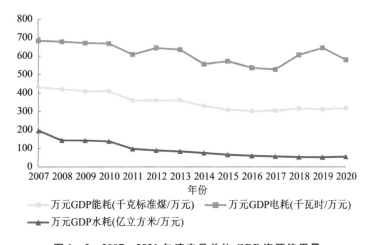

图 1-3　2007—2021 年淳安县单位 GDP 资源使用量

数据来源：《淳安统计年鉴》《杭州统计年鉴》。

三、美好生活品质不断提升

1. 更满意的收入

2002 年以来，淳安县坚持走绿色发展道路，全力做大生态经济，经济社会发展动力活力进一步增强，中等收入群体规模不断扩大，城乡居民收入日益增多。如图 1-4 所示，2002—2022 年淳安县城乡居民的收入水平持续提升。城镇常住居民人均可支配收入从 2002 年的 8756 元增长至 2022 年的 55228 元，增长了 530.74%，农村常住居民人均可支配收入从 2002 年的 3215 元增长至 2022 年的 26156 元，增长了 713.56%。尤其是在 2002—

2014 年，城乡的收入增速基本在 10% 以上，而在 2015—2022 年则进入稳定增长期，除 2020 年和 2022 年以外，城乡收入增速也均维持在 8% 以上。

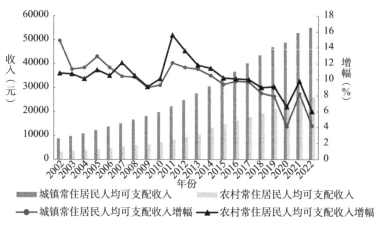

图 1 – 4　2002—2022 年淳安县城乡收入状况

数据来源：淳安县人民政府提供。

2002 年以来，淳安县委县政府统筹区域和城乡一体化协调发展，大力推进乡村振兴战略，城乡收入差距不断缩小。城乡收入比（城市常住居民人均可支配收入比上农村常住居民人均可支配收入）常用来评价地区的城乡收入差距。[①] 淳安县城乡经济呈现出显著的二元结构，2021 年农村人口占 51.40%，城乡收入比这一指标没有反映城乡人口所占比重的变化，不能准确度量我国的城乡收入差距。泰尔指数不仅考虑到城乡居民绝对收入的变化，而且还考虑到对应的城乡人口结构的变化。[②] 具体方法为：

$$T_i = \sum_{j=1}^{2} \left(\frac{P_{jt}}{P_t}\right) \ln\left(\frac{\frac{P_{jt}}{P_t}}{\frac{Z_{jt}}{Z_t}}\right) = \left(\frac{P_{1t}}{P_t}\right) \ln\left(\frac{\frac{P_{1t}}{P_t}}{\frac{Z_{1t}}{Z_t}}\right) + \left(\frac{P_{2t}}{P_t}\right) \ln\left(\frac{\frac{P_{2t}}{P_t}}{\frac{Z_{2t}}{Z_t}}\right) \qquad (1-1)$$

其中，$j=1$，$j=2$，分别表示城镇和农村地区，Z_{jt} 表示 t 时期城镇（j

---

① 骆永民，樊丽明. 宏观税负约束下的间接税比重与城乡收入差距［J］. 经济研究，2019，54（11）：37 – 53；陈斌开，林毅夫. 发展战略、城市化与中国城乡收入差距［J］. 中国社会科学，2013（04）：81 – 102 + 206.

② 万广华. 城镇化与不均等：分析方法和中国案例［J］. 经济研究，2013（05）：73 – 86；王少平，欧阳志刚. 中国城乡收入差距对实际经济增长的阈值效应［J］. 中国社会科学，2008（02）：54 – 56 + 205.

=1）或农村（j=2）人口数量，Z_t表示 t 时期的总人口，P_{ji}表示城镇（j
=1）或农村（j=2）的总收入（用相应的人口和人均收入之积表示），
P_t表示 t 时期的总收入。本课题同时计算了淳安 2002—2021 年的泰尔指数
和城乡收入比（越低代表城乡收入差距越低），如图 1－5 所示。泰尔
指数从 2002 年的 0.039 下降到了 2022 年的 0.024，城乡收入比从 2002 年
的 2.723 下降至了 2022 年的 2.111。2014 年是一个重要拐点，可见淳安
县低收入农户收入倍增计划（2013—2017）初见成效。总体来说，淳安
县 20 年来的城乡收入差距正在逐渐减小。

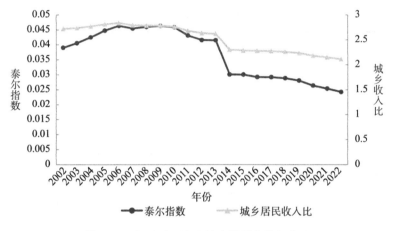

图 1－5　2002—2022 年淳安县城乡收入差距

2. 更好的民生服务水平

从 2002 年到 2022 年的 20 年来，中共淳安县委、县人民政府致力于
改善群众生活，公共服务在积极作为中提标提级。第一，更好的教育。全
面落实立德树人根本任务，加快推进教育现代化，促进学生德智体美劳全
面发展。2010 年起小学入学率和小学升高中比例均达到了 100%，初中升
高中段的比例也从 2002 年的 80.6% 增长至 2020 年的 99.74%（见表 1－3），
基本实现高中教育全面覆盖。第二，更稳定的就业环境。深入实施就业优
先政策，落实援企、稳岗、扩就业等支持性政策，统筹推进城乡就业一体
化发展，健全重点人群就业支持体系。每年新增就业人数稳步提升，从
2002 年的 1592 人增长至 2021 年的 8379 人（见表 1－3）。城镇人口失业
率再创新低，从 2002 年的 4.50% 下降至 2021 年的 2.34%（见表 1－3）。
2018 年，淳安县开展"无欠薪县"创建工作，形成了具有淳安特色的欠

薪治理经验，"实名实薪"的治理模式在全省得到推广。第三，更可靠的社会保障。不断完善社会保障体系，构建城乡一体的社会保障体系。截至2021年，淳安县全社会养老保险参保率和医疗保险参保率分别达到99.06%和99.65%（见表1-3）。第四，更高水平的医疗卫生服务。构建整合型医疗服务体系，全面提升基本医疗卫生服务均等化水平。医护人员数量从2002年的1378人增长至2022年的3201人，医疗卫生机构病床数从2002年的926张增长至2022年的2378张（见表1-3）。2017年，淳安县成功创建省级卫生强县和慢性病综合防控示范县。

表1-3　　　　　　　　2002—2022年淳安县民生服务状况

年份	卫生条件		社会保障		就业环境		教育事业
	医护人员数量（个）	病床数量（张）	养老保险参保率	医疗保险参保率	新增就业人数（人）	城镇失业率	初中升高中比例
2002	1378	926	—	—	1592	4.5%	80.6%
2003	1118	864	—	—	1901	4.40%	81.30%
2004	1293	872	—	—	1831	4.48%	88.30%
2005	1246	845	—	—	1738	4.19%	93.10%
2006	1205	878	—	—	2281	3.96%	95.70%
2007	1705	942	—	—	3588	3.49%	96.95%
2008	1623	942	—	—	2673	3.12%	98.38%
2009	1748	942	—	—	2751	3.09%	99.00%
2010	1293	815	76.10%	99.70%	3604	3.09%	99.30%
2011	1766	1073	92.67%	100.00%	2820	2.89%	99.30%
2012	2115	1293	94.00%	100.00%	3459	2.83%	99.40%
2013	2109	1353	94.34%	99.93%	2832	2.75%	99.40%
2014	2061	1353	96.35%	99.92%	3586	2.78%	99.40%
2015	2230	1503	96.38%	99.92%	3419	2.48%	99.40%
2016	2294	1518	96.50%	99.92%	2986	2.85%	99.50%
2017	2383	1538	96.50%	99.92%	2948	2.62%	99.50%
2018	2710	1643	96.50%	99.92%	3587	2.88%	99.70%
2019	3052	2209	98.50%	99.50%	6398	2.64%	99.70%
2020	3104	2209	99.50%	99.60%	3968	2.42%	99.74%
2021	3052	—	99.06%	99.65%	8379	2.34%	—
2022	3201	2378	—	—	—	—	—

数据来源：淳安统计年鉴、统计公报。—表示未统计的数据。

3. 更舒适的人居环境

千岛湖周边城镇大多建设于 20 世纪，无论是城镇规划还是城市面貌，都已经难以与美丽淳安相匹配。为了改善人居环境，淳安开展"美化、亮化、洁化、序化、绿化、彩化"的六化工程；建设城市公园、滨水景观飘带、城市绿、樱花大道等城市精品项目；提升千岛湖大桥入城口、杭千高速入城口，鼓山入城口以及 05 省道入城口的景观，改造城区沿湖沿路岸线景观飘带；还大力推进公厕按照一类标准改造，在公厕内安设无障碍通道、儿童洗手台、残疾人厕位、残疾人电铃、感应式烘手机、飘香洁具及负离子除臭设备等，公厕外增添绿色植物；淳安大力倡导"公民低碳行动"，推行生态优先的决策方式、资源能源节约的生产方式、健康文明的生活方式。不断加强生活废弃物综合利用水平，实现城乡生活垃圾分类全覆盖，生活垃圾无害化处理率达 100%。整座城市由内而外发生了翻天覆地的变化。2022 年，淳安县石林镇为浙江省高标准农村生活垃圾分类示范村。小城镇环境综合整治工作实现了乡镇集镇全覆盖，汾口镇、威坪镇、姜家镇、枫树岭镇、千岛湖镇创建成为省级美丽城镇建设样板，临岐镇、文昌镇、瑶山乡等 17 个乡镇创建成为市级美丽城镇建设样板。打造省级美丽乡村示范乡镇 14 个、省级新时代美丽乡村达标村 337 个、市级精品示范线 14 条、市级精品村特色村 116 个。

4. 更丰富的精神文化生活

生态文化源远流长。淳安县历史悠久，文化底蕴深厚。淳安县建制始于东汉建安 13 年，距今已有 1800 多年的历史，是徽派文化和江南文化的融合地。拥有铜山铜矿遗址、白马红色遗迹、茶山会议遗址、文渊狮城中国纺织非遗大会永久落户等文化资源。淳安县以"文"为基，以"绿"出彩，在继承淳安县悠久深厚的传统文化基础上，用"绿色"使之焕发新的魅力，为美好生活注入源源不断的能量。枫树岭镇入选"中国森林文化小镇"，弘扬生态文化，引导人们树立尊重自然、顺应自然、保护自然的生态理念；白马村地瓜节、大墅镇毛竹文化节，既给了琳琅满目的千岛湖农产品一个有效的自我宣传机会，又传递了人与自然和谐共存的理念；打造"千岛湖秀水节"，通过一湖秀水连接起淳安县和外面的世界，成为主客共享的欢乐节日，不断彰显淳安县一流的生态环境、丰富的旅游资源、多元的休闲元素、深厚的文化积淀；千岛湖鱼博馆全方位展示了千岛湖文化、水下古城文化、民俗文化和千岛湖渔业历史，融知识性、体验性、观赏性、品牌性为一体。

生态文明理念深入人心。淳安人民坚定不移坚持绿水青山就是金山银山理念，坚持以"坚定秀水富民路，建设康美千岛湖"为战略思想，以"争当全国践行'两山'理念标杆县"为奋斗目标，坚定不移地行驶在生态致富、惠民富民的征途上。千岛湖水是淳安县生存发展的基础，上至古稀老人，下到幼稚孩童，人人皆知晓保护生态环境的重要性。人们就像保护自己的眼睛一样保护着千岛湖这一湖秀水，而这清澈见底的湖水给每个淳安人民带去的是无限的满足与自豪。

｜第二章｜

淳安县生态文明探索实践的经验启示

　　淳安县作为习近平同志在浙江工作期间的基层联系点，坚定扛起生态文明建设先行示范的使命担当，深入践行绿水青山就是金山银山理念，扎实推进特别生态功能区建设，奋力打造人与自然和谐共生、生态文明高度发达的创新发展高地。淳安县践行习近平生态文明思想的宝贵经验，对全国类似县域的生态文明建设具有重要的借鉴意义。

第一节　淳安县生态文明探索实践的基本特征

一、生态保护与经济发展的对立统一

　　在"高投入、高消耗、高排放、高增长"的粗放式增长模式下，经济社会发展往往面临两大突出问题：一是"生态非资源化"——把稀缺的生态资源当作零价格使用的"自由物品"，不加节制地滥用、浪费甚至破坏性地开采，导致资源生产率低下；二是"经济逆生态化"——经济

增长以生态破坏、环境污染、资源枯竭为代价，造成难以修复甚至不可逆转的生态环境恶化。① 这种以资源能源大量消耗和生态环境急剧退化为代价的粗放式增长，显然是不可持续的。

生态环境保护与经济社会发展是一种对立统一的关系，实现矛盾双方相互转化的根本途径就是绿色转型发展。习近平总书记指出："我们既要绿水青山，也要金山银山。宁要绿水青山，不要金山银山，而且绿水青山就是金山银山。"② "既要绿水青山，又要金山银山"要求我们兼顾环境保护和经济增长，这是"兼顾论"；"宁要绿水青山，不要金山银山"要求我们在难以兼顾环境保护和经济增长的情况下，把生态环境保护放在优先地位，"留得青山在，不怕没柴烧"，这是"优先论"；"绿水青山就是金山银山"要求我们既要经济生态化又要生态经济化，实现生态经济效益的最大化，这是"转化论"。③ 习近平总书记的重要论述既超越了机械主义的片面增长观，又超越了环保主义的片面保护观，是马克思主义的绿色发展观。

淳安县作为深入践行习近平生态文明思想的先行示范地，在生态文明建设中，突出抓住了四个方面的工作：第一，坚持生态优先。千岛湖主要功能经历了从防洪和发电到风景旅游和防洪、再到备用水源和防洪、最后到正式水源和防洪的演变，每一次功能的调整，都对生态环境保护提出了更高的要求。淳安县始终坚持"生态优先"和"舍小家，为大家"的精神，不断加大生态环境保护力度，提高生态环境质量，确保"绿水青山"做得更大。第二，坚持绿色发展。随着生态环境保护要求的提高，经济发展的约束条件变得越来越严苛。淳安县没有因此而"停摆""躺平"，而是奋力推进经济发展的绿色转型，从非绿色发展转向了浅绿色发展，进一步从浅绿色发展转向了深绿色发展，实现了"腾笼换鸟""凤凰涅槃""浴火重生""脱胎换骨"。第三，坚持生态产品价值转化。充分发挥生态环境优势和生态产品优势，按照绿水青山就是金山银山理念大力推进"绿水青山"的价值转化。淳安县积极开创"两山"银行制度，经营生态资产，实现生态资产资本化；积极探索生态补偿机制，成为从上级政府获

---

① 沈满洪. 生态文明建设：思路与出路 [M]. 北京：中国环境出版社，2014：146.
② 习近平. 论坚持人与自然和谐共生，中央文献出版社，2022：40.
③ 沈满洪. "两山"理念的科学内涵及重大意义 [J]. 智慧中国，2020（08）.

得水生态补偿资金最多的县域；积极探索森林碳汇建设，率先成立"森林碳汇局"，谋划碳汇的价值转化。第四，完善生态文明制度。淳安县通过建立健全约束机制，大力开展千岛湖临湖地带环境综合整治，让微观经济主体不敢从事黑色生产、线性生产和高碳生产，达到了"不敢为"的目的；通过建立健全激励机制，让微观经济主体大力从事绿色生产、循环生产和低碳生产，打造独具生态功能区特色的深绿产业体系，达到了"敢于为"的效果。推动生态保护与经济增长由对立向统一的转化，是淳安践行习近平生态文明思想的基本特征之一。

二、自上而下与自下而上的有机结合

淳安县既是杭州市下辖的一个县，又是浙江省财政"省管县"体制下的一个县，还是新安江跨省流域上的一个县，由此又会牵动中央的"心"。千岛湖主体湖区在淳安县。作为防洪功能的千岛湖，关系整个杭州市的防洪安全；作为饮用水源的千岛湖，关系整个杭州市和嘉兴市的饮用水安全；作为风景旅游功能的千岛湖，不仅是中国的还是世界的。淳安县的保护与发展问题必须"跳出淳安看淳安"。因此，淳安县践行习近平生态文明思想，是自上而下的制度驱动与自下而上的制度创新的有机结合。

所谓自上而下，就是淳安县上级政府从"公共产品"和"准公共产品"供给的角度进行"强干预"，实施生态文明制度体系的构建，用强制性制度、选择性制度和引导性制度规范和引导下级行政单位开展生态文明建设。一是思想引领。始终按照绿水青山就是金山银山理念指导淳安县的生态文明建设和绿色发展，使得淳安县成为生态文明建设的高地。二是组织引领。历任省委书记传承时任省委书记习近平同志联系蹲点下姜村的做法，使得下姜村始终成为浙江省省委书记联系蹲点的村。联系下姜村，就是联系淳安县；这是强有力的上级领导。淳安县以高标准高质量抓好整改工作，确保中央和省委政令畅通、令行禁止、一贯到底。三是规划引领。基于千岛湖的特殊生态功能，淳安特别生态功能区规划、饮用水源保护区规划、国家级风景旅游区规划、生态功能区规划等一系列规划的出台，使得淳安成为40万人口层级的县域中被生态管控最严格的县域。2005年，淳安县人大通过全国首个县级环境质量管理规范——《关于进一步加强千岛湖保护的决议》，即"千岛湖标准"；根据国务院发布的"水十条"，淳安县严格实施千岛湖环境保护方案，在全省率先创建"污水零直排区"；我国的首部生态特区保护条例——《杭州市淳安特别生态功能区条例》自 2022 年 1 月 1 日正式施行。四是财政引领。淳安县从"甲等县"到"贫困县"，从"贫困县"到"欠发达县"，从"欠发达县"到"加快发展县"，最后到"山区 26 县"，始终离不开上级财政转移支付。无论是按照生态保护的贡献给予的生态补偿资金还是按照发展程度给予的财政转移支付，浙江省财政始终处于优先位置，杭州市财政虽然不承担"财政义务"但也力所能及地给予"道义支持"。

所谓自下而上，就是淳安县基层单位通过"自发性"的体制机制创新，探索生态保护的新路径、新方法，最终得到上级政府的认可与示范推广。淳安县富文乡着力创建全县首个"中水回用"示范乡镇，将经过处理达标排放的中水回用于农田、果园、林地以及周边绿化带，最大限度减少生产生活污水排放和水资源浪费，最大程度方便和改善居民生活，实现了生态、经济和社会效益的统一。大墅镇利用淳安县"两山"银行的支持政策，打造艾草品牌全价值产业链，涵盖研发、育苗、种植、产品设计、加工、销售等全流程生产环节。其创立的"艾浙里"品牌作为 2023 年杭州亚运会特色艾草产品的指定供应商，积极向三产延伸拓展，建成艾灸理疗馆、艾草产品体验馆等特色服务项目。为实现生态环境保护的跨区域合作，统筹区域经济社会发展，淳安县创新突破县内行政界限，以下姜村为依托，建立一整套跨区领导组织和合作机制体系，成立联合体党委，形成乡镇部门联动、整体步调统一、协调统筹推进的良好工作格局。凡是通过基层实践证明有益的体制机制创新，就在更大范围、更高层面上施行；对于那些有待完善的制度，就从基层实践单元着手改进；经试验证明无效的模式，就果断止损、坚决舍弃。自上而下的引导式实践与自下而上的自发性创新相结合，是淳安县践行习近平生态文明思想的基本特征之二。

三、上游地区与下游地区的联合推进

处理好流域内上下游冲突问题是落实跨界流域水生态环境保护的前提。淳安县在整个钱塘江流域中，既是新安江流域的下游，需要与上游的

黄山市处理好水生态环境保护的协作关系；又是富春江流域的上游，需要与下游的杭州市大部分地区处理好水生态环境保护的协作关系。

千岛湖来水60%的流域汇水面积在黄山市，上游黄山市境内的来水水质对千岛湖整体水质有着直接且必然的影响。2013年12月，国务院批准《千岛湖及新安江上游流域水资源与生态环境保护综合规划》，从流域整体生态环境建设、城乡协调发展与产业结构优化调整等方面对上下游地区作出明确规划。改善千岛湖水质仅凭淳安一县的力量是远远不够的。《千岛湖环境质量管理规范》不仅要求千岛湖主体湖区三个国控监测断面保持Ⅰ类水质，同时也针对上游来水质量做出"保持现状以上"的明确规定，从源头上控制污染。2020年5月，淳安县人大常委会与歙县人大常委会共同签署了《淳安—歙县两地人大关于新安江—千岛湖生态保护绿色发展合作备忘录》，在生态保护的目标任务、环境治理的深层次合作等方面达成一致意见，为浙皖两省推进流域上下游协同共治奠定了基础。上下游共抓流域生态保护，共同开展农业面源污染和工业废弃物排放等水污染防治工作，由两地点状保护到区域配合，形成流域整体的环保合力。经过2013—2022年的十年实践，新安江—千岛湖流域生态、经济和社会效益得到有效提升。形成了"君住江之头，我住江之尾；一朝两地共携手，同护一江水"的和谐局面。2019年9月，杭州市、黄山市两地人大共同签署了《关于建立合作交流机制的协议》；2020年5月，由淳安县人大常委会联合歙县人大常委会共同出台的《淳安—歙县两地人大关于新安江—千岛湖生态保护绿色发展合作备忘录》正式颁布。浙皖两地就携手共抓新安江—千岛湖生态保护、多领域深层次合作共建达成一致意见，深入开展流域上下游协同共治之举。

生态环境是一个完整的系统，各组成部分之间具有很强的关联性。上游地区的生态环境质量直接关系到下游地区的水质水况。在《杭州市"十二五"水利发展规划》提出"千岛湖引水工程"之前，杭州市80%以上用水来自钱塘江。2018年千岛湖配水工程的启用，满足了杭州市、嘉兴市等地区对优质水源日益增长的需求，但也在无形之中对上游淳安县的生态保护提出更高的要求——千岛湖水质直接关系到下游居民生活饮用水安全。"一湖碧水奔杭城"的实现，惠及了下游杭州市和嘉兴市的1600万人口；保障这1600万人口的饮用水安全，是新时期赋予淳安县的神圣使命。为保护水源地环境，淳安县付出了限制产业发展和项目建设的巨大代价。淳安县以高昂的机会成本换来千岛湖生态环境改善，这必须建立有相对健全的生态补偿制度作为配套保障。随着配水工程的正式启用，谁用水、用多少等问题都会得到准确回答，建立以市场化为导向的横向生态补偿机制成为必然，杭州市、嘉兴市等地理应以自身发展"反哺"淳安县。为了破解发展难题，淳安县以创新思维突破发展空间限制，利用区县协作、山海协作培育"飞地"经济。2019 年 1 月 20 日，千岛湖智谷大厦这一杭城"飞地"的启用，为实现保护与发展的双赢提供新的机遇，为淳安提供了绿色发展的资金和技术支撑。2022 年，淳安县与杭州市、嘉兴市等地的"飞地"体制机制建设取得重大突破，异地发展新格局基本形成，为淳安县加速腾飞蓄势赋能。"始于淳安、跳出淳安、发展淳安"，淳安县与湖州市等地联动发展格局的形成，为千岛湖水环境保护和特别生态功能区的建设注入绿色发展活力。一方面，与上游地区形成生态保护合力，另一方面，与下游地区协作打造发展潜力，这是淳安县践行习近平生态文明思想的基本特征之三。

第二节　淳安县生态文明探索实践的宝贵经验

一、坚持规划先行，在实践中出台并迭代升级最严格的生态环境保护"千岛湖标准"

工作要推进，规划要先行。生态文明建设也是如此，规划的制定讲求科学性、规范性、系统性，这既是环保工作的指引，又是生态效益的评价标准。一是科学性。历史上的千岛湖功能几经演变，尤其是进入 21 世纪以来，水源保护区的设立让千岛湖的重要性地位达到了前所未有的高度。紧随一湖秀水的功能定位的转变制定相应的保护和发展规划，"因时而变""因势利导"，这是规划的科学性。二是规范性。湖州市和嘉兴市1600 万人的饮用水安全全系于这一湖之水，最优的水质要靠最严格的标准来守护。通览近二十年有关淳安县水环境保护的规章制度不难发现，

"千岛湖标准"随时间的推移愈加严格，这是规划的规范性。三是系统性。单一的规划无法保障政策落实，"千岛湖标准"的落地还需依靠配套的监管机制。从规划本身来看，淳安县生态保护条例趋于全方位、多领域覆盖；从制度落实情况来看，更完善的监管和评价机制保障着环保机制的顺畅运作，这是规划的系统性。

生态环境规划越系统完整，越有利于从源头上进行防控，有助于实现从"事中控制"和"事后弥补"向"事前预防"转变；越能保证环保工作落实有证可考、绩效考评有据可依，为执法和监管提供有利抓手。进入21世纪，随着杭州市及嘉兴市等地区水资源需求日益凸显，千岛湖备用水源地功能成为其主要功能。2005年，由水利部、浙江省联合批准的《钱塘江河口水资源配置规划》明确了新安江水库的重要供水功能；同年出台的《浙江省水功能区、水环境功能区划分方案》将千岛湖明确划归为饮用水源地上游缓冲区，再次确定其作为钱塘江流域重要备用水源的身份。2011年，《杭州市"十二五"水利发展规划》将新安江引水工程作为杭州市调水工程，同一时期的浙江省、杭州市、嘉兴市的"十二五"规划纲要均要求积极推进千岛湖引水工程。千岛湖作为备用水源地，其身份逐渐开始向正式水源地转变。2013年12月，由国务院批准、国家发改委正式印发的《千岛湖及新安江上游流域水资源与生态环境保护综合规划》的实施，标志着千岛湖作为长三角地区重要水源地的身份正式确立，对其水环境保护的要求达到了前所未有的高度。

1. 随着千岛湖功能定位的转变，水环境保护层面的相关规划愈加严格

2016年，淳安县出台全国首个县级环境质量管理规范——《千岛湖环境质量管理规范》，形成了独特的"千岛湖标准"。淳安将国家级"山水林田湖草"生态修复工程与"污水零直排区"建设工程纳入生态环境保护规划安排，以水质水华监测预警标准、农业面源污染治理标准、空气质量检测标准等一系列生态环境质量指标，严正规范水源地保护区内项目建设；严格把控项目准入与审批门槛，严厉处置违法违规生产、建造与排放等违背生态功能区建设与环境保护目标的行为。《千岛湖环境质量管理规范》的制定与施行，不仅为千岛湖水环境保护提供了强制性的依据和标准，同时有力地推动了千岛湖生态保护保护市级层面立法工作的开展，有利于水功能区生态保护走上科学化、法治化轨道。2018年，杭州第二

水源千岛湖配水工程建成，千岛湖进入了史上最严的水环境保护与修复时期。依照 2008 年 6 月 1 日修订版《水污染防治法》与 2018 年由国务院批复、浙江省人民政府发布的《浙江省生态保护红线》的要求，淳安县出台《千岛湖临湖地带建设管控办法》等若干指导性文件，健全临湖地带项目管控制度。2019 年 9 月 29 日，淳安特别生态功能区建设推进大会暨千岛湖配水工程通水活动举行，标志着淳安特别生态功能区建设全面启动。《特别生态功能区建设三年行动计划（2019—2021）》是引导淳安特别生态功能区建设工作扎实推进的纲领性文件，形成了淳安特别生态功能区保护与发展的指导规范。根据《特别生态功能区建设三年行动计划（2019—2021）》，淳安特别生态功能区的建设以持续提升水质、改善景观为目标，以保护生态环境、推动绿色发展、增加民生福祉为重点。2020 年 2 月 1 日，《杭州市淳安特别生态功能区管理办法》正式施行；2022 年是《杭州市淳安特别生态功能区条例》实施元年。《杭州市淳安特别生态功能区条例》既是首部为淳安特别生态功能区"量身定制"的地方性法规，也是全国首部特别生态功能区保护法规。淳安特别生态功能区保护与发展相关规划，走在全国内陆湖泊生态保护的前列，紧扣水功能区生态环境质量提升、千岛湖出境断面水质持续保持 I 类等环保目标，以最严格的生态环境标准规范和引导千岛湖饮用水源地的保护与开发工作。

2. 最严格的规划依靠配套的监管和执法机制保障落实

通过建立环境形势分析会、乡镇交界断面水质考核、新（转）任县管领导干部"绿色谈话"等制度，淳安县持续完善生态环境保护机制建设，严格执行领导干部自然资源资产离任审计制度，强化多部门"一巡多功能"机制，不断压实生态保护责任，将生态环境保护纳入领导干部政绩考核体系。最严密的执行和监管机制保障了生态保护制度的落实，生态文明观念内化于心、固化于制、外化于形、实化于行。2021 年，为全面贯彻落实党中央、国务院及省、市关于生态环境保护督察的决策部署，严实高效推进中央生态环保督察反馈问题整改工作，切实加大生态文明建设和生态环境保护工作力度，淳安县根据第二轮中央生态环境保护督察报告，制定了《贯彻落实第二轮中央生态环境保护督察报告整改方案》。中央对千岛湖水环境保护的督查，既是深入贯彻习近平生态文明思想、坚持人民导向的发展观的要求，更是淳安特别生态功能区建设和千岛湖水环境保护工作扎实推进的保障。最严格的保护条例和愈加完备的生态环境规划为千岛湖环境保护提供总的指导，中央生态环境保护督察整改则是生态保护和修复工作深入推进的重要契机和强大动力。围绕"共建特别生态区、共享康美千岛湖、共创特色新窗口"的目标，淳安特别生态功能区在相关规划和条例的引领下，努力打好污染防治攻坚战和生态环境巩固提升持久战，加快推进高标准保护、高质量发展、高品质生活、高水平创新。

二、坚持价值引领，弘扬顾全大局的精神、勇于创新的精神和敢于担当的精神

精神是价值观的集中体现，是对待客观存在最深刻的情感表达。美好的生态环境是淳安县的"皮相"，而淳安县在时代发展中展露出的精神是淳安县的"骨相"，是淳安县的魂。从历史上勤劳致富的徽商起源到为国奉献的县城移民，再到新时期大胆创新的争先发展，崇高的精神品质值被挖掘、被弘扬、被传承，这既是一代又一代人的价值导向，也是这个时代的最强音。

淳安精神，既有淳安人民响应国家号召顾全大局、牺牲小局的无私奉献精神，又有淳安县在党的领导下勇于创新、敢于担当的争先精神。今天的淳安县由历史上的淳安县、遂安县合并而成，曾是新安商人源起、富甲一方的丰饶富庶之地。20 世纪中叶，为全面开展社会主义建设，缓解长江三角洲地区用电日趋紧张的局面，淳安县响应国家号召，筑起了我国第一座自行设计、自制设备、自主建设的大型水电站——新安江水电站。新安江水库建成后，原淳安县、遂安县两座县城、5 个集镇、30 万亩良田和绝大部分基础设施被淹没；29 万淳安人民实施移民，全县 255 家企业外迁。从建库前的甲等县，变成建库后的贫困县，淳安县经济发展经历了困境中徘徊的曲折历程，直到 1978 年才恢复到建库前的经济水平。一夕之间，淳安县境内最富裕丰饶、最具人文价值的地域由桑田化作沧海，成为一片汪洋；淳安县域的经济社会发展由此倒退 20 年。曾经的甲等县先后沦为贫困县、欠发达县、加快发展县和浙江省山区 26 县，淳安县为此付出的代价令人动容。为了国家和人民的需要、为了社会主义建设的需要，淳安人民割舍下的是故土和乡情，彰显出的是"牺牲小我，顾全大局"的胸襟和格局。进入 21 世纪，淳安县被确定为饮用水源保护区，这是时

代赋予淳安新的历史使命，也是全体淳安人民的又一次奉献。千岛湖是长三角地区最重要的战略水源地之一，守护千岛湖就是守护杭州市和嘉兴市1600万人民的生命安全。为了保护好饮用水源地，淳安县坚定"生态优先、绿色发展"定力不动摇。实现更高的水质标准需要采取更严格的生态保护举措，也需要付出更高昂的发展的机会成本。被确定为饮水源地后，淳安县经历了又一次的滞缓发展期，经济社会发展水平从浙江省山区26县前列退居后列。"共抓大保护、不搞大开发"是新时代的一种行动担当，是全体淳安人民不惜代价、不计成本、精心呵护一湖秀水的无私奉献之举。

常言道，"不破不立，先破而后立"。面对着良田淹没、家园不复、经济倒退的巨大损失，淳安人民并不怨天尤人，也不心生气馁，而是因势利导，结合自然天工造物的生态环境和资源优势，将这一湖秀水打造成举世闻名的旅游胜地千岛湖。这是淳安人民匠心独运的智慧表达和创造精神的体现，更是淳安县勇立发展潮头、敢于担当的时代争先精神的体现。淳安县环境质量的持续优化是有目共睹的，千岛湖水质在全国61个重点湖泊中名列前茅，被列入首批五个"中国好水"水源地，饮用水水质达标率100%。在这里，随处可见青山碧水飞白鹭，天高云远浅鱼湾。而这仙境一般的千岛湖并不是天工造物、凭空得来的，突出生态效益的背后，是淳安县积极践行习近平生态文明思想、加快转变绿色发展方式的时代担当。一手抓保护，一手谋发展。淳安县大力推进临湖地带综合整治工作，以壮士断腕的气魄，坚决打赢这场环境保护攻坚战；开展水岸同治，加大农业、林业、工业和生活四个方面污染防治项目投资。为防治面源污染，淳安县山核桃种植严禁使用除草剂、果蔬作物种植严格限制化肥农药施用，一律采取人工除草除杂。截至2022年3月，淳安县已完成沿湖沿溪地带山核桃人工割草、病虫害统防统治8万亩；完成由街口镇浙皖交界处至小金山临湖地带高陡坡柑橘类经济林退耕休耕436.26亩。淳安人历来就有勤劳淳朴、坚韧勇敢的优秀品格和敢于作为、勇于担当的崇高精神。保护与发展的巨大压力并没有压垮淳安人民，他们反而因势利导，化压力为动力，在薄弱的工业基础上，摘取了中国水业基地的牌子；充分发挥千岛湖风景区的资源禀赋，实现全域旅游接待人次、旅游经济总收入分别突破千万、两百亿元；打造"旅游+""产业+"生态产品品牌，生态旅游、水饮料等深绿产业稳步发展，绿色发展转型加快；以数字化赋能生态保护工程，提升千岛湖生态系统科研和监测预警能力，以更高标准保护环境，追求经济社会更高质量发展。无论是数十万淳安人不惜背井离乡，割舍小我、顾全大局的义无反顾之举，还是作为水源地保护区的淳安县甘愿限制自身工业、农业等各方面发展，淳安县一直在为国家和人民的需要贡献着全部力量。这是淳安县深入践行绿水青山就是金山银山理念的生动体现，也是对"顾全大局、牺牲小局，勇于创新、敢于担当"精神最深刻的诠释。

三、坚持需求导向，利用自身生态优势和外部市场需求发展生态农业、生态工业、生态旅游业等深绿产业

任何事物的发展都有内因外因两个方面。得益于自身突出的生态环境优势，同时依托于广阔的外部市场需求，淳安县构建起独特的深绿产业体系。得天独厚的生态环境和资源禀赋是绿色发展的基石，这是供给端的优势，是内生动力；人民日益增长的美好生活需要则为绿色发展提供客观条件，这是需求端的优势，是外部机遇。一手把握自身生态优势、一手抓住外部市场需求，淳安县通过培育深绿产业打通了"走出去"的市场化道路，也拓宽了绿水青山价值转化的实现路径。

淳安县以生态环境为依托，坚持生态改善与功能完善、产业升级、人文共享、治理优化一体推进，打造"度假、有机、养生、智造、创意"千岛湖，加快步入美好环境的内生动力与外部市场需求赋能交互作用的叠加机遇期。淳安县大力发展康美产业、高端旅游产业、文化创意产业、健康养生产业等深绿产业模式，推动全域旅游产业、乡村振兴业态优化；积极推广、传播和营销千岛湖一流生态营商环境，增强对外部市场投资者、消费者和外来居民的吸引力，提高深绿产业集群的整体竞争力。[1] 姜家镇逸之园生物科技有限公司的铁皮石斛种植基地，是典型的依托自然资源禀赋和生态环境优势发展绿色生态农业的范例。石颜村拥有得天独厚的自然环境，能够满足铁皮石斛培育需要的苛刻生长条件，种成成品的品质优异，因此倍受消费者青睐。为了满足市场对优质石斛的需求，石颜村进一

---

① 王力群. 挖掘提升"千岛湖"品牌价值，推动特别生态功能区建设［J］. 杭州，2020（20）：48 - 49.

步借助玻璃温控大棚技术，打造精准控制湿度、温度等自然生长环境的铁皮石斛种植基地，形成优质石斛集中规模化培育的绿色农业产业模式。外部市场投资者受到了优质自然环境条件的吸引，使得石颜村集中迎来了一批铁皮石斛、食用菌、生态有机肥等多个现代生态农业项目在此落户。深绿产业的培育需要生态环境作为支撑，更需要把握市场机遇的智慧。通过充分利用好生态环境与市场需求资源两个优势，姜家镇实现了把生态保护与产业发展、把乡村振兴与人民共富紧密结合起来的战略目标，实现了青山绿水、好山好水的价值转化。

生态资源的价值实现，培育和发展深绿产业是路径，打通市场化渠道是关键。2022年，淳安县深绿产业发展聚焦"4＋1"体系，4是指水饮产业、健康食品、生态制造及产城融合型新经济，1为新业态。不同的区块重点不同。一是"飞地"区块：围绕"一区多点、功能互补"布局，探索"办公研发、科创转化、生产制造"一体化联动发展模式，招引数字经济、总部研发、先进制造等产业；二是高铁新区（文昌镇）：重点发展生命健康、科技创新产业；三是千岛湖集镇周边（千岛湖、旅游度假区、富文乡、金峰乡）：打造休闲度假旅游集聚区；四是西南片区（界首乡、姜家镇、浪川乡）：发展运动休闲、康养度假；西部片区（威坪镇、鸠坑乡、梓桐镇、宋村乡）：发展滨湖康养、教育培训、文化创意等产业；五是淳北片区（临岐镇、瑶山乡、屏门乡、王埠乡、左口乡）：重点发展中药材种植、交易、加工和中医康养；六是大下姜片区（枫树岭镇、安阳乡、里商乡、大墅镇、中州镇、石林镇）：重点发展现代农业园、红色旅游、游研学基地等。汾口镇、威坪镇，属于小城镇样板区，主要承载人口集聚。

千岛湖水域有573平方公里、178亿立方米库容量，出境断面水质始终保持Ⅰ类水体，是淳安县发展水饮料产业的独特优势，也是杭州市和嘉兴市优质饮用水源。淳安县全力打造特色产业发展优势，聚力做强"一县一业"，以水生态资源价值转化推动县域经济高质量发展。为打造"百亿水业基地"，按照"一个核心、多个极点"的产业布局规划，淳安县出台《淳安县水饮料产业发展规划（2020—2025）》，打造以坪山农夫山泉工厂和千岛湖啤酒有限公司、鼓山噢麦力亚洲生态工厂为重点的水饮料产业发展集聚区和大墅、文昌等乡镇多点发展的水饮料产业格局，优化产业布局模式、提升产业集聚效益。依托于外部市场需求的资源优势，淳安县通过全链招商促进水饮料产业发展，并将重大水饮料项目招商作为绿色高质量发展"一号工程"。淳安县深绿产业发展调度会上强调,深绿产业体系的打造必须进一步抓招商、提进度、强协调、优服务,坚持"走出去、引进来"两手发力,走好"以商招商、以企引企"的发展路径。淳安县绘制水饮料产业招商地图,制定产业招商指导目录和重点招商目标企业目录,积极地顺应外部市场对高质量水饮料产业的大规模需求,牢牢把握广阔的市场发展前景,以水饮料产业链的构建、延伸、融合、强化为绿色发展的任务主线,同时加快上下游及配套产业链建设和相关基础设施建设进程。2021 年淳安县水饮料产业营收达 100.97 亿元,首次突破百亿元大关,税收收入 7.68 亿元,成为淳安经济发展的重要支柱型产业。

淳安县抓住市场机遇,加速实现绿色发展。2022 年 7 月,淳安县"姜家—界首"县域风貌样板区成功上榜首批市级城乡风貌样板区名单。结合特别生态功能区建设,淳安县全面实施"生态环境整治、品质设施提档、文旅运动赋能、滨湖风情展示、特色载体创建"五大计划,推动基础设施、城乡环境、产业经济、社会治理等实现全方位提升。通过整合风貌区内生态、文化、自然等资源,淳安"两山"转化效率正不断提升。姜家镇积极推进"生态 + 文旅",打造了千岛湖易禾水乐园、沪马探险乐园、嗨声乐园等一系列文旅特色产品。2022 年上半年,沪马探险乐园共接纳游客 4.5 万人次,实现旅游收入近 600 万元,为县域风貌样板区的发展注入强劲动力。作为 2022 年杭州亚运会杭州地区唯一的亚运分村所在地,界首乡严家村坚持"全域提升,重点打造"的原则,结合亚运"最后一公里"等的项目建设,提升民生保障力度,并通过金山坪亚运小镇等休闲配套区打造,让亚运元素融入、惠及百姓生活,实现主客共享。界首乡以亚运小镇为核心,以严子陵遇水上项目、界橘农旅融合项目、金山坪旅游探险项目、樱花岛项目、中财湖庄为外延,培育乡村旅游精品线路,打造柑橘节、采摘节、樱花节等各类生态旅游节庆活动,全面激活乡村美丽经济。有了特别生态功能区的环境红利的加持,再加上杭州亚运会的社会红利的惠及,淳安县以水为墨、以绿为题,精工细笔刻画山青水碧的生态美丽画卷、绘就乡富民兴的共富美好图景,不断释放生态优美、经济增长、民生改善的绿色高质量发展强劲动力。①

---

① 王莉莉,杭建宣. 放大生态优势 提升美丽质效 淳安激活"两山"转化强动力——绘就碧水千岛新卷 书写山乡共富新篇 [N]. 杭州日报,2022 - 09 - 15(A08)。

四、坚持优质优价，通过打造千岛湖区域公共品牌提升生态产品附加值

淳安县坚持优质优价，打造以千岛湖为核心要素的系列生态产品品牌。有了深绿产业的培育与深耕，生态品牌的塑造和推广显得尤为重要。生态品牌的价值，其一在于自然生态属性，其二在于社会生态属性。自然生态属性指生态品牌依托于淳安县得天独厚的自然禀赋，同时也是自然环境的重要组成部分，既是好山好水孕育好产品，也是好品牌融于绿水青山；社会生态属性指生态品牌起源于淳安历史悠久的人文底蕴，同时也是共富路上的"点金石"，既是风土人情创造好产品，也是好品牌反哺民计民生。

1. 生态品牌"从无到有"的过程，也是生态产品价值实现和提升的过程

缺少正规的生态品牌，淳安县的水产、茶叶、中药材、果蔬等农产品不具备规模经营的条件，也缺少规范化生产加工的标准，不仅出品质量参差不齐，还易产生粗种滥放等问题，对生态环境保护产生负面影响；没有统一的品牌作为支撑，各类农产品"单打独斗"，呈现分散化经营模式，农民仅能从中获取为数不多的工资性收入，甚至难以维系可持续经营的需要。有了生态品牌后，淳安县产业发展格局则大有不同。集团化经营能最大限度地利用自然环境优势、整合优质自然资源，也能形成科学化、规模化种养模式，通过规范种植饲养标准，既减少化肥农药、饵料饲料等滥投滥放，也保证了生态产品的出品稳定。在品牌化经营模式下，农民不仅通过科学种植养殖获得更高的工资性收入，还可以在专业化、标准化的生产加工活动中获得相对稳定的经营性收入。生态品牌的出现，不仅催生了系统的产业分工，还延长了千岛湖生态产品的产业链，赋予当地特色农产品高附加值。千岛湖生态品牌既是特别生态功能区自然环境优势得以彰显的重要载体，也是助力人民共富、产业兴旺的重要因素。千岛湖特色生态产品品牌见表2-1。

2. 推广以千岛湖为核心要素的生态产品品牌，既是淳安县实现"走出去"的关键一步，也是让其发挥"引进来"作用、带动市场资源落地淳安县的引擎

充分挖掘千岛湖生态品牌的价值，是对淳安特别生态功能区形象、文

表 2 - 1   千岛湖特色生态产品品牌

生态产品品牌	品牌概况及荣誉
千岛玉叶	全国农产品地理标志产品、地理标志证明商标。1986 年荣获浙江省科学技术进步二等奖；1988 年、1989 年连续两年获浙江省农业厅颁发的全省一类名茶奖；1991 年获浙江省名茶证书；先后荣获中国首届国际农博会名牌产品、浙江省著名商标、浙江名牌产品等荣誉称号 30 多项
千岛龙井	2015 年度全国名特优新农产品
千岛银珍	先后获得杭州七宝、浙江名牌农产品、浙江省著名商标、中国驰名商标以及中国杭州十大名茶的称号；2010—2014 年连续 5 年获评浙江农业博览会金奖；2014 年获中国绿色食品博览会金奖
鸠坑茶	全国农产品地理标志产品
淳安覆盆子	全国农产品地理标志产品。2018 年 9 月 5 日，中华人民共和国农业农村部正式批准对"淳安覆盆子"实施农产品地理标志登记保护
淳安花猪	全国农产品地理标志产品
淳安白花前胡	全国农产品地理标志产品
千岛湖枇杷	2015 年度全国名特优新农产品，先后获得"太湖东山杯全国十大优质枇杷"等 50 余项荣誉
千岛湖水蜜桃	2015 年度全国名特优新农产品，万亩水蜜桃基地通过无公害认证，连续斩获浙江精品水果展销会金奖
千岛湖鱼干	全国农产品地理标志产品
千岛湖啤酒	先后被评定为"国家级优质啤酒""全国酒类产品质量安全诚信推荐品牌""绿色食品""浙江省著名商标""浙江名牌"
"淳"牌有机鱼	2000 年，通过国家环保总局有机食品中心（OFDC）的严格论证，取得鳜鱼、青鱼、草鱼、鲢鱼、鳙鱼、鲤鱼等十多个品种有机水产品认证
千岛湖无核柿	全国农产品地理标志产品、地理标志证明商标。先后荣获全国百佳农产品品牌、中国国际林业产业博览会金奖、中国义乌国际森林产品博览会金奖等称号
千岛湖鱼子酱	高端品牌卡露伽是全球第一鱼子酱品牌，共出口全球 23 个国家，占据 35% 国际市场和 80% 国内市场；是近 30 家米其林三星餐厅甄选食材；德国汉莎航空头等舱、国泰航空尊享食材；入选美国奥斯卡晚宴、杭州 G20 峰会晚宴；是伦敦 Harrods 百货、Fortum & Masion 百货首选
千岛源山茶油	中国有机产品、浙江名牌农产品、杭州名牌农产品、杭州出口名牌；获浙江省科学科技进步二等奖；获出口食品三同认证；连续四年荣获国际风味暨品质评鉴所（ITQI）顶级美味认证

续表

生态产品品牌	品牌概况及荣誉
淳安山核桃	龙头品牌"山之子"山核桃系列产品先后获得杭州市第四届优质农产品展销暨新技术新品种交易会金奖、浙江省农业博览会银奖、淳安县优秀农产品加工企业、淳安县农业龙头企业、浙江省山核桃产业协会常务理事单位、淳安县商贸质量计量信得过单位、淳安县山核桃重点加工企业、淳安县知名商标、淳安县诚信民营企业、杭州市消费者信得过单位、杭州市名牌产品
农夫山泉	中国名牌产品、中国驰名商标、2013 年度中国行业影响力品牌。先后荣获《2019 国产食品品牌排行榜》TOP15;《汇桔网·2019 胡润品牌榜》第 191 位、"2019 胡润最具价值民营品牌"第 99 位;入选 2019 年全国农产品加工业 100 强企业名单,综合排名第 18;《2020 胡润中国 10 强食品饮料企业》第 6 位;2020 中国品牌节年会 500 强第 101 位;《2021 年中国茶饮料品牌排行榜 Top10》第二位
千岛湖生态文旅	挖掘千岛湖生态优势与文化内核,以千岛湖有机鱼、茶叶、啤酒等生态产品特产文旅核心,形成"品千岛湖鱼头、赏山越美食、喝千岛湖啤酒、听淳安睦剧、看水之灵演出、观古朴民风"的特色生态旅游
下姜村红色旅游	挖掘红色文化,依托核心政治优势和中洲红色历史文化区域优势,打造全国知名红色旅游目的地
千岛湖康养旅游	创新"健康+旅游"发展模式,引入或培育特色医疗健康产品和服务,重点打造康养小镇和场所
中医药旅游	以"名厂、名店、名药"为依托,打造"康美千岛湖"中医药旅游
千岛湖探险旅游	开发帆板运动、龙舟赛等水上运动,发展徒步、轮滑、山地自行车旅游等户外探险类运动项目

化、资源、产品等千岛湖整体概念的再塑造、再拓展、再提升。千岛湖淳鱼品牌的创建之路曲折而漫长。20 世纪 90 年代初期,由于缺少成熟的品牌作为支撑,千岛湖的渔业经营发展面临诸多严重问题。没有统一的专业化模式进行指导,当地渔民无序发展网箱养鱼、过度投放人工鱼饵等举措导致千岛湖水体富营养化,水域蓝藻爆发,出现水华现象;大水面鲢鱼、鳙鱼及野杂鱼资源遭受严重破坏,分散化养殖鲢鳙鱼产品价格低廉,千岛湖渔业经营严重亏损。而"淳"鱼品牌的出现,给了千岛湖渔业从困境中突破重围的机遇。以保水护水为前提,"淳"牌有机鱼一改分散化、零

碎化的渔业生产经营模式，转而采取产业化、专业化、品牌化经营，就新一轮渔业发展的优势劣势和机遇挑战进行详细分析，制定出有效提升渔产品综合价值的战略规划。从 1998 年品牌创立以来，经过 20 余年的经营发展，千岛湖"淳"牌依托一流的生态环境优势和独家专属水面经营权的市场资源优势，建立起了集"养殖、管护、捕捞、销售、餐饮、加工、旅游、文创、科研"全流程于一体的完整产业链。2000 年 10 月，"淳"牌千岛湖有机鱼通过国家环保总局有机食品发展中心（OFDC）有机认证；2003 年通过国家原产地标记注册。通过探索品牌化经营，千岛湖渔业实现了从"三无产品"到"驰名品牌"的跨越，千岛湖也由此被命名为"中国有机鱼之乡"。如今的"淳"牌有机鱼已经形成了千岛湖有机鱼在市场上的核心竞争力，成为千岛湖的一张金名片。① 从"好水养好鱼"到"民富产业旺"，"淳"牌有机鱼为淳安带来的是产业发展的潜力、品牌竞争的优势和生态产品价值实现的巨大商机。有了品牌的支撑，千岛湖渔业持续加大生态产品投资和研发力度，将优质渔产品推向大众消费市场，推动生态产品供给和质量水平双提升，赢得广大消费者对品牌的认可。如今的这一尾淳安有机鱼早已"游"出了千岛湖、"游"进了全国 20 多个省市，踪迹几乎遍布全国。千岛湖"淳"鱼每年培育鱼种 1100 万尾，投放各种规格鱼种 75 万千克，年捕捞商品鱼数量 250 万—300 万千克；按照每千克 50 元的市场价格计算，一条 5 千克重的千岛湖有机鱼从捕捞到包装再到快递运输，售价在 400 元左右。千岛湖渔业产品价值的成功提升与转化，"淳"鱼品牌功不可没。

好山好水孕育出系列好品牌。淳安县拥有一流的生态环境和独特的自然资源，受益于淳朴的乡村民风和独运匠心的工艺传承，在这里诞生了众多深受市场认可的生态产品。2021 年 6 月，"千岛农品"区域公用品牌在杭州正式发布，标志着淳安特别生态功能区以"千岛农品"为核心的生态农产品品牌矩阵正式创建。"千岛农品"集合茶、果、菜、药、蜜五大核心产业，采用统一的系列化生态产品设计和三个不同场景应用组合包装，"5A 礼遇"依次对应千岛农品元气、原生、科技、品质、魅力五大特点。"千岛农品"以生态为内核，统一设计、规范使用品牌传播符号，涵盖农产品、农制品、农创品等各类目优质农产品，培育出淳安区域公用

---

① 刘瑾. 做强绿色产业 助力"双碳"战略 ［N］. 经济日报，2021 – 12 – 10.

品牌矩阵，已形成超百亿的品牌价值规模。区域公用品牌的打造不仅有助于完善农企的利益联结机制，还可以借力品牌赋能，拓展农产品销售渠道，让品牌溢价惠及农民农企。根据《"千岛农品"区域公用品牌建设三年行动计划》，淳安县进一步建立健全品牌信用体系，全力塑造"千岛农品"系列品牌"绿色、有机、健康"的精品形象。预计到 2022 年底，"千岛农品"将授权农产品超过 100 个，培育规模化、标准化"千岛农品"基地 100 个，着力打响淳安生态产品系列品牌名号。[1] 以山核桃为例，在"千岛农品"出现以前，淳安县的精品山核桃仁售价在 75—90 元一斤；而"千岛农品"品牌问世后，净重 400 克的千岛湖精品山核桃仁礼盒售价高达 238 元。一罐 300 克的千岛湖酱在当地的零售价格约为14—18 元；而"千岛农品"系列的淳安酱礼盒，5 罐 180 克的手工酱售价为88—98 元。可以说，"千岛农品"区域公用品牌成为了真正带动淳安当地农户共同富裕的"金字招牌"。[2]

淳安县委县政府积极引导第一产业、第二产业和第三产业旅游业融合发展，集中打造一批以千岛湖绿色生态品牌为核心、以特色旅游项目为载体的生态产品与服务。千岛湖特色水饮料产业集中力量开发工业旅游项目，创建农夫山泉"全国工业旅游示范点"和"千岛湖啤酒文化长廊省工业旅游示范基地"两大旅游示范集群。2021 年至 2023 年 6 月，千岛湖啤酒小镇共接待游客 147.29 万人次，实现规模收入 12489 万元。生态产品品牌的塑造离不开产业精准招商。淳安县聚焦龙头企业、重大项目、特色品牌及上下游企业开展全产业链精准招商，实现千岛湖特色生态产品和服务品牌的纵向、横向双向扩展。针对全国 50 强水饮料企业，力争引进 3—5 家重大水饮料产业项目，形成千岛湖水饮料品牌的规模和集聚效应。借助招引落地的优质品牌的影响力，结合对当地特色茶叶、果蔬和植物功能性等饮料产品的开发，带动淳安本地优质农副产品的推广和价值转换，积极培育引进研发检测、包装物流等关联度较高的上下游企业和品牌机构，同时做大做强整个农业、工业品牌。

------

① 刘海波，吴茂东. 千岛湖鱼头、千岛湖茶、千岛湖鲜果……千岛湖农产品有了新名字"千岛农品"，文汇客户端［EB/OL］. https：//wenhui. whb. cn/third/baidu/202106/27/411409. html，2021－06－27 15：40：31.

② 价格数据来自惠农网. https：//www. cnhnb. com/hangqing/.

第三节　淳安县生态文明探索实践的重要启示

一、筑牢核心理念：坚持绿水青山就是金山银山的价值引领

习近平总书记在浙江工作期间创造性地擘画了"八八战略"，把"进一步发挥浙江的生态优势，创建生态省，打造'绿色浙江'"作为重要内容，提出绿水青山就是金山银山的理念。淳安县在实现生态、经济和社会发展效益中取得的一系列突出成果，得益于习近平生态文明思想的引领和带动作用。淳安县从转变传统发展理念出发，充分认识绿水青山就是金山银山理念的科学内涵。

1. 始终坚持一个根本原则，即党对生态文明建设全面领导

首先，全面贯彻党中央关于生态文明建设的相关决策部署。在淳安县委县政府的领导下，各区域各部门增强"四个意识"，坚决维护党的权威和集中统一领导，坚决担负起生态文明建设的政治责任，加快推进生态文明思想在淳安的深入实践。其次，初步建立起科学合理的考核评价体系，实施最严格的考核问责机制。杭州市综合考评委员会办公室、杭州市绩效管理委员会办公室印发淳安县综合考评工作目标，明确"美丽杭州"淳安实验区单列考评指标，从生态保护、生态经济和保障改善民生三个方面确定发展指标和重要工作目标，并研究制定了淳安县综合考评专项目标考核计分办法。淳安县建立健全由县委领导、县政府主导、绿色企业主体、社会环保组织和公众共同参与的现代化环境保护体系和生态治理格局。习近平总书记曾提出"建立领导干部生态环境保护和建设实绩考核制度"的要求，必须牢固树立"生态修复和保护与经济社会发展都是政绩"的政绩观，深入贯彻践行"绿水青山就是金山银山"的发展观，落实好政府机关领导干部在新时期绿色高质量发展道路上的职责担当，不断提升淳安特别生态功能区建设成效和生态环境县域、市域、省域治理现代化水平。

2. 深刻领悟一个科学内涵，即人与自然和谐共生

习近平总书记强调，人与自然是一个生命共同体，要坚持节约优先、保护优先、自然恢复为主的方针。要像对待生命一样对待生态环境，像保护生命一样保护生态环境，人不负青山，青山定不负人。① 淳安特别生态功能区的打造，是习近平生态文明思想在淳安的再深化。要想守护好这一方绿水青山，就必须摒弃征服自然、战胜自然、强行改造自然的传统自然观，牢固树立敬畏自然、尊重自然、顺应自然、保护自然的理念，在持续推进生态功能区建设的过程中不断深化对人与自然生命共同体的规律性认识，站在人与自然和谐共生的高度来谋划推进共同富裕示范区建设。牢牢守护好生态这一淳安最大最宝贵的财富，既着眼于当前的发展效益、更需要考虑长远的发展潜力。生态环境的保护和经济社会的发展可以兼顾，根本途径是绿色发展方式的转变，以实现经济发展和生态建设的双赢。

3. 牢固树立一个发展理念，即绿水青山就是金山银山

绿水青山既是自然资源禀赋和生态环境财富，又是经济社会可持续健康发展的必要前提。习近平总书记强调，保护生态环境就是保护生产力，改善生态环境就是发展生产力。淳安县坚决贯彻新发展理念，加快转变绿色发展方式，优化高质量发展新思路，以"共建特别生态区、共享魅力千岛湖"为战略目标，力求实现生态、经济和社会效益的统一。通过制定深绿产业系列扶持政策，启动旅游"四化四全四优"② 转型等行动，培育"千岛农品"区域公用品牌，旅游服务、水饮料等产业稳步提速发展，产业结构持续转型升级。淳安县积极助推新经济新业态茁壮成长，以千岛湖生态环境为核心的特色旅游项目实现跨越式发展，鼓励和支持以康美产业为典型代表的深绿产业落地淳安，招商引资与项目推进闭环联动，亚运分村、修正健康、千岛湖银泰城等项目崭露新姿，沪马探险公园、新版《水之灵》等产品精彩亮相，噢麦力亚洲生态工厂项目引进落地，新旧动能转化不断提速。始终坚持生态优先、绿色发展，正是淳安县深入践行绿水青山就是金山银山理念最集中的体现。这一绿色发展模式的转变，既保护了经济社会发展的潜力和后劲，又打通了生态资源价值实现的"黄金

---

① 习近平. 决胜全面建成小康社会 夺取新时代中国特色社会主义伟大胜利［R］. 北京：中国共产党第十九次全国代表大会，2017 – 10 – 18.

② 张鸿斌. 2021 年淳安县人民政府工作报告［R］. 淳安县：第十六届人民代表大会第五次会议，2021 – 02 – 23.

通道"，把生态效益更好地转化为经济效益、社会效益。

4. 时刻不忘一个价值追求，即保护生态环境是民生普惠的头等大事

习近平总书记强调，良好的生态环境是最普惠的民生福祉。淳安县加快改善生态环境质量，保护好千岛湖这个国家一级饮用水水源地，提供更多更优质的生态产品，最终必将落实到不断满足人民日益增长的美好生活需要的民生福祉上来。淳安县坚持全域提升、生态富民，持续加大公共领域环境保护投入，促进民生事业稳步向前迈进；实施高品质小城镇环境综合整治，投入并使用垃圾无害化处置等项目，加大城乡水利、电力、通信等基础设施建设力度，以更加优质、均衡的基建便利和服务民生。作为浙江省城镇"污水零直排区"建设的示范点，浪川乡以数智化赋能农村生活污水治理工作。浪川乡芹川村建设了浙江省首个古村落保护村生活污水处理真空排水系统，有效解决了地势低洼区域难以实现重力引流的难题，减少污水管槽开挖，避免对古村古石板路面的破坏，既节约了环保设施投资，又改善了村民生活质量，还保护了古民居的原本面貌。淳安县实施农村饮用水提升、危旧房改造、老年食堂等民生工程，新一批生态化民生项目建成投用，民生服务水平显著提升，维护了社会和谐稳定。深入践行习近平生态文明思想，必须发动人民群众共同参与、共同建设并共同享有，以更高水平持续改善生态质量，努力提升人民群众的获得感、幸福感。

5. 坚定走好一条正确道路，即生态环境系统治理和综合治理

生态治理必须坚持用系统观念看问题，重点关注生态系统的全局性、综合性、复杂性等特点，用最严格制度、最严密法治保护生态环境，强化多污染物协同控制和区域协同治理，打好污染防治攻坚战。为此，淳安县出台了具有强制执行力的《千岛湖环境质量管理规范》，从水环境质量、空气环境质量、森林覆盖率、林木蓄积量等多要素、多方面规定和统一了千岛湖生态环境质量指标，系统推进山水林田湖草沙一体化保护和修复工程。淳安县与黄山市之间形成水环境保护合力，共同监测流域上游来水的水质水华指标，控制污染物排放；促进三大产业间协同配合，重点控制农业面源污染问题和工业废弃物排放问题；打造深绿产业体系，扶持生态旅游产业、文创服务产业、康美产业等发展；从系统工程和全局角度寻求生态环境治理之道，同时加快绿色发展的制度创新、强化制度执行力度，积极探索一条全方位、系统化的转型发展之路；坚决落实党中央关于生态文明建设的决策部署，让绿色发展贯穿于经济社会发展的各方面和全过程。

二、把握根本方向：守住"共抓大保护，不搞大开发"的战略定力

"共抓大保护、不搞大开发"就是要做到"生态优先，绿色发展"，妥善处理经济发展与生态保护的关系，实现人与自然的和谐共生。生态优先是共抓保护的前提，绿色发展是生态保护的出路。因此，必须切实把"共抓大保护、不搞大开发"精神要求融入经济社会发展各方面，牢固树立科学发展的战略定力。

1. 守住生态优先定力，始终把保护千岛湖水环境放在最突出、最首要的位置

凡是涉及淳安特别生态功能区建设的一切经济活动，必须以保护和修复千岛湖生态环境为出发点、以不破坏生态环境为发展的必要前提。千岛湖突出的生态效益，展现着淳安人为保护千岛湖生态环境付诸的努力。临湖地带综合整治工作是淳安生态环境治理的重要举措之一，这既是重要的生态问题和发展问题，也是重大的政治问题和民生问题，是淳安县解放思想、提高站位，与省市一道戮力同心，深入贯彻落实"共抓大保护、不搞大开发"理念的集中表达。首先，生态效益的实现是绿色发展的基础，良好的生态环境是淳安县最大的财富。淳安县优化生态产业布局、完善生态环境空间管控机制，把好临湖地带产业准入的门槛，坚决整治临湖违规项目、设施，用最严格的标准守护生态环境，就是为了加快绿色发展方式的转变，让高质量发展的社会红利惠及全体淳安人民。其次，千岛湖作为下游引水工程的水源地，其生态功能具有不可替代性，关系到受水地区人民的生活质量。面对着新时期的责任担当，淳安县坚决打好水、气、土污染防治攻坚战，全方位提高生态环境质量，这是为下游地区供水的需要，也是最普惠民生福祉的价值追求。因此，高质量发展的出发点在于守住生态优先定力，一切从保护生态环境出发，为经济社会发展与人民生活质量提升奠定坚实的资源与环境基础。只有充分认识到生态优先的重要性、必要性，才能将"共抓大保护"的生态保护投入转化为全民共享的社会红利和发展红利。

2. 守住绿色发展定力，做好生态发展的"加减法"

实现绿色高质量发展，必须抓住产业结构转型升级这个关键。一方

面，淳安县以"减"字为核心，减少污染物总量排放及碳排放强度，做好传统产业的改造提升，拓展绿色高质量发展的生态空间。淳安县创新环境治理模式，集中力量解决农业面源污染问题，助推传统农业朝着深绿发展的模式转型升级。为实现化肥农药减量化目标，淳安县特别制定了化肥农药减量增效实施方案，明确农业面源污染治理目标、技术路线、扶持政策等，全县临湖敏感地带山核桃等作物种植禁用除草剂、果蔬等种植严格限制化肥农药使用，通过商品有机肥推广、绿肥种植、水土保持、测土配方、配方肥替代和化肥使用定额制六大举措，深化传统农业向生态农业转型。另一方面，淳安县以"增"字为抓手，大力孵化发展绿色低碳环保的新工业企业，布局一批新能源、新材料、新基建等战略新兴产业，增大对康美产业发展的投入和扶持力度，推动生态环境改善和产业结构优化调整相辅相成、携手并进。淳安县高铁新区通过加大对康美企业、高新科技企业的招引力度，重点吸引对生态环境质量要求较高的产业，如精密仪器制造产业、生物医药科技产业等。共抓大保护、不搞大开发，不是说不要发展，而是首先立个规矩，把生态修复摆在压倒性位置，不搞破坏性开发。通过立规矩，倒逼产业转型升级，在坚持生态保护的前提下，发展适合的产业，实现科学发展、有序发展、高质量发展。保护生态环境与实现经济社会发展二者之间不是非此即彼、不可调和的关系，绿色发展正是实现生态环境质量改善和经济社会健康发展相互转化的必经之路。淳安县创新产业融合新方式，做好"生态+""+文旅""文旅+"新文章。以千岛湖绝佳的生态环境为依托，深入推进农、工、旅游业相结合，创新推出生态农业旅游、生态工业旅游、培训业旅游、会议旅游等文旅融合新项目、新业态，抓住全民亚运这一契机，打造体育文旅服务项目。淳安县建成燕山文化园、水之灵、瀛山书院等一大批文旅融合项目，发布"淳安文化旅游地图"，创新推出"博物馆探索游""红色展馆追忆游""非遗民俗体验游"三条文旅线路。竹马、睦剧等淳安非遗走进民宿和酒店，八都麻绣、麦秆扇等文化遗产被开发成为旅游工艺品；应全民亚运之风，打造石林港湾、界首自行车、姜家山地等特色运动小镇；创建下姜果蔬采摘基地和文佳、兰纳农业园区等集吃、住、行、游、娱、闲、养、学为一体的田园综合体；培育农夫山泉、千岛湖啤酒等工业旅游及研学基地，以旅游业为龙头的深绿产业体系基本形成。因此，高质量发展的突破口在于守住绿色发展定力，探索出一条生态效益与经济、社会效益兼顾的发展之路。只有打破思维惯性、路径依赖和经验桎梏,变定式思维为模式创新,变遇事找惯例为大胆创先例,变不可为为何不为,才能将"不搞大开发"的限制条件转化为高质量发展的实践。

3. 发挥好保护与发展合力,既要上下游协作,又要上下级协同,还要全社会的共同参与

"共抓大保护、不搞大开发"的一个突出重点在于"共",既是共同履行生态责任、守住生态红线,强化污染联防联控联治,又是在绿色、科学、高质量发展上找到共同的突破口,实现流域共同保护和协调发展。千岛湖流域不是独立的生态和经济单元,不仅涉及浙皖两省多个地市,还涉及山水林田湖草等全环境要素。只有坚持全流域"一盘棋"思想,才能解决好流域上中下游之间、不同省市、县市之间联防联治、合作发展的问题。流域生态治理和修复不仅需要上下游之间同向发力,也要在区域协调配合上相互合作。首先,千岛湖流域的生态系统具有多样性、复杂性、综合性、完备性等特征,坚持"山水林田湖草是一个生命共同体"的原则,是流域整体保护、系统修复、综合治理的前提;其次,对于流域内存在上下游之间资源禀赋不平衡、经济发展不均衡的问题,要求针对各地区的资源稀缺性、生态脆弱性、基础设施建设完备程度、产业布局与发展阶段合理性等差异,完善区域间生态保护与补偿制度。因此,高质量发展的落脚点在于培育区域间保护与发展合力,一方面加强区域生态环境治理联防联控,另一方面推动区域间生产要素双向流动。只有打通环境保护的地域屏障、破除经济发展的要素制约,推动创新要素、资源要素和产业要素有效承接,才能实现区域生态环境持续改善、经济社会协同发展。

三、遵循基本方法:统筹"山水林田湖草沙是生命共同体"的系统治理

生态环境由各种生态要素组成,是一个完整而有机的系统,具有自身内在的规律性。从整体的观点出发,生态修复和治理也应以系统的思维考量,从而顺应自然的客观规律。2014年3月14日,在中央财经领导小组第五次会议上,习近平总书记提出了"节水优先、空间均衡、系统治理、两手发力"的新时代治水方针和"山水林田湖草是一个生命共同体"的整体性原则,强调要用系统思维统筹环境治理。自然环境"牵一发而动

全身"，对待生态治理问题，同样须树立大局观念，切不可以管窥豹，只见一处病症、只计一时得失。将各环境要素、各行动主体看做一个关联勾稽、互为作用的整体，这是世界观；进行山、水、林、田、湖、草、沙的综合整治、达成多元主体的相互配合，这是方法论。

1. 充分认识综合治理、整体治理观点的科学性

理念是行动的先导，系统对待山水林田湖草沙等生态要素的治理原则蕴含着深刻的哲学内涵和高度的理论价值。经济发展需要社会各方面协调联动，生态保护和治理同样需要各要素、各环节、各部门的统筹配合。党的十八大以来，习近平总书记强调"统筹山水林田湖草系统治理"和"全方位、全地域、全过程开展生态文明建设"。生态系统是一个环环相扣的有机链条，水环境治理和治山、治林、治田、治草和治沙密切相关、紧紧依附。千岛湖被确立为饮用水源地保护区，对水环境保护提出了更高的要求。然而，治水并非就水论水，水是自然环境要素其中之一，水环境的治理同样要遵循各要素综合治理、统筹协调的原则。忽视生态环境整体性的治理模式往往只是"头痛医头，脚痛医脚"的片面之举，看似"对症下药"的治理举措背后，藏着很大的局限性。治水不治山、治水不治沙，只是停留在表面功夫；泥沙俱下，结局只能是一场空。全方位生态治理的开展不仅包含多种生态要素的综合整治，还包含各区域、各部门、各方力量的协调配合。治水工程绝非水利部门一方的责任；需要林业、农业、环资、生态等多方主体的统筹协作。在多方主体各自为政的治理格局之下，众人"各扫门前雪"，往往忽视了政策、制度、举措之间的相互作用关系，这无疑是"闭门造车"，甚至会演化成"分庭抗礼"，严重影响生态治理的效率和效果。

2. 充分考虑各生态系统要素之间的相互关系，找准病源"开药方"

习近平总书记强调"从源头上系统开展生态环境修复和保护的整体预案和行动方案"，唯有分类施策、重点突破，找准水环境恶化的深层病理，方能"药到病除"。① 2019 年 12 月，浙江省自然资源厅印发了《浙江省钱塘江源头区域山水林田湖草生态保护修复工程试点三年行动计划（2019—2021 年）》（简称《行动计划》）和《浙江省钱塘江源头区域山水林田湖草生态保护修复工程试点项目管理办法》。该行动计划以原真性、

---

① 习近平. 在深入推动长江经济带发展座谈会上的讲话［J］. 奋斗，2019（17）：4-14.

重要性和完整性为原则，充分考虑各生态环境要素保护与修复之间的协同性和整体性，对钱塘江整体流域的山水林田湖草生态保护修复工程试点项目做出详细规划和任务安排。其中，新安江（千岛湖）干流及主要支流被确立为水源涵养—水土保持功能区。围绕保障千岛湖饮用水源地安全的重要使命，淳安县按照《行动计划》的安排，基于区域内水环境和其他各生态系统要素之间的相互关系，维护并改善生态系统运作的各层面、全过程。从湖泊整体生态系统改善、入湖水体污染防治、数字化赋能水质监测与预警等方面入手，淳安县致力于千岛湖水环境的保护与修复，但并不仅着眼于湖泊水体本身。千岛湖生态治理的成效证明，水环境的全面改善是治水与治山、治林、治田、治草、治沙各方面综合联动的成果。通过土地综合整治、矿山生态修复、重点治理面源污染、退化土地修复治理、重要生态系统保护修复等 6 大类 22 个重点项目的实施，新安江（千岛湖）流域内的水土流失防治成果显著。从"沙进人退"转变为"绿进沙退"，看似治山治沙，实则是治水；用人工除草除杂取代化肥农药施用，表面上是治林治田，归根结底还是治水。随着流域内植被覆盖率提升、地表径流减少，入湖水量减少；通过地表径流进入湖体的泥沙携带减少、化肥农药残余减少，湖泊水质自然得到提升。从各种要素治理"各自为战"转为综合治理，千岛湖水环境日趋改善，淳安县生态环境保护的能力与水平得到显著提升。

3. 充分引导各环节、各区域、各部门的协作配合，打造生态环境治理的联动机制

系统治理方法的落脚点是"多规合一"。淳安县顺应空气、水的流动性，加强不同区域、上游下游、岸上岸下的协调联动、相互配合，进行污染综合防治；划定生态红线、水源地保护区、风景区范围、生态公益林、108 米高程水库管理线、自然保护地、优化国土空间开发格局等多方面齐头并进，不断优化各项规章制度的规范性和统一性；注重生态保护制度之间的关联性、耦合性，从系统性工程和全局角度寻找治理之道。在系统方法论的指导下，淳安县统筹生态环境保护的能力逐渐提升。宏观体制上，打造山水林田湖草沙一体化的综合治理格局，构建整个生态系统的大平衡；中观制度上，探索岸上岸下、上游下游、城镇乡村、行业产业之间的联动模式，形成不同区域、模块之间的有机运作；微观机制上，每一个社会主体作为生态环境的共有者、生态保护的责任人，被引导并参与到生态

环境的保护中。通过综合整治，淳安县不同区域、行政部门、工作环节和行动主体逐渐意识到，自己的决策和行为不仅对自身所处的环节造成影响，也会经生态系统的内部传导机制影响到其他领域，直接或间接影响到生态环保大局。生态治理要算全局账、算整体账、算综合账，要和社会生产、生活达成统一。如果治水的只顾治水、护山的只顾护山、育林的只顾育林，难免顾此失彼、鼠目寸光。对待环境治理和生态修复，争一时长短、论一事功过、算一处得失的短视主义是不可取的；只有谋长远之策、顾整体格局、求各方平衡，才能化区域间、部门间"相互掣肘"为相互促进、协调配合。

四、探索可行出路：健全"市场化、多元化生态补偿"的协同机制

从传统农业、工业生产所需的灌溉、航运用水到发电、旅游的功能转变，再到成为长三角地区的备用水源地和饮用水源地，在这短短数十年间，千岛湖功能的变迁使淳安县的保护与发展面临日益严峻的挑战。保护与发展的需求本身并不冲突，关键在于绿色发展方式的转变。由此，引发出淳安县绿色发展的资金瓶颈问题。从1999年开始，淳安县设立了千岛湖保护专项基金，每年从县财政收入及千岛湖景区门票收入中拿出部分资金弥补生态保护的资金需求缺口；2006年以来，省级财政及杭州市财政对于淳安县纵向财政转移支付的生态补偿金不断增加；基于"谁获益谁补偿、谁保护谁受偿"的基本原则，随着千岛湖饮水工程落成实施，桐庐县、富阳区及部分杭州下辖区县等受水县市区也在探索通过横向财政转移支付对淳安千岛湖进行生态补偿的方式。

生态产品价值实现以生态补偿制度为核心，完善的生态补偿机制是协调生态保护与经济发展的基础，能弥补生态保护带来的巨大机会成本，如农业发展受限、工业化进程滞后、牺牲水源区居民的发展权益等。中央及浙皖两省政府一直高度重视千岛湖—新安江流域跨省生态补偿问题。2004年，省人大环资委提出建立"流域生态共建共享生态示范区"；2006年，两省人大在"两会"期间提交"关于新安江流域生态共建共享示范区的建议"，被原国家环保总局将其纳入"十一五"生态保护规划；2007年，新安江被国家发改委、财政部以及原国家环保总局选择作为我国首个跨省

流域生态补偿机制建设试点；2010 年，中央财政拨付 5000 万元试点启动资金；2011 年 3 月，国家财政部、环保部印发《关于启动实施新安江流域水环境补偿试点工作的函》；在原政治局常委习近平同志亲自点题、亲自倡导、亲自推动下，2012 年，浙皖两省先行探索，签订新安江流域水环境生态补偿协议，正式建成全国首个跨省流域横向生态补偿试点。

在先后开展的两轮试点工作中，新安江流域水环境生态补偿投入力度不断加大、项目覆盖范围持续扩展、补偿标准趋于规范化、相关配套保障机制逐渐完善。在首轮试点的三年中，中央财政转移支付资金为 11.5 亿元，两省财政拨付资金 6.4 亿元，补偿资金合计 17.9 亿元。截至首轮试点结束，新安江流域利用国家试点专项资金完成试点项目投资达 90.2 亿元，共实施了水环境整治、生态修复、河道治理、城市截污和垃圾处理、工业点源污染整治、农村面源污染整治六大类 261 个项目。在前一轮试点的基础上，第二轮生态补偿试点突出了资金补助标准和水质考核标准"双提高"：第二轮资金补助提高到 21 亿元；水质考核标准较第一轮补偿试点提高了 7%。在第二轮试点中，千岛湖流域水环境保护和治理力度加强，农村面源污染防治、城镇垃圾和污水治理、工业点源污染防治工作全面展开。淳安县与上游黄山市建立了共保机制以及应急处理长效机制和工作协调交流办法，两地环保部门对接，定期开展联合监测、信息互通等工作。

2021 年是新安江流域跨省生态补偿机制建立 10 周年。淳安县作为全国唯一的特别生态功能区，在积极探索保护、发展、共富的辩证解法的同时，持续深化生态补偿实践，积极探索千岛湖与下游受水地市之间的横向生态补偿机制建立。2018—2022 年，淳安县共投入环保资金 56.70 亿元（其中"五水共治"投入 32.93 亿元），其中中央投入良好湖泊专项资金 5.39 亿元，省市转移支付 13.41 亿元，县级财政投入 23.24 亿元。① 淳安县于 2014 年纳入浙江省重点生态功能区示范区建设试点地区，浙江省财政不断加大对淳安县生态环保建设资金补助。2016 年，淳安县在全省率先建立"五位一体"的农村治污设施运维机制，建立第三方水质监测体系，大力开展农村面源污染治理。湖区治污，景点、游船艇污水全部实现收集上岸治理，湖面垃圾实现现场化打捞和综合利用。为了把生态优势转

---

① 数据来源于淳安县财政局。

化为经济强势，淳安县实施产业转型升级，充分发挥财政资金引导作用，重点扶持和培育深绿产业。

1. 明确补偿主客体，实行"谁保护谁受偿""用多少补多少""补偿适配损失"的补偿方案

从补偿的责任双方来看，千岛湖水生态补偿的责任主体是上游生态保护方和下游发展获益方；从补偿的客观对象来看，科学的补偿机制不仅补偿保护者的直接投入或损失，而且补偿保护者的机会成本，包括政府的环保投入和税收损失、企业的利润损失、居民的收入损失和心理落差等；从补偿资金的分配来看，千岛湖生态环境保护产生了积极的外部效应，参与保护的行为主体理应获得与其付出的成本相匹配的补贴。权责明晰、公平合理的生态补偿方案能激励生态建设不再停留于政府强制性行为和社会公益性行为，而是形成"投资—收益"的市场化平衡，加速保护与发展良性互动的目标实现。

2. 明确补偿路径，探索建立市场化、多元化补偿机制

千岛湖水生态保护补偿一直以政府为主，但随着水源功能变化和配水工程的建设，受益的市场主体边界越发清晰，补偿主体由单一的政府补偿向包含政府、用水户、社会群体的多元补偿主体转变。淳安县是国家重点生态功能区，千岛湖生态补偿政府主体包括国家、省、市、县四级。从补偿资金的筹措来看，在引水工程受益主体比较明确的情况下，补偿资金不应该也不需要仅仅依赖于政府公共财政支付，而是按照"谁受益，谁补偿"的原则，由水资源消费者承担。补偿资金的筹集应当按照不考虑生态补偿时的自来水价格和考虑生态补偿时的自来水价格之差来确定，并按照千岛湖引水工程的受水方主体进行分摊。凡是涉及饮水工程需求方的市区县，依照其引水数量进行等比例的用水补贴偿付。千岛湖配水工程通水后，随着"谁用水"和"用多少"等信息明确，由单一的政府补偿转向由政府和市场相结合的补偿方式是完善千岛湖水生态补偿机制的大势所趋。

3. 明确补偿标准和补偿类型，"输血型"补偿和"造血型"补偿有机结合

从补偿资金的支付方式来看，分"输血型"的货币支付和"造血型"的项目补助两类。前者将筹集起来的补偿资金按年度或季度等准时转移给被补偿方，被补偿方拥有极大的灵活性，但补偿资金可能转化为消费性支

出，不能帮助受补偿方真正做到"因水而富"；后者是上级政府将补偿资金转化为技术项目安排到被补偿方，或者对生态经济产业给予补助，扶植被补偿方的可持续发展，但被补偿方缺少灵活支付能力，且项目投资受到主体是否合适的制约。① 两种补偿方式各有侧重，在实际补偿中能起到互补作用。为满足特别生态功能区基础设施建设和淳安县民生基本保障的需要，必须有固定的"输血式"资金补偿收入；而"造血式"补偿对于淳安县绿色发展转型升级，尤其是深绿产业的发展则具有更长远的战略意义。

① 沈满洪. 生态文明建设——思路与出路［M］. 北京：中国环境出版社，2014.

| 第三章 |

淳安县深入推进生态文明建设的总体构想

淳安县下姜村是时任浙江省委书记习近平同志的基层联系点。习近平总书记高度关注千岛湖的生态环境保护和淳安县的经济社会发展。回望历史，淳安人民为保护千岛湖"一湖秀水"付出了巨大代价。面向未来，淳安县既要继续坚持"生态优先"原则保护好千岛湖水生态，又要坚持"绿色发展"导向推进全县的绿色共富。奋勇争先的淳安在深入践行习近平生态文明思想的过程中，必须明确总体思路、重点任务和改革创新点。

第一节　淳安县深入推进生态文明建设的总体思路

一、淳安县深入推进生态文明建设的指导思想

思想是行动的指南。浙江省是习近平生态文明思想的重要萌发地，杭州市是被誉为"生态文明之都""美丽中国样本"的省会城市，淳安县是时任浙江省委书记习近平同志联系点下姜村的所在县。淳安县深入践行习

近平生态文明思想，要以思想为指引，打造生态文明建设示范区。

1. 坚定不移贯彻落实习近平生态文明思想

坚持以习近平新时代中国特色社会主义思想为指导，认真贯彻习近平生态文明思想和党的二十大精神，不折不扣落实习近平总书记对杭州、淳安工作的重要指示精神，积极践行绿水青山就是金山银山理念，坚定落实"八八战略"和大湾区大花园大通道大都市区建设行动，坚持全面推进新时代美丽杭州建设打造"美丽中国建设杭州样本"路线。

2. 高瞻远瞩勾画生态文明建设的美好蓝图

淳安县要围绕"共建特别生态区、共享康美千岛湖、共创特色新窗口"①，深入实施"生态富民、深绿崛起、融合创新"战略导向，发挥国家重点生态功能区、浙江省唯一的特别生态功能区优势，全面推进生态文明示范县建设"六大领域"，以绿色发展为主线，以改善环境质量为核心，以空间结构优化、资源节约利用、生态环境治理为重点，深化体制机制改革，建立系统完整的生态文明制度体系。高水平建设淳安特别生态功能区，走出一条秀水与富民共赢、保护与发展并进的特色之路，为"共建特别生态区、共享康美千岛湖"提供持续动力。简而言之，就是"生态优先，绿色发展，共同富裕"。

3. 持续接力推进淳安县生态文明建设取得实效

淳安县在生态文明建设方面已经取得了令人瞩目的成就。面向未来，要继续发扬"钉钉子"精神和"接力棒"精神以及"一任接着一任干""一张蓝图绘到底""功成不必在我，功成必定有我"的精神，把淳安县打造成生态环境更加优质并保持稳定、生态经济更加发达并绿色共富、生态治理更加科学并可持续的生态文明建设和绿色共富的耀眼明珠。

二、淳安县深入推进生态文明建设的主要目标

1. 总体目标

全国生态文明建设的目标是建设美丽中国，淳安县生态文明建设的目标是建设美丽淳安。通过推动生态制度不断完善、生态文化传承发展，形

---

① 淳安县生态环境保护"十四五"规划，http://www.qdh.gov.cn/art/2021/11/18/art_12296306 77_3969924.html.

成符合国家生态文明建设示范县要求的生态环境管理体系，实现生态经济持续发展，生态环境质量持续改善，人口资源环境更加协调，着力争创人与自然和谐共生示范、争当山区县高质量发展典范、争做全体人民共同富裕模范，成功建成生态环境美、生态文化美、生态产业美、生态产业美的"美丽淳安"，成为"美丽杭州"甚至"美丽中国"的"示范样板"。

（1）坚持生态优先，深入推进淳安特别生态功能区建设，争创人与自然和谐共生示范

杭州市淳安特别生态功能区设立以来，"特别的保护"落实很好，"特别的补偿"落实较好，特别的体制、特别的投入、特别的政策、特别的考核、特别的发展均落实不够到位。为此，要真正把淳安特别生态功能区做"特"、做"实"、做"好"。浙江省和杭州市要支持淳安县多规合一，实现"多张蓝图变一张，一张蓝图绘到底"的效果；切实推动生态特区运行，制定《杭州市淳安特别生态功能区领导小组议事规则》，确保每年解决一两件大事；加强生态保护，支持淳安县整体智治，加强千岛湖水生态研究；做好"临湖整治"后半篇文章，全面美化千岛湖景区，有效利用临湖整治中处于"生态红线"以外的空间。

（2）坚持绿色发展，实现生态产品价值的充分转化，争当山区县高质量发展典范

牢固树立新发展理念，坚决坚持绿色发展观。破除"保护优先，财政不管""只要保护，不要发展"等错误观念。强化绿色发展，倡导深绿发展。浙江省和杭州市要支持淳安县深绿发展，实现三大产业提质增效：生态旅游业从以"量"为主转变为以"质"取胜；补上生态工业之课，正确认识"三二一"的产业占比关系；坚持科技强农、机械强农，建设高效生态农业园区；打造区域生态产品品牌；支持淳安县点状开发，探索土地利用新模式；用好用足"一县一策"点状开发政策；支持淳安县山海协作，深化生态补偿"飞地模式"。

（3）坚持共同富裕，让保护和发展成果惠及全县人民，争做全体人民共同富裕模范

改革初次分配，支持淳安县要素市场改革让生态要素参与收入分配，推进自然资源的所有权、使用权、经营权和收益权等分置改革。完善再次分配，推进财政体制改革加大对淳安县的生态补偿、循环补助、低碳补贴力度。创新三次分配，鼓励企业和社会公益人士支持、支援、支付淳安的

绿色共富，完善大型企业支持淳安发展机制。

2. 具体目标

淳安县生态文明建设的具体目标既要根据淳安县的实际又要参考国家、浙江省、杭州市的目标而定。见表 3-1。

表 3-1　　　　　　国家、浙江省、杭州市生态文明建设目标

类别	目标
国家层面	到 2025 年，生态环境持续改善，生态系统质量和稳定性持续提升，生态环境治理体系更加完善，生态文明建设实现新进步。 到 2035 年，广泛形成绿色生产生活方式，碳排放达峰后稳中有降，生态环境根本好转，美丽中国建设目标基本实现。 到本世纪中叶，生态文明全面提升，实现生态环境领域国家治理体系和治理能力现代化，全面建成美丽中国，建成人与自然和谐共生的现代化。
浙江层面	到 2025 年，基本建成美丽中国先行示范区。绿色低碳发展水平显著提升，主要污染物排放总量持续减少，碳排放强度持续下降，生态环境质量高位持续改善，生态环境安全得到有力保障，现代环境治理体系基本建立，诗画浙江大花园基本建成。 到 2035 年，高质量建成美丽中国先行示范区，基本实现人与自然和谐共生的现代化。全省生产空间集约高效、生活空间宜居适度、生态空间山清水秀、生态文明高度发达的空间格局、产业结构、生产方式、生活方式全面形成，绿色低碳发展水平和生态环境质量达到国内领先、国际先进水平，碳排放达峰后稳中有降，生态环境治理体系和治理能力现代化全面实现，绿色成为浙江发展最动人的色彩。 到本世纪中叶，成为全面展示社会主义生态文明建设的重要窗口，成为美丽世界的中国窗口。
杭州层面	到 2025 年，生态环境质量持续好转，进一步实现主要污染物排放总量明显减少，生态系统稳定性显著增强，人居环境进一步改善，环境管理体系、环境监管机制和行政执法体制等生态环保制度法规体系进一步完善，生态环境治理能力和治理体系现代化得到进一步提升，高水平打造现代版"富春山居图"。"西湖繁星闪烁，西溪白鹭纷飞，钱塘碧波荡漾，千岛烟波浩渺，江南净土丰饶"成为美丽杭州的生动写照。 到 2030 年，美丽杭州建设成效持续提升，绿色生产和绿色生活方式总体形成，生态系统服务功能大幅增强，新时代美丽杭州建设取得突破性进展。 到 2035 年，杭州经济发展质量、生态环境质量、人民生活品质达到发达国家水平，全面实现治理体系和治理能力现代化，建成人与自然和谐共生的现代化美丽杭州。

数据来源：《决胜全面建成小康社会　夺取新时代中国特色社会主义伟大胜利》《"十四五"生态环境保护规划》《浙江省生态环境保护"十四五"规划》《新时代美丽杭州建设实施纲要》《杭州市生态环境保护"十四五"规划》等报告和文件。

近期目标（2020—2025 年）。生态经济稳步增长，生态系统持续恢复，生态文明意识蔚然成风，生态文明制度体系形成，生态科技水平显著提升，基本形成生态产品价值实现机制，基本建立生态特色产业体系，人居环境居于全国前列，城乡居民人均收入处于山区 26 县前列，成为全国"绿水青山就是金山银山"实践创新基地示范案例。

中期目标（2025—2035 年）。高质量建成特别生态功能区，山水林田湖草一体化保护体系形成，生态环境质量持续稳中向好，城乡人居环境更加优美，绿色发展、生态富民成为全民自觉，绿色低碳发展格局基本形成，全面建立与特别生态功能区相匹配的生态环境治理体系，"美丽淳安"建设目标全面实现，成为"美丽杭州"的样本。

远期展望（2035—2050 年）。生态经济质量、生态环境质量、人民生活质量处于全国领先水平，全面实现生态环境治理体系和治理能力现代化，建成人与自然和谐共生的现代化美丽淳安，成为展示中国特色社会主义制度优越性的美丽窗口的县域样本。

三、淳安县深入推进生态文明建设的基本原则

1. 坚持"生态优先、绿色发展"原则

淳安县作为长三角地区重要的生态屏障、杭州市和嘉兴市等地的饮用水源地，承担着两地 1600 万人的饮水安全的重任。保护好淳安县的生态环境，既是受水地区老百姓的福音和期盼，也是淳安县不可推辞的责任和担当。同时淳安县作为浙江省山区 26 县之一，经济发展水平相对落后，在浙江省奋力推进"两个先行"的过程中，淳安县也要紧跟共同富裕步伐，谋求绿色发展尤其是深绿产业发展。因此，淳县安的发展必须要坚持"生态优先、绿色发展"原则。

2. 坚持"统筹规划、分步实施"原则

生态文明建设是一项长期、复杂、艰巨的系统工程。统筹管理是组织战略实现的重要手段，可以将相互分割和独立的管理结合起来，从整体全局角度统筹规划建设的问题。自千岛湖成为饮用水源地以来，淳安县的生态环境更加敏感，需要以更高的标准来要求水环境保护，对生态环境保护尤其是水生态环境保护提出更高的要求，也对淳安县企业产能发展提出更高要求。淳安县生态文明建设要以淳安县发展全局和生态保护为出发点，

明确生态文明建设的目标，强化顶层设计的引领作用，兼顾相关的规划，围绕城乡统筹、区域统筹、经济社会发炸和生态文明建设统筹不断推进生态制度、生态环境、生态空间、生态经济、生态生活、生态文化等生态文明建设的总体布局，分步实施规划，逐步推进。

3. 坚持"遵循规律、因地制宜"原则

良好的生态环境是实现中华民族永续发展的内在要求，增进民生福祉的优先领域，是建设美丽中国的重要基础。[①] 习近平总书记强调，生态兴则文明兴，生态衰则文明衰。[②] 生态文明建设必须遵循基本规律。淳安县要在遵循自然发展规律、经济发展规律和社会发展规律的基础上，还要按照"因地制宜"的原则，根据自然条件的差别、主体功能的差别、发展条件的差别进行差异化的保护和发展。

4. 坚持"党的领导、全民共建"原则

生态文明建设是一项系统工程，淳安县的生态文明建设又是多级联动、跨界协同、多方合作的系统工程。因此，必须坚持"党委领导、政府主导、企业主体、公众参与"的原则。党是领导一切的，生态文明建设也不例外。生态环境往往是公共物品，政府供给理所当然。在推动绿色发展的进程中，一定要让市场机制发挥决定性作用，这样，企业就成为主要主体。公众是生态文明的建设者，也是生态文明建设的受惠者。生态文明建设依靠人民，生态文明建设的成果为人民共享。

四、破解淳安县生态文明建设的突出问题

由于新安江是浙皖跨界河流、千岛湖是杭州市和嘉兴市的饮用水源，导致淳安县的生态文明建设涉及淳安县、杭州市及嘉兴市、浙江省和安徽省、中央政府等多级主体。对于淳安县而言，淳安的事是淳安的事。要按照省委书记关于创新深化、改革攻坚、开放提升的要求，绘制美好蓝图、奋发图强发展、创新改革开放。对于杭州市而言，淳安的事是杭州的事。杭州市淳安特别生态功能区，是杭州市的特别生态功能区，不是

① 中共中央宣传部、中华人民共和国生态环境部. 习近平生态文明思想学习纲要［M］. 北京：学习出版社、人民出版社，2022：37.

② 中共中央宣传部、中华人民共和国生态环境部. 习近平生态文明思想学习纲要［M］. 北京：学习出版社、人民出版社，2022：11.

淳安县的特别生态功能区，理当支持特别的保护、支持特别的考核、支持特别的补偿。对于浙江省而言，淳安的事是浙江的事。基于财政体制的"省管县"，理当支持特别的保护、支持特别的发展、支持特别的投入。而且，要统筹协调好杭州市和嘉兴市对淳安县的生态补偿或水权交易。对于中央政府而言，淳安的事是国家的事。要协调安徽省共同保护新安江流域生态环境。要支持淳安县总结淳安经验、打造淳安样本、建设淳安窗口。

深入推进淳安县生态文明建设，必须破解认识误区，化解突出矛盾。

1. 破解生态保护与经济发展的对立论误区

习近平总书记强调的"共抓大保护，不搞大开发"的核心要义是坚持"生态优先，绿色发展"。但是，在部分干部心目中，还是存在这样那样的错误认识：一是把"共抓大保护"误解成"共促大保护"。只是监督淳安县保护，不是作为保护主体亲自投入保护。二是把"不搞大开发"误解成"不可搞开发"。违背了反对以破坏生态环境为代价的开发的本意。三是把绿色发展误解成普通发展。其实，在生态优先的前提下是可以推动绿色发展的，更加可以大力推动深绿色发展。四是把经济发展误解为生态破坏和环境污染。其实，经济发展可能带来生态破坏和环境污染，也可能建立在生态建设和环境保护的基础之上。不根除这些误解，淳安县的绿色发展就是奢谈，绿色共富更是无从谈起。

2. 化解生态产品多与生态价值转化少的内在矛盾

淳安县具有极为丰富的"绿水"和"青山"的优势，但是，生态产品的价值转化只是其中的极小一部分。与绿水青山就是金山银山的理念存在较大差距，与中央关于生态产品价值实现机制建设的要求存在较大差距。而生态产品的价值实现并非淳安县自身力所能及，需要上级政府的大力推动。例如，用水权的交易需要杭州市和嘉兴市放下身段与淳安县平等谈判，碳汇交易需要国家层面推进碳市场改革。因此，上级政府要支持淳安县打造生态产品价值实现先行区，把淳安县作为试点，支持淳安县推动生态产品价值实现的体制机制和制度改革。

3. 化解特别生态功能区治理体制与大一统考核机制的矛盾

杭州市淳安特别生态功能区是得到浙江省人大批准的杭州市人大的立法成果。淳安特别生态功能区建设不是要不要做的问题，而是怎么做、怎么做好的问题。对此，各级领导都要有法治思维。三年来实践中存在的突出问题是：一是地方立法没有得到全面实施，存在选择性执法问题；二是特别生态功能区没有实施特别考核，与其他县市区的考核差别不大。因此，一方面，要通过浙江省人大及杭州市人大的执法检查，监督该地方立法的全面实施。另一方面，要通过"一区一策"的办法对淳安县进行考核单列。只有这样，才有可能如期真正建成淳安特别生态功能区，为生态特区的建设提供淳安样本。

第二节　淳安县深入推进生态文明建设的重点任务

一、生态文化美，广大干部群众形成生态自觉

1. 养成生态文化建设的思想自觉

党的十八大以来，习近平总书记和党中央多次强调生态文化的特殊作用，并在生态文明建设顶层设计中赋予其重要地位。2015 年 4 月，中共中央、国务院颁布的《关于加快推进生态文明建设的意见》确定的五条基本原则之一便是"坚持把培育生态文化作为重要支撑"[①]。2018 年 5 月18 日，习近平总书记在全国生态环境保护大会上提出的构建生态文明体系之首就是"加快建立健全以生态价值观念为准则的生态文化体系"[②]。要求统筹谋划构建与时俱进、科学完整的生态文化体系，引领生态文明建设。

弘扬生态文化，就要养成生态自觉、生态自律、生态习俗，让生态价值、生态道德、生态伦理内化于心并外化于行。为此，必须树立三个观念：一是生态思想观，尤其要牢固树立习近平生态文明思想，以此指引生态文明建设的战略谋划、空间布局、建设重点、制度政策等。二是生态价

---

① 《中共中央 国务院关于加快推进生态文明建设的意见》，http://www.gov.cn/xinwen/2015－05/05/content_2857363.htm.

② 美丽中国正在加速前行［N］. 人民日报，2019－05－18.

值观，生态是一种资源，生态是一种资产，生态也是一种资本，因此，生态是有价值的，要努力实现生态产品的价值转化。三是生态道德观。伦理道德不仅是处理人与人之间的关系（包括当代人之间和代际之间），也要处理人与自然之间的关系。坚持人与自然和谐共生，就是既要处理好人际的道德关系，又要处理好代际的道德关系，还要处理好人地的道德关系。①

2. 传承和弘扬传统生态文化

（1）打造新安文化传承高地

人类社会文明源起于河流文化，人类社会发展积淀河流文化，河流文化生命推动社会发展。新安江于安徽休宁县发源，流经安徽省屯溪区、徽州区、歙县、黟县、祁门县、绩溪县，浙江省淳安县、建德市等地，不仅滋养了流域内一代又一代的新安人，还孕育积淀了光辉灿烂的新安文化，如天人合一思想、道教文化，并催生发展了独具特色的流域文明。新安文化本质上就是生态文化，全方位、多举措的打造新安文化传承高地势在必行。一要加快新安文化载体建设。加大历史建筑修缮和古街区开发，推进历史文化（传统）村落和农业文化水利遗产保护利用，加快狮城水下古城、姜家镇瀛山书院、芹川古村等文化特色区域形成一批精品旅游线路，推进新安文化博物馆（苑）建设。二要构建有效的传播途径。浙江省作为先行先试的全国示范区，淳安县作为浙江省唯一一个特别生态功能区，国家生态保护与建设示范区，丰富的生态文化资源必须进行有效精准的对外传播，此时，构建有效的传播途径尤为重要。充分发挥报纸、杂志、广播、电影和电视等传统媒体作用，大力开发微信、微博、短视频平台等新媒体的功能。三要推进新安文化与产业深度融合。充分发挥"互联网＋""文化＋"作用，推进新安文化与产业深度融合，以产业发展促进文化传播，以文化传播推动产业发展，打造一批以"新安文化""淳安文化"为核心的 IP 和文化产品，扩大新安文化的传播范围和影响力。

（2）加强乡村文化挖掘

淳安县乡村文化是生态文化、农耕文化的结合体，为文化旅游奠定了软实力。首先，发展乡村旅游。乡村旅游将传统农业和现代旅游业有机结合，并以乡村独特自然资源、优美自然风光、特色民俗民风为吸引物，来

---

① 沈满洪.绿色发展的中国经验及未来展望［J］.治理研究，2020，36（04）：20－26.

满足旅游者娱乐、求知、回归自然的旅游方式。乡村旅游的发展有利于实现乡村本土资源和外部市场有效链接，将乡村资源优势转变为市场优势，促进乡村文化的传播。其次，依托乡村优质的山水风貌、乡村建筑、民间民俗工艺品、传统文艺表演和节目等乡村文化资源所形成的乡村文化产业，向产品和产业层面转化。最后，借助大数据、信息共享和人工智能等方式，打造精品化、高附加值、技术含量高的生态农业项目，开发农业"云"观光游、线上生态农产品直播等多种线上旅游项目。

（3）打响淳安红色文化品牌

淳安县既有革命战争年代的红色根脉，又有现代化建设时代的红色根脉。两者都与淳安县的山区地理特征和千岛湖的独特生态优势关联，形成"绿色红韵"的独特魅力。淳安县要充分彰显杭州市唯一革命老区县优势，结合新时代特点大力弘扬革命精神，传承红色基因，做大"大下姜—茶山"区域红色产业文章，挖掘严家老县委和浙江省解放第一村等红色文化资源，积极发展红色旅游，加快把大下姜打造成新时代红色文化标杆。依托中国工农红军北上抗日先遣队纪念馆，加强红色教育学习阵地和红色文化展示窗口建设，提升爱国主义教育基地建设水平，打响淳安特色红色教育品牌。

3. 加强新时代生态文化宣传教育

（1）生态文化进政府

各级党委和人民政府在生态文化宣传教育过程中应当发挥主导作用，加强生态文化宣传教育规划，完善统筹宣传教育工作和开展教育的协调机制，并规范相关有效做法，形成常态化、可持续推进宣传教育工作的机制。党政机关将生态文化纳入年度教育培训计划，把生态文明知识纳入党委（党组）中心组理论学习的内容，定期举办生态文明专题培训班、辅导报告、网络培训等学习活动，推动党政领导干部生态文化教育常态化。加大政府采购中的绿色低碳产品的占比，以政府的绿色低碳消费行为示范全社会。

（2）生态文化进企业

企业在宣传普及生态文化和以及提高公众生态文明意识的过程中也发挥着不容忽视的作用。一是企业员工的生态文化普及。企业员工是公众的重要组成部分，通过企业内的生态文明知识的普及、生态文化理念的传播、生态伦理道德的影响，促进全社会的生态文化的形成。二是企业生产的生态文化渗透。产业的生态化、生产的生态化是一个极其重要又十分艰难的过程。通过企业内的生态文化的引导，可以促进企业员工从事绿色研发、绿色设计、绿色生产、绿色营销。三是生态产品的文化传播。绿色产品、循环产品、低碳产品都可以有相应的标识。企业通过带有生态标识的产品的营销，实际上就是向消费者传递一种生态文化信号。

（3）生态文化进学校

学校承担着人才培养、科学研究、社会服务、文化传承创新、国际教育与合作的功能①，是开展生态文化宣传教育工作的重要阵地。各级各类学校，都要做到课程体系生态化，开设生态文化课程、鼓励课程生态化。鼓励学校开展第二课堂教育，让学生在假期走进自然博物馆、低碳科技馆、水博物馆等，定期开展非物质文化遗产课堂等生态文明社会实践活动。开展"六·五"世界环境日、生态文化节及以"弘扬生态文明"为主题的环保宣传活动，举办生态文明知识竞赛和演讲比赛。学校开展教师环境保护专题的教学研究与培训。

（4）生态文化进社区

加强各类社区传统媒体和新媒体等宣传平台运用，结合"六·五"世界环境日、浙江生态日等主题活动，开展形式多样的大型生态文明建设宣传活动。坚持从群众的切身体会出发，通过具体、形象、生动的事例反映辖区生态文明建设的巨大变化，注重发挥官方媒体在政策解读、正面引导等方面的主导作用，全面提高公众生态环境满意度。社区宣传工作要提高针对性与有效性，对不同领域、不同对象采用不同的宣传方式，侧重宣传不同内容。

（5）生态文化进社团

社团是在政府、企业以外的第三部门，具有组织性、社会性、非营利性、自治性、志愿性的特点。在生态文化宣传教育中，社团要充分发挥其在政府和社会间桥梁和纽带的作用，成为生态文化的推广者、志愿者和监督者。鼓励社团举办各类生态文化活动，志愿推广生态文化。组建淳安县生态文化协会，通过举办各种生态文化主题活动，对广大群众普及生态文化知识，宣传生态文明理念，积极传播绿色生产、生活方式，引导绿色消

---

① 陈荣武.加强高校思想政治理论课教师政治定力建设研究［J］.思想政治课研究，2021（06）：94－104.

费支持社团成为生态文明建设的监督者。

二、生态产业美，深绿发展走在全国前列

1. 深耕生态旅游产业为主导的服务业

淳安县生态服务业应重点发展生态旅游、绿色餐饮等消费性服务业，加快发展低碳金融、电子商务、文化创意等生产性服务业，打造以生态旅游产业为主导的服务业。一是要重点发展生态旅游业，打造服务业主导产业。做好"旅游＋"和"＋旅游"文章，加快文旅融合、多产业融合、多领域融合，不断延伸新产业、催生新产品、创造新价值。优化旅游线路，发挥市场主体作用，结合市场需求，推出更多定制化旅游线路，激活各类旅游产品发挥更大效益。坚持把"吃住行游购娱"贯穿到每一个环节，让游客处处能消费、处处都想消费，让游客消费得满意、不消费留遗憾。深耕创新链。坚持创新驱动，加大与创新专业团队合作，大力推动旅游业态、消费模式、经营手段创新提升，形成上下游共建的创新生态。二是要加快发展生产性服务业。完善金融体系，大力引进股份制金融机构、地方性商业银行、信用担保公司、小额贷款公司、融资租赁公司等在内的机构组织。健全投融资体系，加快金融支农创新步伐，加大金融机构对服务业的信贷投入。优化支付服务环境，全面提升支付服务效率和质量。

2. 做强以水产业为主导的生态工业

淳安县的比较优势在于水。淳安县应该创新发展方式，做强以水产业为主导的生态工业。一是推进水饮料产业提档升级。打造以农夫山泉为龙头，集聚发展瓶装饮用水生产技术研发、产品检测和装备、容器制造，物流平台等产业，进一步做大瓶装饮用水产业。发展高端水系产品，努力提高水资源转化的附加值，提高淳安水产业产品品质。二是精准招引生态工业项目。积极争取省、市政府对于淳安项目引进的政策倾斜，同时增强省、市政府对引进项目在土地、能源等方面的支持，全力促进生态工业项目的落地建设。三是提升智能制造业水平。培育淳安县特产加工业，促进农产品深加工，开发生产与旅游业密切相关、体现淳安特色的伴手礼品、特色纪念品，形成三次产业融合发展新格局，合力促进淳安县生态工业产

业规模的快速扩大和经济效益的不断提升①。

3. 加快发展高新技术产业

淳安县严格的生态环境保护限制了大多数的工业企业的发展，那么发展什么产业成为淳安县需要重点思考的问题。高新技术产业环境污染小，产业附加值高，与淳安县产业发展的导向相契合。因此，淳安县要大力发展高新技术产业。一是大力发展数字经济。一方面，推动数字产业化。借助浙江省、杭州市的科技人才优势，积极引进人工智能、大数据、区块链等数字经济企业入驻淳安县，不断完善信息通信等数字产业链，打造高水平数字产业聚集区。另一方面，推动产业数字化。利用数字技术全方位、全角度赋能传统产业，加快实业产业数字化。加快农业数字化，普及农业智能化生产和网络化经营，充分利用互联网平台推动农产品走出淳安。加快服务业数字化，建立服务网络，提高服务水平。加快文化数字化，拓展数字影音、数字图书馆、数字博物馆等数字文化内容。二要积极发展高新技术产业。一方面，大力引进修正药业、清正生物等高质量的生物技术企业和医疗器械企业以及引进环境友好型的先进制造业和信息技术产业。另一方面，对高新技术成果产业化项目和创新成果进行奖励和补贴，鼓励发展高新技术产业，同时给予政策优惠，加大对企业自主创新投入的税前抵扣力度，充分发挥高新技术产业的优势。

4. 生态农产品主导的生态产品价值转化

"生态＋农产品"是淳安县推进绿色发展的重要选择。一是完善土地管理政策，多方面加强土地运营管理。完善土地流转机制，全面推广规模化标准化生产加工。通过系统化工程逐步提高土地流转价格，让农民有更多收益。以政策引导和经济激励两种方式相结合不断促进农地流转期限长期化。二是多渠道争取基础设施保障相关资金。加强农业农村基础设施建设投入，建立政府扶持、多方参与的投资生态产品价值实现的综合对策体系。三是重视技术研发，加强对外技术合作。鼓励合作社、种养殖企业、加工企业等针对关键核心技术进行自主研发，建立产学研机构，实行技术创新和产品开发，提升农产品加工企业创新能力。四是积极打造品牌效应。加大宣传力度，打造品牌效应，拓升农产品销量，广泛利用网络媒体、传统广告宣传等手段加大农产品营销宣传。

---

① 孟友军.走出一条生态保护与产业发展共融之路［J］.政策瞭望，2022（02）：48－50.

三、生态环境美，千岛湖全域成为生态美景

1. 加强淳安县"绿水"生态环境保护

（1）水资源保护

淳安县作为水源地，应当承担起主要的水资源保护工作，建立全方位的水资源保护体系。一是强化顶层设计，做好"治水"规划。在县域总体规划框架内，科学编制水资源综合规划、"十四五"时期供水保障规划等涉水规划，制定水资源消耗总量和强度双控工作实施方案，统筹生态效益、经济效益、社会效益等，保障用水安全。二是完善机制体制。着力形成最严格水资源考核、河湖长制考核、水污染防治攻坚考核等制度协同发力的工作体系，并将考核结果作为各级党委政府领导班子和领导干部综合考核评价、奖惩任免的重要依据。严格实行用水效率控制红线管理、节水设施"三同时"制度，加强用水定额和计划用水管理，推进最严格水资源管理制度全面落实。严格水资源开发利用控制、用水效率控制、水功能区限制纳污"三条红线"管控。三是建设全域数字化水监管体系。数字技术对于生态环境保护和绿色发展具有积极的促进作用。运用数字化技术赋能水监管体系，建立生态环境本底分析、污染溯源、执法处理、评价预测于辅助决策全业务支撑系统，加快推进千岛湖水资源检测中心建设，实现库区、流域全方位实时化数字化检测。四是完善污染应急预案。制定和完善水污染突发事件的应急方案，并将这种方案传达到每一个公民中。同时要定期开展应急演练，以保证可以熟练应对每种突发状况。做好污染突发事件的物资准备工作，建立环境应急资源库。储备的物资主要包括活性炭、吸油棉、围油栏、片碱、石灰、木屑、化油剂和耐酸（碱）泵等。当发生突发环境事件发生时，相关部门可按照有关程序调用环境应急物资，及时处置，减少突发环境事件对千岛湖水环境的影响。

杭州市、嘉兴市作为千岛湖水资源的受水区，享受了优质的千岛湖水源，也应当在千岛湖水资源保护中承担起应当承担的责任，尤其是在节水上下功夫，节水优先，提高用水效率。一要坚持节约用水，提高水资源效率。以确保生态用水为前提，大力推进生产和生活的节水技术和工艺改造、节水设施和器具的推广使用，建设节水型社会。二是保障安全供水，提升水资源供给能力。坚持分质供水原则。建立奖惩机制，强化"千岛

湖水用于饮用""不同的水用于不同的领域"理念，鼓励中水回用，遏制浪费用水。三是加强协作，建立长效合作机制。受水区的杭州市、嘉兴市应当与水源区淳安建立联席会议机制，定期开展水资源保护会商，研究解决水资源保护方面产生的重点难点问题；建立健全流域安全保护协同机制，以流域为单元，强化上下游、左右岸、干支流、行政区域间水利部门与公安机关的执法协作，形成河湖安全保护的执法合力。

（2）水生态保护

水是淳安之魂，淳安因湖而生，以湖兴县。千岛湖既是长三角的生态屏障，饮用水源地，更是淳安县发展生态经济的根本和生命线。进行水生态保护对淳安县来说势在必行。充分利用森林的作用，提升城乡绿量，加强护林力度，发展深绿产业，找准林业与治水的结合点，加强林水统筹，以达到水生态保护的作用。一是提升城乡绿量。通过补植、封育等措施，将森林从单一的林种向针阔混交改造，全面改善森林的结构，提高森林的生态功能。二是加强护林力度。加强林地保护和管理，严格实行林地总量控制制度和用途管理制度，饮用水源库区周边尽可能避免工程项目占用和损毁林地，避免林地的非法流失和有林地的逆转。严格执行森林保护工程，并积极开展生态修复工程。强化树木疫病监测，全力拔除疫点，保障森林机体健康。三是发展深绿产业。建设绿色生态林业产业，打响千岛湖生态品牌。大力发展生态林业和有机林业，打造以无公害林产品、绿色食品、有机食品为核心的千岛湖林产品品牌。在保护原有植被的基础上大力发展林下经济，开展立体复合经营，并不断推进"林业＋"产业，推动旅游、种植、养殖、采集等与林业相结合，形成多层次、多效益的林业产业结构。

（3）水环境保护

淳安县因水闻名，以水而生。在淳安县水环境的保护尤为重要。一旦千岛湖的水环境发生污染，会产生不可估量的严重后果。淳安县作为杭州市和嘉兴市的饮用水源地，千岛湖的水质整体保持在Ⅰ至Ⅱ类，但仍然面临着湖泊老龄化、上游来水污染和本地污染带来的水质恶化等问题。加强水环境保护是一场持久战。一是要加强水环境保护规范建设。严格落实《中华人民共和国水污染防治法》（2017年修订）、《集中式饮用水水源地规范化建设环境保护技术要求》（HJ773－2015）以及省、市饮用水水源保护条例，推进水源地保护区规范建设。二是要积极推进农业面源污染防治。持续推进化肥农药减量增效，大力推广有机肥代替化肥。积极发展现代化生态循环农业，深入实施农业清洁化生产。推广种植业绿色防控，采用农业防治、生物防治、物理防治等绿色防控技术。三是要积极开展湿地生态修复工程。在流入千岛湖的河流入湖口开展湿地生态修复。在河流进入库区之前，建立一道生态湿地屏障，通过土壤、植物的作用，使水流中的氮磷等营养物质被吸收。

（4）水科学技术研究

湖泊是有生命的。千岛湖作为建新安江水电站拦蓄新安江上游而形成的人工湖泊，也具备湖泊的特性——具有寿命，具有生命周期。自1960年新安江水库建成以来距今已有63年，如何延长千岛湖寿命、保障水质成为重要的科学问题，而水科学技术研究也成为刻不容缓的任务。一要建立以水环境为主要研究对象的千岛湖研究院或研究所。可以浙江省人民政府设立，也可以是杭州市人民政府设立。可以是单独建制，也可以是合作建制。二要保障千岛湖水环境研究的财政预算，确保研究院常规研究有常规预算、专项研究有专项预算。三要加强千岛湖水环境研究科研队伍建设。要培养一支潜心从事千岛湖水环境研究的专职科研队伍，也要吸收一支从事水环境研究的兼职的科研队伍，专兼职结合，形成科研和攻关的合力。

2. 加强淳安县"青山"生态系统保护

习近平总书记在参加首都义务植树活动时提出"森林是水库、钱库、粮库，现在应该再加上一个碳库。"[1] 森林作为陆地生态系统的主体，是集"水""钱""粮""碳"等功能于一体的绿色宝库，对推进生态文明建设具有基础性、战略性作用。淳安县森林资源丰富，林业资源是淳安县除水资源之外的第二大资源，在推进生态文明建设中要不断加强森林生态功能，改善森林林相，提高森林景观效果，保障森林安全，实现森林可持续发展。

（1）提升林木蓄积量以加强森林生态功能

淳安县是浙江省林业重点县之一，林业用地面积达533万亩，森林面积521万亩，森林覆盖率78.67%，森林蓄积量2621万立方米。[2] 加强"青山"生态系统保护，要重视森林这一重要的生态资源，充分发挥森林

---

[1] 俞使超. 建设美丽中国，全民动起来［N］，光明日报，2022-04-01.

[2] 淳安县在全省率先全面推行林长制，淳安林业局，2021年8月6日，http://www.Qdh. gov.cn/art/2021/8/6/art_1289594_58981046.html.

的生态功能。通过提升林木蓄积量以加强森林生态功能。一要完善法律法规，加强森林保护。严格落实森林保护利用的法律法规规章，依法管护森林资源，从严从紧强化森林保护。围绕法律法规的实施，要抓好相关配套工作。二要加强森林抚育，推进森林经营技术优化。运用各项森林抚育的技术，积极开展检测和评估的各项工作，定期检测森林的生长状况与林分的结构。不断总结经验和模式，从而提高森林的整体质量。三要加强植树造林和林木工程建设。全面推进生态修复工程，大力推行植树造林、封山育林等工程，尽快恢复被破坏的天然林生态系统。多树龄种植，保证森林树龄衔接，保证各项生态功能的完整性。

（2）改造林相以提升森林景观效果

随着城市的持续发展与人们生活质量的不断提升，人们对于森林景观效果的需求也在不断提升。旅游业是淳安县的支柱产业，良好的生态环境是淳安开展旅游业的核心竞争力。淳安县旅游业发展需要不断提升淳安森林景观效果，千岛湖林相改造势在必行。一是要以千岛湖周边以及主要支流两侧山体的林相改善为重点，结合水土流失治理、湿地保护利用、山水林田湖草沙一体化保护和修复等，优先选用抗逆性强、根系发达、固土能力强、防护性能好的树种，搭配合理比例景观树种，采用混交或块状混交的方式，呈现"山水相映、层林尽染"的水美林相，打造"林茂、山青、水绿"的生态之林。二是要持续推进造林绿化。按照"因地制宜、适地适绿"的原则，合理布局绿化空间，科学选择绿化树种，积极采用乡土树种营造混交林，提高乡土珍贵树种比例。同时着力开展森林抚育、退化林修复，优化森林结构和功能，统筹推进山水林田湖草系统一体化治理，提高森林生态系统碳汇增量和景观效果。三是要加强与科研院所、高校的科研合作。通过开展科研项目研究，深入探索不同类型的森林建设类型和造林绿化优势树种，加快先进适用技术的推广应用和科技成果转化，缩短适用树种的培育周期，提高树种培育质量，不断提高森林林相。

（3）加强内外兼治以保障森林生态安全

森林生态安全既指森林生态系统的完整性和健康的整体水平，又指受到外界干扰和影响时保持安全的状态。[①] 保障森林生态系统安全可以通过

---

① 米锋，谭曾豪迪，顾艳红，等. 我国森林生态安全评价及其差异化分析［J］. 林业科学，2015，51（07）：107－115.

加强外部环境影响防范和维护自身森林生态系统实现。一是要加强病虫害防治以保障森林安全。综合运用病虫害防治保护的物理技术、化学技术、生物技术等技术加强病虫害的防治的同时，不断加强林木病虫害的监测与预防工作。二是要加强森林防火以保障森林安全。设立护林防火指挥部，根据森林林木分布配备相应的护林人员，并设立专门用于预测、通信、扑火等防火设备和装备，以便火情及时发现、及时报告、及时扑灭。三是要加强宣传以增强森林安全意识。加大森林生态安全的宣传力度，加强法规宣传教育工作，普及森林生态安全的重要性，不断提高公众对于森林生态安全保护意识。

（4）加强生物多样性保护以实现生态可持续发展

实现森林生态可持续发展的基础是实现森林生态资源的可持续发展。要通过加强生物多样性保护加强森林生态资源的可持续发展。一是要优化生物多样性保护空间格局。合理布局森林生态系统空间结构，提升生物多样性就地保护水平。建立自然保护区质量管理评估体系，不断增强自然保护区的管理能力和管理水平。二是要大力推进森林生态修复，着力提高森林生态系统自我修复能力，切实增强森林生态系统稳定性。三是要加强生物多样性保护的监管。要加快构建生物多样性现代化监管体系，完善生物多样性调查、观测和评估标准体系，构建监测平台，实施多样性评估。四要提升外来入侵物种防控管理水平。不仅定期开展外来入侵物种的审查、控制、修复等一系列工作，而且加强对外来物种引进的审批管理和监测预警，及时发现、及时阻断，保护森林生物多样性。

3. 加强淳安县生态环境治理体系构建

（1）加强生态环境治理责任体系建设

《关于构建现代环境治理体系的指导意见》提出要"明晰政府、企业、公众等各类主体全责，畅通参与渠道，形成全社会共同推进环境治理的良好格局。"① 坚持改革创新引领，不断落实政府、企业、公众等各类主体责任，积极构建政府有为、企业有责、全民行动的生态环境治理责任体系。一是健全生态环境治理领导责任体系。落实各有关单位生态环境保护责任清单。构建以生态环境质量为核心的目标评价考核体系。二是强化

---

① 《关于构建现代环境治理体系的指导意见》，http：//www. gov. cn/zhengce/2020 - 03/03/content_548638. htm.

生态环境治理企业责任体系。科学制定生态环境治理标准。建立企业环境信用评价体系。三要完善生态环境治理全民参与体系。强化公众参与机制，有序引导公众参与，加大对公众环保组织的培育，鼓励社会公众对政府环保工作、企业排污行为进行监督，强化县域居民自觉参与生态环境保护治理的责任感和参与感，引导公众积极参与生态文明建设。

（2）加强生态环境监测监管体系建设

监测监管体系是生态环境保护基础设施。一是要健全生态环境数字化监测体系。充分利用大数据、互联网，整合共享生态环境数据资源，提升千岛湖检测网络密度与效能。要构建智慧环保平台，强化数据综合分析应用。加强跨地区联合监测，拓展创新联合监测模式，联合监测数据及时报送。二是要提升生态环境治理监管服务体系。加强执法监管机制，实现更精准的"管"。加强环境检测服务，实现更高效的"服"。三是要强化生态环境监管执法能力建设。提升环境执法监督的科技支撑。完善环境执法监督和网格化监管体系。优化环境信访系统，着力化解重点难点信访问题和积案。四要完善生态环境监管事后保障。深化生态环境考核评价制度。深化领导干部自然资源离任（任中）审计、党员干部任前"绿色谈话"，落实河长制、湖长制，实行生态环境损害责任终身追究制。

（3）加强生态环境治理市场体系建设

生态环境治理是国家治理的重要组成。一是要充分发挥市场作用。优化市场营商环境，激发市场主体活力，降低交易成本，保障各治理主体在市场中的利益。二是要健全环境保护奖惩机制。在积极落实省级绿色发展财政奖补机制的同时，积极发展绿色信贷、绿色证券、绿色保险等绿色金融体系和绿色产品体系。三是要深化生态产品价值实现机制。细化生态产品的产权，构建生态产品目录清单，及时、全面、准确掌握数据信息，夯实生态产品价值评估核算基础。

四、生态人居美，美好家园成为人间天堂

1. 环境整治，打造生态宜居美丽城乡

习近平总书记指出："农村环境整治这个事，不管是发达地区还是欠发达地区都要搞，标准可以有高有低，但最起码要给农民一个干净整洁的

生活环境。"① 一是持续推进农村垃圾治理。加大垃圾分类的实施力度，使垃圾分类的意识深入到每个人的心中。建立符合淳安县农村实际的、方式多样的生活垃圾收集—运输—处理体系，实现垃圾顶点投放、定点收集、定向运输，集中处理，达到资源利用最大化。强化日常清扫保洁，集中整治村容村貌环境卫生，保持村镇常年干净整洁。二是持续推进污水治理。基于淳安县水资源保护的背景和"零污水"排放的要求，积极推进污水处理终端的建设，组织开展技术培训和宣传教育，向农户普及设施运行维护知识，倡导绿色环保生活方式。三是全面推进乡村绿化，建设具有乡村特色的绿色景观。将乡村打造成环境优质、生态优美的宜居乡村。

统筹城市规划和城市建设，大力推进老旧小区综合改造。一是因地制宜、按需实施改造工程。尽快启动李家坞社区、西园社区、江滨社区等区块的房屋改造，确保小区基础功能实现。加大老旧小区物业管理投入，提升小区物业管理水平。加快沿湖景观飘带等公共空间建设，深化城市精细化管理工程，围绕"城市旅游"要求完善配套功能，推动还绿于民、还湖于民、还生态于民，打造"六有"（有完善设施、有整洁环境、有配套服务、有长效管理、有特色文化、有和谐关系）宜居小区，建设成富有千岛湖文化特色的小区。实施城乡危旧房治理。做好"一户一档"纸质档案管理，加强对城乡危房排查、鉴定、治理、验收全过程的监管工作，并做好上述信息与省厅网上管理系统同步对接工作。二是积极推进城乡风貌整治提升。深入实施《浙江省城乡风貌整治提升行动实施方案》，按照"三统筹两加强"的方法论着力提升淳安城乡风貌。打造人本化、生态化、数字化城乡风貌样板区。以全县"一盘棋"思维，立足全域、因地制宜、点面结合推进空间重构、产业重整，推进城乡风貌样板区建设，着力提升全市城乡风貌的整体性和系统性。依托老旧小区改造、老旧住宅加装电梯、污水零直排、小区基础设施建设等系列工程，美化家园环境面貌，提升人民生活的幸福指数。数智赋能，创新构筑集服务与管理为一体的城乡风貌"智汇通"平台，实现集方案规划、项目情况、监督管理等功能为一体。

2. 基础设施健全，推动功能完善美丽城乡

基础设施建设是社会经济活动运行的基础，是推动现代化进程必不可少的物质保障。加强交通、能源、水利等网络型基础设施建设，打造高品

---

① 雷明. 建设生态乡村，释放绿色发展活力，光明日报，2022 – 11 – 08.

质生活空间，打造功能完善的基础设施体系。

一要建设现代化的路网体系。加快淳安县域内外部交通网络建设，对外加强高速公路和省道的建设，提高对外交通的通达性和便捷性，对内优化城镇路网建设，以点增加停车、泊车车位，以线加强城乡道路建设，大力发展公共交通，构建外联内通的交通网络，在加强路网建设的同时，提高交通管理措施，做到管建并举，确保公路路网的建设达到规划设计的基本要求，保证其实用性，更好发挥路网交通功能。还要利用大数据、物联网、云计算等技术赋能道路交通管理系统，促进道路交通系统信息化、智慧化，实现路网交通信息及时反馈，平衡路网交通压力。二要建设现代化的水网体系。根据《浙江水网建设规划》，开展淳安县县级水网建设规划编制，谋划好各级水网目标、格局、建设任务和管理措施，总揽淳安县水网体系建设。在省级水网总体布局下因地制宜布置淳安县县级水网，加强农村水系、灌排渠道、城乡供水管道等"毛细血管"建设，实现面向用户直至水网"最后一公里"，将淳安县县级水网与省级水网互联互通，积极构建形成以千岛湖为源头的放射状供水网，保障杭州市区和嘉兴市的用水稳定。加强智慧水网建设。基于基础数据、监测数据、业务管理数据、地理空间数据等内容，搭建水利大脑，实现从源头到用户水的全生命周期"一件事"智慧管理，构建高效协同智慧治水平台。三要建设现代化的电网体系。积极推进电力基础设施建设。发展特高压输电通道，优化完善主干电网布局，加强城市配电网改造升级和局部电网建设，发展分布式智能电网，完善农村和边远地区电力基础设施。提升电网智能化水平，积极构建电网的"智能大脑"，保障电力可靠、稳定、低成本供应。四要建设现代化的其他基础设施体系。完善学校基础设施建设，不断加大对学校的软、硬件设施及配套设施的升级改造，通过充足的教学设施，先进的现代化教学辅助手段，有效改善农村学校办学条件，不断提升教育教学高质量发展，办人民满意的学校。加大推进义务教育均衡发展力度，确保每位孩子有学上、上好学，推进基础教育均衡发展，提高人民幸福感。完善医疗基础设施建设，加大医疗卫生基础设施建设资金投入，对医院的硬件环境进行改造升级，筹措资金配置大型高端设备，提升医院诊疗技术水平，全力为老百姓创造更加良好的就医条件。积极推行便民利民惠民新举措，不断满足群众需求，切实为群众解决"看病难"问题，提升群众幸福感和获得感。

3. 绿色发展，建设产兴民富美丽城乡

自淳安县成为饮用水源地起，淳安县以良好生态环境为依托，始终坚持"生态优先、绿色发展"的原则，积极探索"绿水青山"转变为"金山银山"的路径，建设产兴民富的美丽淳安。

良好的生态环境是淳安最大的资源优势，淳安人民应当充分利用这一优势，积极推动深绿产业发展。首先，依托千岛湖这一强大水资源优势，打造千岛湖品牌，通过规划引领、招商引资、政策保障等举措不断做大做强水饮料产业，推动淳安经济发展。其次，森林资源作为淳安的第二大资源。淳安应当依托森林资源优势积极发展林下经济、森林氧吧、竹木加工产业等一系列产业。再次，充分利用旅游业业这一契机，大力发展民俗产业、淳安特色产品等，提高淳安人民的收入水平。最后，抓住数字经济发展的契机，发展电商经济，打造类似于千岛湖鱼妈妈、里商淳姑娘、汾口村姑等知名 IP，通过电商平台扩大淳安特色产品销售范围，提高淳安人民的收入。

良好的生态环境为淳安人民提供舒适的人居环境，绿色发展，将生态环境与经济发展统一起来，既可以不断满足人民日益增长的生态环境需求，又可以推动实现高质量的发展，建设天蓝、水清、山绿、产兴、民富的美丽淳安。

第三节　淳安县深入推进生态文明建设的改革创新

淳安的事不仅仅是淳安的事。面向淳安县：淳安的事是淳安的事。淳安县要发扬淳安精神，绘制美好蓝图、奋发图强发展、创新改革开放；面向杭州市：淳安的事是杭州的事。支持淳安特别生态功能区特别的保护、支持特别的考核、支持特别的补偿。面向浙江省：淳安的事是浙江的事。支持淳安特别生态功能区特别的保护、支持特别的发展、支持特别的投入。面向全国：淳安的事是国家的事。提炼淳安经验、打造淳安样本、建设淳安窗口。改革创新是推动发展的强大动力，也为推进生态文明建设提供强大动力。推进生态文明建设要不断加强制度创新、科技创新、治理创新，完善生态文明的制度体系，发挥技术创新的支持和引领作用，建设天蓝、山绿、水净、人富的魅力淳安。

一、优化特别生态功能区体制创新，突出特别生态功能区之"特"

1. 领导体制创新

淳安特别生态功能区自 2019 年建成以来，还处于机制体制探索完善阶段，存在着错综复杂的关系，甚至还存在着矛盾和冲突。首先，淳安县位于新安江的下游，千岛湖 60% 的水来自新安江上游的安徽省，因此保障千岛湖的水质必须要坚持浙江省和安徽省联动。[①] 淳安县作为县级单位，必须通过省级政府部门才可以与安徽省进行沟通。此外，淳安县作为千岛湖饮水工程的水源地，千岛湖水质的保障需要淳安县和杭州市以及嘉兴市多方联动。淳安县人民政府在与市级部门以及省级部门沟通时缺少"话语权"。其次，淳安县在财政上是浙江省管淳安县的"省管县"制度，同时淳安县作为杭州市管辖的县域，在行政上是杭州市管淳安县的"市管县"，存在"财权"与"事权"分离的问题。为此，杭州市人民政府已经成立了以市长为组长的淳安生态特别功能区建设领导小组。

但是，基于领导小组成立以来尚未正常运作的实际，应进一步完善淳安特别生态功能区体制：一是制定淳安特别生态功能区领导小组工作议事规则，明确领导小组的职责和领导小组成员的职责。二是将淳安生态特别功能区建设领导小组组长的职责纳入杭州市人民政府市长的考核内容，让市长切实承担起组长的职责。三是明确中共淳安县委书记兼任淳安生态特别功能区建设领导小组办公室主任的职责，形成办公室主任向组长负责的领导体制。

2. 生态补偿制度创新

一方面，构建多元生态补偿体制，按照"谁受益，谁补偿""谁保护，谁收益"原则，建立多元补偿方式，落实多元补偿主体，落实多元受偿政策，建立系统的千岛湖生态保护补偿机制，打造千岛湖水源地生态补偿示范区。另一方面，完善产权交易制度。积极推进千岛湖水权交易，

---

① 沈满洪. 淳安特别生态功能区建设要充分体现"特"字 [J]. 杭州, 2021 (04): 28-31.

通过水价调节鼓励全社会参与饮用水源保护，充分体现优水优价、共保共享，形成安徽省－浙江省、黄山市－杭州市、杭州市－嘉兴市、淳安县与下游县市等水权交易矩阵体系。不断完善碳权交易、排污权交易等，充分发挥市场竞争机制作用。

3. 保障制度创新

淳安县最大的优势是"一湖秀水"，也为保护"一湖秀水"做出了巨大的牺牲。为了保护好饮用水源地，淳安县始终坚持"生态优先、绿色发展"的原则，采取更加严格的生态保护措施要求自己以达到高标准的水质要求。高标准的要求、严格的生态保护措施需要付出高昂的机会成本。在建成引用水源地之后，淳安县经济又经历了一次倒退和发展停滞。

一要对淳安县产业发展提供支持，促进淳安深绿产业发展。支持淳安县积极探索点状开发的土地开发新模式，建立统一的规划信息管理平台和单独的组织管理部门，推进"多规合一"落实。通过领导负责制，狠抓产业链建设，推行产业链"链长"制度，对潜力深绿产业建链，对新型深绿产业补链，对支柱深绿产业延链强链，丰富深绿产业链。

二要对淳安县的政绩考核提供支持。按照"生态优先，绿色发展"的基本原则设计考核指标，在不考核 GDP 的基础上进一步取消与 GDP 紧密相关的考核指标，加大对生态环境保护考核指标的权重。对于发展较缓慢的地区、企业等提供"特殊"的考核机制，如节能指标要重点瞄准能耗大户及能源效率相对较低的地区和单位；对于人均能耗最低的、单位产出能耗最低的地区和单位可以不做节能的要求。

二、推动科技创新体制创新，推动绿色科技创新成果应用

1. 构建产学研一体化协同创新机制

产学研一体化协同创新是实现科技创新成果应用的有效途径。一要搭建合作创新平台。在高等院校、科研院所和企业之间搭建桥梁，建立产学研一体化的对接机制，充分发挥公共服务平台优势，满足企业技术创新需求，向全社会开放大型科技仪器、设备和公共实验室，为各种研发提供设计、检测、测试等专业技术服务。鼓励省内高校教师、科研人员在高校与企业中进行双向交流与互动，实现资源的充分流动，并鼓励科研人员携带科技成果或者有效专利创办科技型中小企业，最大限度把创新成果转化为

现实生产力。二要健全协同创新机制。完善横向协同创新机制。充分发挥政府引导作用，以重大项目推动产学研合作。按照"市场主导＋政府扶持＋内生性发展"模式，优化整合大学科技园、科技企业孵化器、众创空间等各类平台载体，打造科技创新共同体，加速创新要素聚集。① 建立纵向协同创新机制。千岛湖是一个大生态系统，千岛湖的水质安全不仅关系到淳安人民本身，还关系到下游的杭州市区、嘉兴市，县级、市级乃至省级政府对于千岛湖水质安全保障责无旁贷。应积极推动构建省、市、县共建科技创新研究所，充分发挥各级政府的力量，补全县级建立科技研究所的"短处"，保障千岛湖水质安全。三要健全中介服务体系。进行科技中介服务市场的资源整合，健全产学研用一体化的各类中介机构。加大对产学研一体化合作项目的支持力度，完善有利于产学研各方发展的利益共享机制，建立健全规范化的知识产权保护法规政策体系，消除合作障碍，充分保证各方的合法利益。

2. 构建柔性人才引进带动科研成果转化机制

淳安县土地后备资源缺乏、人才资源缺乏，想要实现科技创新成果不断涌现，并转化为现实生产力，加快生态文明建设，科技创新人才引进势在必行。一是要进一步完善人才激励机制，强化柔性人才引进激励。二是要建立柔性人才引进产业集群效应。实施产业结构优化，加快服务业、科技创新的发展，根据实际将高新技术密集企业在一定区域内高度集中起来，汇聚产业资本要素，形成产业聚集的带动作用，发展产业集聚带动人才引进的模式。三是要加强海外柔性人才引进。建立海外柔性人才引进点对点平台，充分发挥留学生同学会、海外华人社团、政府驻外机构等组织和团体在国际交流与合作中的纽带作用。

3. 完善科技创新及成果转化的激励政策

一要充分挖掘各类激励手段的优势潜力。按照分类激励原则，对不同机构、人员采用相应激励手段。着力营造尊重科技、尊重人才的社会氛围和创新环境，强化理想信念、使命责任、名誉形象等的内在激励作用。二要全面发挥各类激励主体的能动作用。强化政府激励的导向作用，加快整合优化各级政府相关激励措施，真正提高政府激励的科学性、规范性、权

---

① 何伟. 加强产学研一体化深度融合 提升产业链水平［J］. 中国科技产业，2021（02）：6－8.

威性和引领性。突出用人单位激励的基础作用，推动各类法人单位加快完善现代管理制度，稳妥用好相关自主权利，切实有效开展激励活动。发挥社会力量的积极作用，鼓励支持学术团体、行业协会、基金会等各种社会力量科学规范开展激励活动，逐步提升社会力量科技激励的美誉度、认可度和贡献度。三要统筹协调和协同联动各项激励举措。建立健全领导统筹科技激励工作的科学机制，真正强化部门协同、上下联动和地方互动。加快开展科技激励相关政策梳理修订工作，及时解决政策"冲突"和配套措施不完备等问题。加大对科技激励工作的督导规范力度，妥善解决过度激励、重复激励、激励不足等问题。

三、推进生态文明制度体系完善，加快美丽淳安建设

1. 完善实施细则，落实好上级生态文明建设的法律法规和规章制度

浙江省历来高度重视生态环境立法工作，在水、大气、固体废物、海洋等方面相继出台了相关单项法规，为生态文明建设注入了强劲动力。淳安县要坚决落实《关于生态文明建设的决定》《浙江省美丽乡村建设行动计划（2011—2015 年)》《浙江省生态文明体制改革总体方案》《浙江省生态文明建设目标评价考核办法》《浙江省河长制规定》《关于建立健全绿色发展财政奖补机制的若干意见》《浙江省生态文明示范创建行动计划》等一系列法律法规政策文件。淳安县也要带头落实《杭州生态市建设规划》《杭州市生态文明建设规划（2010—2020)》《关于加快推进杭州生态市建设的若干意见》《关于推进杭州生态市建设的决议》《关于加快推进生态建设与环境保护的若干意见》《杭州市生态文明建设促进条例》等一系列政策文件。

2. 健全制度体系，重点推进具有淳安特色的生态文明制度的建设

淳安县要带头健全生态文明制度体系，结合淳安特别生态功能区的发展，推进具有淳安特色的生态文明制度的建设。一要完善生态补偿制度。建立多元补偿方式，落实多元补偿主体，落实多元受偿政策，建立系统的千岛湖生态保护补偿机制，打造千岛湖水源地生态补偿示范区。二要完善产权交易制度。积极推进千岛湖水权交易，通过水价调节鼓励全社会参与饮用水源保护，充分体现优水优价、共保共享。不断完善碳权交易、排污权交易等，充分发挥市场竞争机制作用。

3. 加强制度评价，提升生态文明制度绩效

生态文明建设还有很大的发展空间，生态文明制度的制度红利并没有完全释放。因此，需要进行生态文明制度评价，在评价结果的基础之上不断优化和完善生态文明制度。一要完善生态文明建设目标考核体系，对规划确定的目标指标、主要任务和重大工程项目落实情况进行及时总结，每一年或五年定期评估资源利用、环境治理、环境质量、生态保护、增长质量、绿色生活、公众满意程度等方面的变化趋势和动态进展，生成绿色发展指数，考核生态文明建设成果，提升生态文明制度绩效。二要建立领导干部生态文明建设考核机制，坚持党政同责、一岗双责，树立绿色政绩观，把生态文明建设的各项要求细化为领导干部的政绩考核内容和标准。领导干部是推进生态文明制度落实的推动者和引领者，通过考核领导干部政绩，更好地调动领导干部进行生态文明建设的积极性和创造性，从而提高生态文明制度绩效。三要严格实行生态环境保护督察制度，对破坏考核客观公平的行为给予严厉打击，同时加强人民群众对制度的监督，加大规划的立体式宣传力度，定期公开生态环境质量、项目建设等规划实施信息，充分发挥人民群众的监督和反馈作用，督促规划制度实施更加完善。

四、完善治理体系创新，提高生态环境治理能力提升

1. 完善党委领导下的多元主体共治体系

生态环境的有效治理需要多个主体共同参与，形成政府主导、企业主体和公众参与的生态环境治理体系。一要明确生态环境治理中的多元主体职责。在多元共治模式下，政府的职责表现为环境法规与政策的制定与执行、环境监管组织体系的调整与优化、环境信息公开、环境保护宣传教育、环境监管与环境问责以及为企业、社会组织和公众参与环境治理提供相应的制度设计与安排等。企业为主体推进生态环境治理，在谋求自身利益最大化的同时，积极应用科学技术进行科学生产与经营，保护生态环境、节约自然资源与维护环境公共利益，为环境治理提供可持续性的内生型动力，以推动企业从传统的受管制者、受规制者和被动守法者向积极参与者、自我规制者和主动守法者的角色转变。而公众在环境治理中主要发挥着参与者和监督者的作用。二要完善生态环境多元共治信息共享体系。借助"互联网＋"的优势，加快建设环境信息公开平台和提升环境信息

公开力度，使各责任主体在保障知情权的前提下增进理解与交流，加速构建环境多元共治体系，促使政府、企业、公众在环境治理中形成良性互动机制。

2. 建设数字生态环境治理体系

加强生态环境信息公开制度建设。全面推进大气和水等环境信息公开、排污单位环境信息公开、监管部门环境信息公开，健全建设项目环境影响评价信息公开机制。引导人民群众梳理环保意识，完善公众参与制度，保障人民群众依法有序的行使监督权。积极构建生态环境治理数字化平台。持续推进全国"数字第一湖"的应用场景建设，深化"秀水卫士"应用，整合各部门环境管理数据资源，健全污染源数字化体系，运用在线监控、无人机等科技手段，推动集监测、监管和执法于一体化的智慧环保平台建设，充分形成生态环境监测、预警、应急、治理协同智慧管控平台，推进生态环境治理能力提升。

3. 健全生态环境保护评价、监督和激励机制

健全生态环境评价机制。全面建立自然资源生产率领跑者制度、领导干部政绩考核评价制度，将规划实施进展作为对领导班子和领导干部综合考核评价的重要依据。完善公众参与制度，引导人民群众树立环保意识，保障人民群众依法有序行使环境监督权。完善生态环境监督制度。全面开展领导干部自然资源资产离任审计，健全生态监测评估预警制度、生态环境保护监督执法制度、考核督查问责制度，扎实推进生态环境保护监管体系。构建生态监管保障制度。建立生态环境激励制度。通过绩效激励、荣誉激励、财政激励、税费激励等多种激励方式，引导各类主体积极参与生态环境治理，同时要兼顾各级政府、不同政府部门以及不同企业之间的利益。健全绿色发展激励机制。坚持生态优先、绿色发展为导向，不断优化"两山银行"建设，推进绿色发展财政奖补机制创新，建立环境治理财政资金投入机制，完善生态系统生产总值核算体系，加快核算成果多元应用，深入推进淳安特别生态功能区建设。

专论篇

  专论篇就杭州市淳安特别生态功能区建设、淳安县生态产品价值实现机制建设、淳安县深绿产业发展的实践创新、淳安县绿色共富的机制创新四个专题进行了深入的剖析，既对创新性举措及成效做了充分肯定，又对存在的突出问题及根源做了深刻剖析，并提出了对策建议。

| 第四章 |

杭州市淳安特别生态功能区建设的
综合评价及其对策

　　设立杭州市淳安特别生态功能区是浙江省委省政府和杭州市委市政府的一个创举。淳安特别生态功能区设计初衷是以特别的体制、特别的投入、特别的补偿、特别的政策和特别的考核实现特别的保护和特别的发展的目的。三年来，这些"特别"是否全面落实？目标是否实现？存在哪些问题？这关系到习近平总书记对淳安县、对杭州市、对浙江省的嘱托和期盼，关系到下游1600万人口的饮用水安全。为了更好地总结淳安特别生态功能区的工作成效和建设经验，在对淳安特别生态功能区的相关法规规章进行解读的基础上就功能区建设进行了综合评价，分析了淳安特别生态功能区建设的实现程度及差距原因，最后提出淳安特别生态功能区建设对策建议。

第一节　杭州市淳安特别生态功能区设立的初衷愿景

一、淳安特别生态功能区设立的背景分析

1. 千岛湖主体功能定位的变迁

第一阶段：发电功能和防洪功能。千岛湖前身是新安江水库。1956

年开始选址、设计、建造的新安江水电站是我国第一座自主设计、自制设备的大型水利发电站①，时任国务院总理周恩来同志专程来到新安江工地视察进展。② 新安江水电站平均每年发电量为 18.6 亿千瓦时，每年可节约 18 万吨的原煤，解决了华东地区电力供应不足问题。新安江水库可削减洪峰的 22%—28%，使下游 20 余万亩农田免除 20 年一遇的洪水灾害。③ 新安江水库的主体功能是发电和防洪，70 多年来发挥了重要的作用。同时，当地人民为新安江水电站建设也付出了巨大的代价：29 万人移居他乡④，2 座县城、6 个集镇、30 万亩良田淹没水底⑤，淳安县从甲等县成了贫困县。

第二阶段：风景旅游功能和防洪功能。随着新安江水库新的生态系统的形成，新安江水库更名为千岛湖，凸显了风景旅游功能、弱化了发电功能，生态保护要求随之提高。改革开放后，火力发电替代了水电；新安江水库因其优美的风景和良好的生态环境，成为国家重要的旅游资源。1982年，新安江风景区规划建设办公室成立，1984 年新安江水库正式更名为"千岛湖"；至 2004 年先后成为国家森林公园、国家级黄金旅游线、国家首批 4A 级旅游区、首批中国 5A 级旅游区等。⑥ 时任浙江省委书记习近平同志对淳安县发展非常关注，2003 年 4 月 24 日在淳安县调研时的讲话指出"发展旅游经济，具有得天独厚的条件和良好基础，极具发展潜力"。从发电和防洪到旅游和防洪的功能变化，让淳安县更加重视千岛湖生态保护工作；主动退出了一大批污染工业，大力发展旅游业及相关无烟产业，居民收入提高，经济成功转型。但是，为了千岛湖生态保护淳安县付出了巨大的保护成本和机会成本。

第三阶段：战略饮用水水源功能和风景旅游功能。千岛湖成功的生态保护让其成为下游战略饮用水水源地和国家级风景区，生态保护标准进一步提高。随着经济社会快速发展，长三角地区的杭州市和嘉兴市等原有饮用水源难以保障居民饮用水安全。千岛湖于 2013 年正式成为华东地区重

① 张博庭. 中国水电 70 年发展综述——庆祝中华人民共和国成立 70 周年 [J]. 水电与抽水蓄能, 2019 (05)：1 - 11.

② 颜成第. 全国的第一座大型水电站 [J]. 今日浙江, 1996 (18)：31.

③ 粟运华. 新安江水电站综合利用效益调查报告 [J]. 水电能源科学, 1991 (01)：65 - 69.

④ 新安江水库移民档案 [J]. 浙江档案, 2017, 429 (01)：34 - 37.

⑤ 陈德根, 徐才灶. 淳安县新安江库区移民遗留问题浅析与思考 [J]. 水利经济, 1995 (03)：44 - 48.

⑥ 淳安县地方志编纂委员会. 淳安年鉴 (1998—2004 年) [M]. 北京：方志出版社.

要的战略饮用水水源。千岛湖主要功能也从风景旅游和防洪转变到战略饮用水水源和风景旅游。千岛湖生态保护成为淳安县重要任务。随着我国水源地保护标准不断提高，生态保护工作越加严格。更加严格的千岛湖水生态保护标准，进一步加重了淳安县的生态保护成本和经济发展的机会成本，不仅工业发展受到限制，生态旅游、生态农业也不同程度受到影响。

第四阶段：实际饮用水水源功能和风景旅游功能。2019 年 6 月，千岛湖配水工程建成并通水，其功能也从战略饮用水水源地转向实际饮用水水源地①，淳安县发展受到进一步限制，生态保护压力进一步增大。千岛湖作为水源地，需要为杭州市和嘉兴市提供饮用水。为此，淳安县农业、工业和服务业各项产业的发展均设置了极高的准入条件和严格的管制政策。为保障居民饮水安全，淳安县舍弃小局、服从大局，付出巨大保护成本和放弃发展的机会成本，积极保护千岛湖水质。与此同时，淳安县不但经济发展受到限制，而且生态环境保护工作压力逐渐增大：财力、物力和人力都明显不足。

随着千岛湖的主体功能定位的不断变化，对千岛湖所在地淳安县的生态保护要求越来越严格。② 在第一阶段新安江水库的主体功能是发电和防洪功能时，淳安县的生态保护是常规性的，没有特别要求。在第二阶段千岛湖的主体功能是风景旅游和防洪功能时，对淳安县提出了更高的生态保护要求。国家《风景名胜区条例》明确规定：作为风景名胜区应当根据可持续发展的原则，严格保护区内景观和自然环境，千岛湖及所在地淳安县要内的景观和自然环境。第三阶段千岛湖的主体功能是战略性饮用水水源功能，对淳安县提出特别严格的生态环境保护要求。2008 年版《水污染防治法》提高了二级饮用水水源地的生态保护要求和产业行业进入门槛，除禁止污染严重的工业项目外还有很多第三产业也被禁止。作为战略饮用水水源，除禁止污染性活动外，还要求生态环境修复等工作。第四阶段主体功能确定为实际饮用水水源功能后，浙江省把千岛湖作为保国家一级饮用水水源地进行保护，大大提高了保护标准，对淳安县生态保护工作提出了更高、更严格的要求。《饮用水水源保护区污染防治管理规定》指出，作为一

---

① 沈满洪，谢慧明，等. 绿水青山的价值实现 [M]. 北京：中国财政经济出版社，2019：31.

② 沈满洪，谢慧明，等. 绿水青山的价值实现 [M]. 北京：中国财政经济出版社，2019：16－18.

级饮用水水源地，除禁止建设与保护水源无关的建设项目、禁止向水域排放污水、禁止可能污染水源的旅游活动和其他活动外，还要将污染防治应纳入当地的经济和社会发展规划和水污染防治规划，进行严格的生态保护。

面对严格的生态环境保护和高质量发展的客观要求，淳安县的治理能力和资金实力相对不足，自身很难解决高标准生态保护与高质量经济发展这一矛盾。因此，需要特别体制机制创新，在更好整合自身资源的前提下，引入上级和外部力量，解决高标准保护与高质量发展的问题。于是，设立淳安特别生态功能区成为一种选择。

2. 淳安县"多区合一"的特殊功能区域

淳安县既是革命老区又是"大花园"样本。在革命战争年代，淳安人民支持了新四军的生存和发展，为中国革命做出了贡献，淳安县成为了"革命老区"。进入新时代，党和国家非常重视革命老区建设，印发了《国务院关于新时代支持革命老区振兴发展的意见》（国发〔2021〕3号）。2018年，浙江省启动"大花园"建设，淳安县因其优美的生态环境成为浙江省"大花园"样本。作为"革命老区"，淳安县承担着实体经济发展、公共服务及人民共同富裕的建设重点；作为"大花园"样本，淳安县需要把生态环境保护放在首位。

淳安县既是水库库区又是饮水水源地。淳安县是新安江水库所在地，水电站建设初期外迁了29万移民以及后靠①了10万县内移民且有30万亩农田被淹，为国家建设和发展做了牺牲。21世纪以来，淳安县经济水平还处于浙江省加快发展县的前列。千岛湖引水工程2019年通水后，千岛湖成为杭州市和嘉兴市的"大水缸"，事关杭州市和嘉兴市1600万人口的饮水安全。淳安县生态保护与经济发展矛盾突出，处于浙江省加快发展县的后列。② 淳安县的生存与发展问题不解决好，杭州市乃至整个浙江省就很难实现"共同富裕示范区"战略目标。

淳安县既是浙江省山区又是"示范区"。淳安县是浙江省山区，是浙江省26个加快发展县之一。作为浙江省山区的加快发展县，淳安县承担着重要的绿色发展任务。同时按照国家主体功能区规划，千岛湖及新安江流域总体上属于限制开发和禁止开发的生态功能区。但是，千岛湖所在的

---

① "后靠"，用于移民搬迁时，就地往后退向高处搬迁，在相对较近的地方安置．

② 沈满洪，谢慧明，等．绿水青山的价值实现［M］．北京：中国财政经济出版社，2019：23．

淳安县还有 46 万人口，亟须致力于打造国际深绿色发展"引领区"、生态文明建设和共同富裕的"示范区"。

淳安县是"老区""库区"和"山区"的集合体，是杭州市和嘉兴市"大水缸"、浙江省"大花园"、国家级生态文明建设"示范区"和国际深绿色发展"引领区"等多区合一体。对于淳安县这样特殊的区域，不采取特事特办的特殊体制和政策恐怕难以解决其面临的一系列特殊问题。

3. 淳安县机构职能的错综复杂

淳安县的特殊生态功能定位，出现了错综复杂的机构职能矛盾。[①] 一是部门与部门矛盾。生态环境保护部门为了保障饮用水水源地的生态保护，严禁施肥、养殖及污染排放等活动，而民生部门要考虑淳安县 46 万人口的生存与发展问题。二是上游和下游的矛盾。从省际角度看，要保障千岛湖水质就必须坚持上游安徽与下游浙江联动。从省内角度看，千岛湖水域地处淳安县（95%）和建德市（5%）两个地区，需要处理好两县的关系。三是部门与地方的矛盾。新安江水电站属于国家电网的一部分，是计划经济时代无偿划拨的结果，出现"水"在淳安县和建德市、"权"在国家电网的局面。四是上级和下级的矛盾。浙江省的财政体制是"省管县"，财政上是浙江省管淳安县；杭州市的行政体制（与财政体制是对应关系）是"市管县"，除了财政以外是杭州市管淳安县。存在"财权"与"事权"分离的问题。现行的管理体制很难解决错综复杂的矛盾。对于生态环境部门来讲，需要通过上游的严格生态保护保障下游居民饮用水安全；对于民生部门来说，需要对淳安县在内的全体居民的幸福生活和共同富裕负责。这是淳安县现行管理体制很难解决的问题。新安江流域上下游关系矛盾、国家电网与淳安县"水""权"矛盾需要国家、省市层面协调解决，"财权"与"事权"分离则需要浙江省统筹解决。因此，亟须创新管理体制。

基于以上背景，为了千岛湖的保护和所在地的发展，2019 年 8 月 27 日浙江省委全面深化改革委员会第五次会议审议通过了《淳安特别生态功能区建设框架方案》（以下简称《方案》），明确提出"建设淳安特别生态功能区，是浙江省和杭州市坚决贯彻落实习近平总书记重要指示批示精神的实际行动"。2019 年 9 月 25 日，浙江省政府发布了《浙江省人民政府关于同意设立淳安特别生态功能区的批复》，杭州正式设立淳安特别

---

① 沈满洪. 淳安特别生态功能区建设要充分体现"特"字 [J]. 杭州，2021（04）：28-31.

生态功能区。一个县全域被纳入特别生态功能区建设范围，成为浙江省首创的生态"特区"，充分彰显了"淳安特别生态功能区"之特别。① 2021年6月29日，杭州市人大常委会通过了《杭州市淳安特别生态功能区条例》。2021年7月30日浙江省第十三届人民代表大会常务委员会第三十次会议批准《杭州市淳安特别生态功能区条例》（以下简称《条例》）②，于2022年1月1日起施行。这是淳安特别生态功能区设立以来首部"量身定制"的法规。

二、浙江省委省政府关于淳安特别生态功能区的文件精神解读

1. 生态保护为先

《方案》强调"共抓大保护、不搞大开发""生态优先、绿色发展"，建设人与自然和谐共生的饮用水水源保护区。以生态保护为先原则，深入推进环境污染防治，推进生态治理科学化、精准化、智能化；构建以水功能区保护为主体的系统保护体系，让千岛湖的水质始终处在全国重点湖库前列，千岛湖环境持续向好、景观持续优化。提升生态保护水平，数字赋能实现高水平保护标准，科技赋能实现高水平保护手段，政策法律赋能实现高水平保护管理，打造生态更优、发展更好、生活更幸福的美丽浙江大花园样本。打造千岛湖水质保护智慧管理平台，推出数字赋能千岛湖饮用水水源地环境保护专项行动。研发建设千岛湖全域水质自动监测体系，建立水污染净化工程，科技赋能千岛湖水质保护。出台千岛湖生态保护和水质应急管理制度，建立多层多级的应急管理体系，政策赋能实现高水平千岛湖生态保护管理。强调严格千岛湖保护法律法规制度，建立系统保护的法规制度体系，出台淳安特别生态功能区管理政府规章和地方性法规，法律赋能高水平生态保护。

2. 绿色发展为重

《方案》指出要牢固树立绿水青山就是金山银山理念，正确把握生态环境保护与经济发展的关系。依托生态资源优势，强化"两山银行"转

---

① 沈满洪. 淳安特别生态功能区建设要充分体现"特"字 [J]. 杭州，2021 (04)：28 – 31.

② 浙江省人民代表大会常务委员会关于批准《杭州市淳安特别生态功能区条例》的决定 [J]. 浙江人大（公报版），2021 (03)：114.

化途径，把绿水青山的文章做深做透，深入打造"绿水青山就是金山银山"实践引领区。① 以高质量发展为要原则，强调绿色发展作为高质量发展导向，构建深绿产业体系，经济生态化、经济循环化、经济数字化，建设好淳安特别生态功能区。把淳安特别生态功能区看作人与自然生态共同体，在环境承载力范围内进行保护性开发建设，建设人与自然和谐共生的饮用水源保护区的"千岛湖模式"。

3. 生态惠民为要

强调生态环境是最普通的民生福祉。从千岛湖独特的水资源角度看，生态水既要惠及淳安水产业发展，又要惠及杭州市和嘉兴市等受水地区水安全。重视保护水生态环境的同时，注重发展绿色水产业。从千岛湖独特的水景观角度看，景观水既要惠及淳安旅游业，又要惠及国内外广大游客。关注美景普惠，发展生态旅游，增加居民收入的同时为国内外游客提供旅游体验。从千岛湖独特的水碳汇角度看，碳汇水既要惠及碳减排，又要汇集居民共富。让淳安县既要成为碳汇示范区，又要成为共同富裕示范区。

4. 生态补偿为特

《方案》提出构建跨流域补偿、跨区域补偿机制，考虑项目支持、转移支付、社会投入、区县协作及异地发展等多途径生态补偿。谋划重大政策、重大项目支持清单，支持落地一批战略性、引领性项目，建立饮用水源地生态补助机制。实施政府转移支付形式的生态补偿，根据"生态成本"原则明确实际补偿金额绿色发展财政奖补机制。强调纵向生态补偿，建立健全省市县三级共同投入机制。支持淳安县在杭州钱塘新区和西湖区等相关主城区、嘉兴市建设山海协作"消薄飞地"，实现互惠互利、合作共赢。加强社会资金投入，建立公益性生态保护基金。

5. 体制创新为本

《方案》聚焦改革创新推进淳安特别生态功能区建设，提出探索区域共建共保机制体制。推动深化浙皖跨省流域生态环境共建共保共享的合作，完善生态补偿与监测考核相挂钩的机制②；从淳安特别生态功能区属地单一主体责任扩大到中央、省市及兄弟省市责任。健全省市县三级生态

---

① 章湧. 淳安特别生态功能区：努力成为"绿水青山就是金山银山"理念践行引领区[J]. 杭州，2021（04）：8.

② 沈满洪，谢慧明. 跨界流域生态补偿的"新安江模式"及可持续制度安排[J]. 中国人口·资源与环境，2020，30（09）：156－163.

保护投入机制，从属地承担淳安特别生态功能区建设机制到省市县联动建设机制。支持淳安县在杭州市乃至长三角其他地区建设"飞地"①，实现"本域保护，异地发展"。强调淳安特别生态功能需要特殊的考核体系，包括生态保护考核、绿色发展考核及民生保障考核等。②

三、杭州市人大关于淳安特别生态功能区的地方立法解读

1. 更严的生态保护

《条例》提出了严格的生态保护要求。《条例》在生态环境保护方面提出了严格具体的生态环境指标要求，包括保持生态环境状况指数稳定在优、当年森林覆盖率不能低于前一年、必须保持千岛湖水质的稳定并逐步提高等。将污染排放防治标准提高到一级饮用水水源地标准，扎实做好污染排放防治工作。产业方面，推行绿色农业和生态林业，严格控制农药和化肥使用总量；提出优化工业产业结构和发展生态工业要求；市政建设污染防治方面，提出高于国家标准措施，要求船舶污水垃圾全部上岸；划定危险品禁止运输区；生产生活污水治理方面，要求逐步截污纳管。生态系统修复方面，建设千岛湖临湖生态缓冲带，实施退耕还林生态工程等。以最严执法监管，保护好千岛湖这一湖秀水。严格执行国家层面的法律，如《中华人民共和国环境保护法》《中华人民共和国水法》《中华人民共和国水污染防治法》，严格执行省级层面法规，《浙江省饮用水水源保护条例》，按照水源地保护一级标准制定农业、林业、居民生活、工业、交通等专项污染防治方案。

2. 更快的绿色发展

《条例》强调推进产业生态化与生态产业化融合发展机制，构建高效益、"零"排放的绿色低碳产业体系；建设发展生态农业，推动现代生态农业和有机农业，促进农业绿色转型，形成集约化绿色农林模式；建设发展生态工业，推进高新技术产业的发展，重点支持绿色产业发展，积极开展数字经济产业应用；以生态旅游为特色发展生态服务业，鼓励高附加值

---

① 吴志旭. "高站位、严标准、广视角"推进淳安特别生态功能区建设 [J]. 杭州，2021 (04)：32-33.

② 沈满洪. 生态文明视角下的政绩考核制度改革 [J]. 环境经济，2013 (09)：30-31.

绿色服务业的发展，推进杭州市淳安特别生态功能区生态旅游品质化、智慧化、融合化发展。产业规划方面，市人民政府将淳安特别生态功能区的产业平台纳入市级统筹布局；企业支持方面，支持符合条件的企业到淳安特别生态功能区发展；土地方面，市政府积极推进飞地经济发展；产业发展方面，市发展和改革部门编制本市产业发展导向目录，应当体现淳安特别生态功能区保护与发展的特殊需求。

3. 更强的民生保障

《条例》提出比较坚实的民生保障建设。一是谋划民生发展。杭州市通过委派入驻的形式，指导淳安县的科技、卫生、农业农村、教育、发展规划等。二是增强民生保障。杭州市政府、淳安县政府联合推出全市平均水平以上的民生保障和公共服务，统筹重大公共服务设施建设。三是助力淳安县发展。杭州市政府统筹淳安县农村劳动力转移就业，支持和帮助淳安县引进人才。最后是促进综合治理保障。加强县域数字化治理改革，市县共同提升淳安特别生态功能区的应急管理和防灾减灾救灾等综合治理能力，保障社会综合治理，实现城市管理、社会服务、社会治安融合发展。

4. 更新的制度体制

《条例》提出了特殊的制度体制保障。创新各级政府资金共同投入机制。推行市县预算制度，将淳安特别生态功能区所需经费列入当年财政预算；杭州市人民政府建立绿色奖补、强村富民、区域协作等机制；鼓励社会组织建立生态公益基金，合力推进生态产品价值实现。强调特殊支持机制，鼓励依法开展多种形式的水权交易；供水工程受益区设立飞地用于淳安县经济社会发展。创新区域考核机制，实行单列考核和差异化考核制度。强化严格监督机制，明确规定建立全域生态监测预警平台和应急指挥机制，对淳安特别生态功能区保护、开发、建设活动进行监督检查，严格生态环境执法。

四、杭州市淳安特别生态功能区设立的初衷愿景

1. 实施特别的体制机制制度

（1）创新特别的管理体制

成立"淳安特别生态功能区建设领导小组"，理顺千岛湖保护过程中错综复杂的机构职能矛盾。充分发挥"领导小组"创新管理体制作用，有序

推进淳安特别生态功能区实现特别的保护和特别的发展（经济和民生）。

（2）给予特别的财政投入

上级政策通过提供财政保障政策支持落实特别的财政投入，通过兜底工程来保障保护千岛湖生态系统健康的资金投入，从而实现特别的保护。

（3）支持特别的生态补偿

支持建立充分体现"谁受益，谁补偿""谁保护，谁受偿"原则的生态补偿制度体制，包括千岛湖引水工程的省市县政府财政转移、市场水权交易、生态保护机会成本补偿等多元生态补偿制度，从而实现特别的保护和特别的民生发展。

（4）落实特别的产业政策

在深绿产业指导、品牌效应打造、科技人才支持等方面给予特别的政策支持深绿产业发展，构建生态工业+生态服务+生态农业的深绿产业体系；探索生态产品转化机制政策、用水权–用水交易政策、碳权–碳汇交易政策、用能权–用能权交易政策，落实绿水青山的价值转化；从而落实特别的产业保护政策和特别的经济发展政策。

（5）设计特别的绩效考核指标

按照"生态优先，绿色发展"的基本原则设计考核指标，真正实施绿色政绩考核机制，把生态保护、经济发展和民生发展视作同等重要的考核指标，从而落实特别的生态保护政策和特别的发展政策。

2. 实现特别的生态环境保护

淳安特别生态功能区通过创新实施特别的体制机制制度，实现特别的生态环境保护，保护好下游居民的"大水缸"。一是保障千岛湖水质优良。深入推进千岛湖智慧管理平台建设，保障核心湖区水质全年处于Ⅱ类以上，出水口断面水质全年保持Ⅰ类。二是保持空气清新。深化"浙江省空气清新示范区"，空气优良指数稳升不降。三是森林覆盖提高。保障森林覆盖率比前一年增加，保持 GEP 持续增长。四是强化污染防治。推进全域100% 污水处理，建设入湖口生态修复湿地，实现核心湖区"零"直排。

3. 实现特别的深绿产业发展

淳安特别生态功能区通过创新实施特别的体制机制制度，实现特别的深绿产业发展，解决好经济增长与生态保护的矛盾。一是产业体系健康健全。坚持生态优先、绿色发展原则，构建低排放、高效益的绿色低碳产业体系。二是发展高附加值产业。数字赋能生态工业、高科技产业，重点发展绿色产业；科技赋能生态服务业，以生态旅游为特色发展高附加值服务业；品牌赋能有机农业，农业品牌研发加工提高附加值。三是产业结构合理。形成生态工业为龙头，生态服务业为引擎，绿色农业为基础的产业结构。

4. 实现特别的居民民生发展

淳安特别生态功能区通过创新实施特别的体制机制制度，实现特别的民生发展，协调好居民生活保障与生态保护的冲突。一是提升居民收入、提高生活质量；二是缩短城乡差距、推动共同富裕；三是加强社会保障建设、提供优质公共服务；四是提供居民满意度和获得感。

第二节　杭州市淳安特别生态功能区建设的综合评价

一、淳安特别生态功能区建设评价指标体系构建

1. 淳安特别生态功能区建设的目标指标

（1）生态环境目标指标

总体上大气质量良好、水环境健康、生物多样性丰富，各项生态环境指标符合生态健康标准，形成区域健康生态系统。具体指标表现为：千岛湖水质优良，出境断面Ⅰ类水质达标率保持100%；淳安县森林覆盖率维持在78.6%及以上水平；优良空气日达标率维持在90%及以上水平。

（2）深绿发展目标指标

整体上发展循环工业、有机农业和生态服务业为体系的深绿产业，实现生态经济化和经济生态化，打造绿色产业体系。具体表现为：经济增长快、深绿产业效益高、产业结构合理、人才和产业政策支持绿色产业发展。在水、健康工业领域、生态旅游及有机农业领域引入龙头产业，发展总部经济，通过科技、数字赋能，发展零污染排放的生态工业、农业和服务业。强化"飞地经济"建设，实现特别的绿色发展。

（3）社会民生目标指标

整体上淳安县人民人均收入逐年增加，达到杭州市平均水平的目标，人民生活质量显著提高，实现共同富裕。具体指标表现为：城乡居民收入

增加、城乡差距和区域差距缩短、优质公共服务供给、高水平的幸福感和获得感。科技服务推动民生事业发展,优质的教育水平满足高科技人才和居民的教育需求,优良的卫生、健康、社会保障服务满足居民健康和养老等需求。重视生态惠民,缩短城乡差距,实现共同富裕。

(4)制度政策目标指标

整体上深化体制机制制度改革,国家给予支持、省市政府全面负责、淳安县自身积极主动,实现千岛湖水源地保护制度改革创新。具体指标表现为,落实特别的管理体制、特别的建设投入、特别的生态补偿、特别的产业政策、特别的绩效考核。包括省市"领导小组"、生态"红线"制度创新、绿色考核制度创新、"纵横"生态补偿制度创新、"两山银行"生态产品转化制度创新、飞地经济制度创新等,从而打造中国水源地保护样本。

2. 淳安特别生态功能区建设综合评价体系设置

根据淳安特别生态功能区设立初衷愿景,将淳安特别生态功能区建设综合评价体系设置了四大类指标:生态环境保护、深绿产业发展、居民民生保障及体制机制制度,共19个具体评价指标;总分值为100分,每一类为25分,评价内容、标准和结果等具体说明详见表4-1。

第一类的四个指标是根据《考核办法》设置,包括:千岛湖水质、大气环境质量、森林覆盖率、污染治理[1],满分分值为10分、5分、5分、5分;分别评价千岛湖出水口水质、大气环境优良、森林覆盖率和污染排放情况。

第二类的五个指标是根据产业评价研究成果[2][3][4]设置,包括产业效益、产业产值、产业结构、人才支持和政策支持,每个指标满分都为5分;分别考察税收对于政府财政支撑情况、产业产值增长及总量情况、产业结构及龙头企业情况、产业人才支持情况及企业落地政策支持及营商环境情况。

---

① 评价指标来自于2022年6月2日美丽杭州建立领导小组关于淳安特别生态功能区考核办法的通知(杭美建〔2020〕14号)。

② 郭国峰,郑召锋. 我国中部六省文化产业发展绩效评价与研究 [J]. 中国工业经济,2009,261(12):76-85.

③ 张危宁,朱秀梅,柳青,等. 高技术产业集群创新绩效评价指标体系设计 [J]. 工业技术经济,2006(11):57-59+88.

④ 施琪,王玉玲. 基于超效率SBM模型的中国林业产业绩效评价研究 [J]. 中国林业经济,2022,172(01):17-23.

第三类的四个指标根据淳安特别生态功能区建设目标和民生保障建设评价研究成果设置，包括居民收入、城乡差距、社会保障建设和民生建设满意度[1][2][3]，满分分值分别为 5 分、10 分、5 分、5 分；分别考察居民收入、城乡收入差距、居民参保情况及民生建设满意度情况。

第四类的五个指标根据淳安特别生态功能区建设目标分析设置，包括：特别的管理体制，特别的投入机制，特别的生态补偿制度，生态补偿实施情况和特别的考核制度。每个指标满分都为 5 分，分别考察管理体制创新情况、共建共保机制实施情况、生态补偿制度设置、生态补偿制度实施情况和考核制度。

二、淳安特别生态功能区建设综合评价结果分析

1. 综合评价结果

一是综合评价整体情况。淳安特别生态功能区建设实现程度为 65.75%，已达到及格水平。在浙江省杭州市、淳安县等各级政府淳安县人民及努力下，淳安特别生态功能区生态保护实现程度为 100%，而深绿产业发展、淳安人民民生保障和体制机制制度实现程度分别扣了 11.25 分、11 分和 12 分，实现程度分别为 55%、56%、52%。见表 4-1。

二是生态环境保护评价。生态环境保护大项得分为 25 分，四个指标千岛湖水质、大气环境质量、森林覆盖率和污染治理得分分别为 10 分、5 分、5 分和 5 分，生态环境保护取得了满分好成绩。

三是深绿产业发展评价。产业效益、产业产值、产业结构、产业人才支持和政策支持，五个指标得分为 2 分、2.5 分、3 分、3.25 分和 3 分，指标建设实现程度分别为 40%、50%、60%、65% 和 60%。

四是居民民生保障评价。居民收入、城乡差距、社会保障建设和民生建设满意度，四个指标评价结果为 3 分、4 分、4 分、3 分，指标建设实现程度为 60%、40%、80% 和 60%。

———————————

① 耿永志. 我国民生公共服务绩效评价体系构建 [J]. 求索，2016，No. 289 (09)：37-42.

② 李实，杨一心. 面向共同富裕的基本公共服务均等化：行动逻辑与路径选择 [J]. 中国工业经济，2022，407 (02)：27-41.

③ 李实，陈基平，滕阳川. 共同富裕路上的乡村振兴：问题、挑战与建议 [J]. 兰州大学学报 (社会科学版)，2021，49 (03)：37-46.

表 4-1　杭州市淳安特别生态功能区建设实现程度评价得分表

指标类别	指标编号	指标名称	单项分值	评价内容及标准	指标实现情况	单项得分	单项指标实现比例	类别得分	类别实现比例
生态环境保护	1	千岛湖水质	10	评价内容：千岛湖出水口水质。评价标准：Ⅰ类水达标率为100%，得10分；每降低1个百分点减少0.5分。	2019—2022年出水口Ⅰ类水达标率为100%。	10	100%	25	100%
	2	大气环境质量	5	评价内容：淳安特别生态功能区大气环境优良。评价标准：优良空气日达标率等于或高于90%，得5分；达标率比90%每降低1个百分点减0.1分，最低为0分。	2019—2022年优良空气日达标率大于90%。	5	100%		
	3	森林覆盖率	5	评价内容：淳安特别生态功能区森林覆盖率。评价标准：森林覆盖率等于或高于上年水平得5分；比上年每降低1个百分点减0.1分，最低为0分。	2019—2022年森林覆盖率高于上年。	5	100%		
	4	污染治理	5	评价内容：千岛湖污染排放率。评价标准：实现临湖"零"直排得5分；污染排放每增加一个百分点减0.5分，最低为0分。	2019—2022年实现了临湖"零"直排。	5	100%		
深绿产业发展	5	产业效益	5	评价内容：考察淳安县税收对于政府财政支撑情况。评价标准：税收收入为政府财政各预算支出的100%，得5分；为99%-75%，得4分；为74%-50%，得3分；为49%-25%，得2分；为24%-10%，得1分；为10%以下，得0分。	2019—2022年淳安县税收收入占财政支出比例分别为28.29%、27.16%和29.64%。	2.5	50%	13.75	55%

续表

指标类别	指标编号	指标名称	单项分值	评价内容及标准	指标实现情况	单项得分	单项指标实现比例	类别得分	类别实现比例
深绿产业发展	6	产业产值	5	评价内容：考察淳安县产业产值增长及总量情况。评价标准：产业产值高于山区26县平均水平，三次产业增加值增加，同时三次产业增加值增加，得5分；产业产值增加，得4分；产业产值和三次产业增加值增加但三次产业增加值增加有一个呈现下降趋势，得3分；产业产值增加但三次产业增加值保持上年水平，得2分；产业产值保持上年水平，得1分；产业产值逐年下降，得0分。	2010年和2020年，淳安县产业产值高于山区26县平均水平，但三次产业增加值呈现下降趋势；2021年和2022年产业产值总体水平和三次产业增加值都呈现增加趋势。	2.33	46.6%		
	7	产业结构	5	评价内容：考察淳安县产业结构及龙头企业情况。评价标准：有5家及以上龙头企业，产业结构为二三一，得5分；有2-4家龙头企业，产业结构为二三一，得4分；有1-2家龙头企业，产业结构为三二一，得3分；没有龙头企业，产业结构为三二一，得2分；龙头企业，产业结构为三二一，得1分；没有龙头企业，产业结构为三二一，得0分。	自淳安特别生态功能有2家龙头企业，产业结构为三二一。	3	60%	13.33	53.32%
	8	人才支持	5	评价内容：考察淳安县人才政策并开展人才培训及引进工作。评价标准：设置人才培训及引进工作，从业人员本科以上人才比例都比上年增加，开展人才政策并引入工作，得5分；设置人才政策并开展人才培训及引入工作，得4分；进行人才培训工作，得3分；仅进行人才培训工作，得2分；仅设置人才引入工作，得1分；没有开展人才培训和引入工作，得0分。	2019—2021年，从业人员呈现减少趋势，2022年本科比例增高；设置了人才政策并积极开展人才培训及引入工作。	3.25	65%		

续表

指标类别	指标编号	指标名称	单项分值	评价内容及标准	指标实现情况	单项得分	单项指标实现比例	类别得分	类别实现比例
深绿产业发展	9	政策支持	5	评价内容：主要考察企业落地深绿政策支持及营商环境情况。评价标准：政策完全满足深绿企业的落地要求、营商环境处于杭州市区县前列，得5分；政策基本满足深绿企业的落地要求、营商环境良好，得4分；政策部分满足深绿企业的落地要求、营商环境较差，得3分；政策很小部分满足深绿企业的落地要求、营商环境差，得2分；政策完全不能满足深绿企业的落地要求，得1分。	淳安县产业政策在工业用地审批和污染排放标准政策等方面存在深绿企业落地困难的现象，政策部分满足深绿企业的落地要求，营商环境较差。	3	60%	13.33	53.32%
	10	居民收入	5	评价内容：考察淳安县居民收入。评价标准：居民收入处于杭州市前列，得5分；居民收入处于山区26县前5名，得4分；居民收入逐年增长且处于山区26县平均水平为3分；居民收入逐年增长，得2分；居民收入保持上年水平，得1分；居民收入比上年下降，得0分。	2019—2022年居民收入逐年增长，处于山区26县平均水平。	3	60%		
居民民生保障	11	城乡差距	10	评价内容：考察淳安县城乡居民差距。评价标准：城乡差距为0，得10分；城乡差距较小，处于全国前列列水平，得9分；城乡差距小，处于浙江省前列列水平，得8分；城乡差距不大，处于杭州市前列水平，得7分；城乡差距小，处于杭州市平均水平，得6分；城乡差距逐年缩小，处于山区26县前列水平，得5分；城乡差距逐年缩小，并处于山区26县平均水平，得4分；城乡差距逐年缩小，低于山区26县平均水平，得3分；城乡差距保持不变，得2分；城乡差距逐年缩小，得1分；城乡差距加大，得0分。	2019—2022年城乡居民收入差距逐年缩小，处于山区26县平均水平。	4	40%	14	56%

续表

指标类别	指标编号	指标名称	单项分值	评价内容及标准	指标实现情况	单项得分	单项指标实现比例	类别得分	类别实现比例
居民民生保障	12	社会保障建设	5	评价内容：考察居民社会保障参保情况，主要包括养老和医疗保险参保率。评价标准：淳安县民养老和医疗参保率为100%，得5分；99%-90%，得4分；89-80%，得3分；79%-70%，得2分；69%-60%，得1分；60%以下，得0分。	2019—2022年淳安县居民各类养老和医疗参保率分别为99.00%，99.55%，99.40%，都在90%以上。	4	80%	14	56%
	13	民生建设满意度	5	评价内容：考察淳安县居民对生活获得感、幸福感的满意度。评价标准：淳安县居民生活获得感和幸福感的满意度非常高，得5分；比较高，得4分；一般得3分；比较不满意得2分；不满意，得1分；非常不满意，得0分。	淳安县居民生态环境满意度高，而收入满意度低，总体满意度处于一般状态。	3	60%		
机制体制制度	14	特别的管理体制	5	评价内容：考察淳安特别生态功能区的管理体制创新情况。评价标准：设置市级特别生态功能区管理体制，直接开展管理工作，出台相应法规，得5分；设置市级特别生态功能区管委会管理职能，市县共同承担管理职能，出台相应法规，得4分；设置市级特别生态功能区管委会管理职能，统筹协调淳安县政府为建设主体，出台相应法规，得3分；设置特别生态功能区普通县区管理体制，发挥协助建设职能，得2分；设置市级别生态功能区管委会管理体制，得1分；没有设置任何特殊的体制，得0分。	明确了杭州市政府的宏观统筹管理职责，淳安特别生态功能区管理委员会的协调职责。淳安县政府承担日常工作，是淳安特别生态功能区保护与发展的责任主体。出台《杭州市淳安特别生态功能区条例》。	3	60%	13	52%

续表

指标类别	指标编号	指标名称	单项分值	评价内容及标准	指标实现情况	单项得分	单项指标实现比例	类别得分	类别实现比例
	15	特别的投入机制	5	评价内容：考察淳安特别生态功能区的共建共保机制实施情况。评价标准：有国家、省、市、县及受益地区共建共保机制，给予足够的建设经费和相关政策支持，得5分；有省、市、县及受益地区共建共保机制，给予环境保护与经济发展协调的政策支持，得4分；有省、市、县及受益地区共建共保机制，得3分；有市、县及受益地区共建共保机制，得2分；有县市共建共保机制，得1分；没有共建共保机制，得0分。	淳安特别生态功能区有省、市、县及受益地区共建共保机制。	3	60%		
机制体制制度	16	特别的生态补偿制度	5	评价内容：考察生态补偿制度设置情况。评价标准：以市场补偿机制、国家、省多级政府财政转移支付为主，得5分；国家、省、市多级政府财政转移支付和市场生态补偿机制各占50%，得4分；以省市政府的生态补偿机制为主、市场为辅的生态补偿机制，得3分；省、市政府财政转移支付的生态补偿机制，得2分；省政府财政转移支付的生态补偿机制得1分；没有生态补偿机制，得0分。	淳安特别生态功能区实施的是以省政府为主、市场为辅的生态补偿机制。	3	60%	13	52%
	17	特别的生态补偿制度实施	5	评价内容：考察生态补偿制度实施情况。评价标准：生态补偿金额完全满足环境保护支出，得5分；生态补偿金额占环境保护支出的80%以上得，4分；生态补偿金额占环境保护支出的60%以上，3分；生态补偿金额占环境保护支出的40%以上得，2分；生态补偿金额占环境保护支出的20%以上，得1分；生态补偿金额占环境保护支出的20%以下，得0分。	根据调研数据表明，生态补偿金额占环境保护支出的40%以上。	2	40%		

续表

指标类别	指标编号	指标名称	单项分值	评价内容及标准	指标实现情况	单项得分	单项指标实现比例	类别得分	类别实现比例
机制体制制度	18	特别的考核制度	5	评价内容：考察淳安特别生态功能区考核制度。评价标准：仅针对淳安特别生态功能区进行考核，得5分；除淳安特别生态功能区考核之外，还要参加其他类型生态环境保护功能的指标弱化考核的指标，得3分；同其他县区一起考核，参加部分经济发展考核，得2分；同其他县区一起考核，除淳安特别生态功能区考核之外还要参加所有其他各类经济发展考核，得1分；没有特别的考核制度，得0分。	同其他县区一起考核，设置突出水源地保护功能指标，参加山区26县高质量发展考核。	2	40%	13	52%
合计			100		得分	65.75	65.75%	65.75	65.75%

注明：1—13指标单项得分是三年均值，14—18是三年综合值。

数据来源：杭州市生态功能区管委会、淳安县政府、淳安县统计局、淳安县生态环境分局、淳安县农业农村局、淳安县规划与自然资源局、淳安县生态产业局、淳安县发改局、淳安县文广旅体局、淳安县农发集团、淳安经济开发区管委会及实地调研获取数据等。

五是体制机制制度评价。特别的管理体制、特别的投入机制、特别的生态补偿制度、特别的生态补偿制度实施、特别的考核制度，五个指标得分为3分、3分、3分、2分、2分，实现程度分别为60%、60%、60%、40%和40%。

综合评价结果来看，生态环境保护目标完全实现；而深绿产业发展、淳安人民民生保障和体制机制制度实现程度有待提高。

2. 生态环境保护

在淳安县全体人民及省市县各级政府的全力保护下，四个二类指标得分都为满分，实现比例为100%。具体表现为以下几个方面：

一是水质好。2019—2022年千岛湖出水口Ⅰ类水达标率为100%（见表4-2）。2019—2022年千岛湖内60%监测断面水质达Ⅰ类水；全部为Ⅱ类水以上；2022年国控断面水质除小金山为Ⅱ类水，其余全部为Ⅰ类水；2019—2022年市控断面密山全部为Ⅰ类水。2022年市控以上断面水质优良率、功能区达标率为100%。千岛湖在全国61个重点水库中走在前列。① 二是空气优。2019—2022年淳安县优良空气达标率全部大于90%，分别为92.30%、96.20%、97.00%、98.4%（见表4-2）。三是森林覆盖率逐年增加。2019—2022年淳安县森林覆盖率分别为76.86%、76.89%、78.67%和78.68%（78.68%是根据造林面积推算），保持比上年增加趋势，指标得满分；2019—2022年淳安县森林覆盖率比上年分别增加0.02%、0.03%、1.78%和0.01%（见表4-2），实现了《条例》中生态环境保护中森林覆盖率目标。四是实现零直排。2019—2022年，千岛湖临湖直排率都达到0，指标得满分。

表4-2　　淳安特别生态功能区生态环境保护指标评价结果

指标	2019		2020		2021		2022	
千岛湖出水口一类水达标率/%	100.00		100.00		100.00		100.00	
优良空气日达标率/%	92.30		96.20		97.00		98.40	
森林覆盖率/%	76.86	增量：0.02	76.89	增量：0.03	78.67	增量：1.78	78.68	增量：0.01
千岛湖临湖直排率/%	0		0		0		0	

① 方文华，余传冠，兰佳. 千岛湖"十三五"期间水质监测分析［J］. 中国资源综合利用，2022，40（03）：153-155.

3. 深绿产业发展

一是深绿产业发展实现程度不高。深绿产业发展类别得分为 13.75 分，实现比例为 55.00%（见表 4 - 2）。产业效益、产业产值两个指标实现比例低于 60%。产业结构、人才支持和政策支持三个指标也仅为 60%；可见，此指标实现程度不高。

二是深绿产业体系还未形成。税收贡献率低：2019—2022 年淳安县税收收入占财政支出比例分别为 28.29%，27.16%、29.66% 和 29.64%；产业附加值低：生态农业规模小、科技含量少导致附加值低，生态旅游发展规模大，但高附加值生态服务业态少。

三是深绿产业发展状态不佳。工业产值下降：千岛湖成为真实水源地之后，生态保护标准大大提高，工业发展空间小，2019—2020 年工业产值呈现下降趋势。产业结构不合理：2019—2022 年淳安产业结构呈现三一二，属于典型的二产发育不充分的县域。①

四是深绿产业营商环境较差。科技人才缺乏、政策稳定性差，导致深绿产业项目落地难。截至 2022 年 6 月，千岛湖高铁新区生态工业园利用率仅 10%，高端康美企业仅一家。

4. 居民民生保障

第一，居民民生保障指标实现比例不高。类别实现比例为 56%，城乡差距指标实现比例最低为 40%，居民收入和民生建设满意度指标实现比例为 60%，社会保障建设指标实现比例最高，为 80%。

第二，居民收入指标实现并不理想。为从绝对值上看，居民收入呈现增加趋势，但相对排位低。2019—2022 年淳安县全体居民人均可支配收入分别为 34065.0 元、35725.0 元、35383 元和 37506 元。2019 年在浙江省山区 26 县中居第 17 位，2021 年居第 18 位。从增长速度上看，居民收入增速落后。2019 年淳安县全体居民人均可支配收入增速为 6.50%，在浙江省山区 26 县居第 11 位；2021 年淳安县全体居民人均可支配收入增速居第 21 位，下降了 10 位。

第三，城乡差距指标实现率较低。淳安县城乡差距缩小，2019—2022 年淳安城乡居民可支配收入比值为 2.23、2.18、2.15、2.11；但是全体

---

① 按照户籍人口计算，2021 年淳安县人均 GDP 还不到 8000 美元，处于工业化阶段，比较合理情况是二三一的产业结构同时第二产业呈现增加趋势，才能保障区域健康发展。

居民人均可支配收入与周边邻县的差距拉大，在浙江省山区 26 县中的排名逐年落后；主要原因是居民工资性收入增长幅度小。

第四，社会保障建设效果明显。浙江省每年给予淳安县 1.5 亿元的社会保障建设资金，进行卫生医疗等社会保障支出。2021 年淳安县社会保障支出比上年增长 17.7%。2019—2022 年淳安县社会保障综合参保率分别为 99.00%、99.55%、99.35%、99.61%（根据工伤参保人数推算），接近 100%。

第五，民生满意度有待提高。居民满意度是对民生保障建设最好的诠释。课题组通过实地调研发现：整体上城乡居民对生态环境非常满意，对养老和医疗保险建设满意，而对医疗教育水平不满意，对就业和增收比较不满意；农村居民在增收方面很不满意。

5. 体制机制制度

第一，体制机制制度指标整体上实现比例低。实现比例仅为 52%，是五个一类指标实现率最低的，特别的生态补偿制度实施和特别的考核制度实现率仅为 40%，在所有指标中最低。

第二，特别的管理体制没有实现。虽然组建了杭州市淳安特别生态功能区领导小组，杭州市党政一把手任领导小组组长，但是这个制度的实施效果不佳。根据课题组调研访谈结果显示，三年来"领导小组"未召开淳安特别生态功能区建设专题性部署会议。

第三，特别的投入机制落实不够。仅在《条例》中提出了建设"各级政府资金共同投入机制"，但浙江省给予淳安县的是常规绿色大预算资金，杭州市给予淳安县的仅是饮水的生态补偿，而嘉兴市引水仅与杭州市签到协议，因此实际上并没有建立其特别的投入机制。

第四，特别的生态补偿完全程度低。虽然实施了生态补偿制度，每年杭州市给予淳安县 5 亿元的财政转移支付，这远不足以支撑千岛湖生态保护投入（2021 年生态保护投入近 70 亿元）。[①] 但是按照淳安特别生态功能区设置初衷，特别的生态补偿制度是根据"生态成本"原则明确实际补偿金额。2019 年以来生态补偿制度依然是政府财政转移为主，其他机制较少，没有落实"特别补偿"机制。

第五，特别的考核制度没有落实。一方面考核体系不够特别：淳安县

---

① 2022 年 7 月 20 日中共淳安县委座谈会。

作不但要参加美丽杭州建设领导小组印发的《淳安特别生态功能区考核办法》，还要与其他县区一样参加部分经济发展考核，比如《杭州市的年度综合考评》《浙江省山区 26 县跨越式高质量发展实绩考核》等考核体系。另一方面考核指标不够"特别"：《淳安特别生态功能区考核办法》中生态环境保护指标主要针对淳安县生态保护，缺少共建共保机制考核指标；高质量发展考核指标依然是传统经济指标比如第三产业增加值、城市化率等，缺乏绿色发展考核指标。

三、淳安特别生态功能区建设目标落实差距分析

1. 特别的保护落实非常好，但依然不能放松

第一，生态环境保护指标全面实现。淳安县生态保护意识深入人心，从领导干部到普通民众，高站位、严要求的执行各级各类生态保护法规行动等。保持淳安县的生态环境状况指数稳定在优，千岛湖出水口水质常年保持 I 类水、空气优良日全年 90% 以上、森林覆盖率保持 76.86 以上并逐步提升；污染防治给力，实现全面零直排。

第二，千岛湖生态环境监测系统及预警机制初步建立。在浙江省政府和杭州市政府的支持下，淳安县建立了生态环境监测中心。现已完成智慧环保平台建设，建成覆盖全面的千岛湖断面水质时时监测功能，建立了全省首个县级藻类监测实验室，包括 12 条流域水质自动监测站和湖区藻类监测系统。初步建成千岛湖生态监测及预警系统，实现时时监测水质及其异常报警机制，为千岛湖水质突发异常提供应急管理信息。

第三，千岛湖水质恶化风险尚存。一方面，千岛湖库区内生活着安徽省和浙江省的 200 多万人口，水质污染风险始终存在；另一方面，千岛湖是人工湖泊，存在自然老化现象，随着时间的延长生态风险在加大。从监测结果看，千岛湖的氨氮指标控制平稳，但是总磷、富营养化指标呈现缓慢上升趋势。

2. 特别的发展落实不到位，亟须发展突破

一是经济发展上，头上"紧箍咒"、身上"一根绳"，束缚发展手脚。淳安特别生态功能区设立目的就是要解决保护与发展的矛盾。但是实际实施过程中，它宛如一个紧箍咒，让领导干部不敢谈发展。千岛湖成为真实水源地之后，各种刚性红线加身，比如《千岛湖国家森

林公园总体规划（修编）》《淳安县环境功能区划》《淳安县水土保持功能区规划》①《浙江省生态保护红线》② 等，就像缠在淳安特别生态功能区身上的一根绳子，束缚了淳安县发展手脚。100% 的陆域面积在水源地保护区内，87% 的土地都在生态保护红线之内，淳安县"特别的发展"很难实现。

二是深绿产业体系尚未完全建立。淳安县生态农业规模小、加工程度低、品牌效应未形成，导致其附加值不高。比如白马地瓜干品质好但由于生产规模小未打响品牌。生态工业单一、深绿工业目录不明、科技产业引入不足，导致生态工业发展缓慢。生态旅游规模大但是高附加值的生态服务业态很少，导致生态旅游带动能力弱，深绿产业链尚未形成。

三是民生建设上，隐形移民转向显性移民，共富之路漫长。千岛湖临湖地带整治及淳安特别生态功能区生态保护任务，让淳安县居民生存空间受限。2019 年以来淳安县人口外流严重。截至 2022 年 6 月，根据防疫疫苗接种人数统计，淳安县常住居民从 2019 年的 32 万人减少到 29 万人③，远少于户籍人口 46 万人。淳安县隐形移民已转为显性移民。

3. 特别的体制创新不够，亟待创新突破

第一，特别的管理体制落实不到位。淳安特别生态功能区设置后，成立了市领导为组长的淳安特别生态功能区"领导小组"，从形式上创新了管理体制。但是近三年来淳安特别生态功能区建设依然是淳安县作为责任主体进行，"领导小组"很少召开过淳安特别生态功能区实质性建设部署相关会议，导致淳安县特别生态功能区特别的管理体制落实不到位。

第二，特别的生态补偿实现程度不够。淳安特别生态功能区生态补偿依然是政府转移支付，没有按照根据"生态成本"原则明确实际补偿金额。主要分三个部分：第一部分是直接财政转移支付，每年杭州市给予淳安县 5 亿元；第二部分是水环境保护绿色奖补资金，大约每年 6 亿元；第三部分是大绿色预算支出，每年大约 5 亿元；总体上大约每年实际有 16

① 杨小萍，孙伟，孙加凤，等．浙江省淳安县域总体规划中的全域景区化探索［C］//．规划 60 年：成就与挑战——2016 中国城市规划年会论文集（09 城市总体规划），2016：261 - 270.
② 詹立明．淳安县生态保护红线评估调整探讨［J］．华东森林经理，2020，34（S1）：91 - 93 + 98.
③ 2022 年 7 月 20 日中共淳安县委座谈会。

亿元财政补贴和支持。淳安县生态保护支出每年远远超过这个金额,因此亟须落实特别的生态补偿制度。

第三,特别的投入机制落实不够。《条例》明确提出"建立淳安特别生态功能区各级政府资金共同投入机制",给予淳安县生态保护和高质量发展的足够建设经费和相关政策支持。浙江省设立绿色奖补资金大约 5 亿元,但是杭州市和嘉兴市并没有给予相关的建设经费,同时"飞地经济"政策支撑力度不够,需要建立共建共保机制相关法规条例。

第四,特别的产业政策不足。绿色发展进展缓慢,"两山银行"项目以政府为主,市场化艰难,以水为主的产业附加值较低,高附加值、高科技的产业还未建立。无论是《条例》还是《方案》都没给出明确的深绿产业发展政策指导,亟须出台绿色产业发展的产业政策。

第五,特别的考核制度建设不到位。2022 年美丽杭州建设领导小组印发的《淳安特别生态功能区考核办法》前三个模块都是生态环保方面的考核,比如国家控制断面达到国家考核标准、千岛湖营养状态指数等,共 14 个指标;高质量发展考核指标仅 5 个指标。高质量发展指标中除绿色优质农产品比例之外,其他四个指标依然是传统经济社会考核指标,包括第三产业增加值占比、城市化率、城乡公交一体化率等。可见,淳安特别生态功能区考核重视保护而缺少绿色发展机制,特别的考核制度没有落实,亟须改革创新。

第三节 杭州市淳安特别生态功能区建设 目标落实差距原因

一、对习近平生态文明思想理解不到位导致"只讲保护不讲发展"

1. 不搞大开发理解为不开发

在淳安特别生态功能区建设过程中有两种片面认识。一种是通过限制淳安县发展实现保护目标。主要是采用限制策略或飞地迁移政策,形成

"隐性移民"和"显性移民"效果，减少淳安县人口活动规模。另一种是依靠财政转移支付保障淳安县人民民生，只要发挥千岛湖生态保护功能。两种认识都是把不搞大开发片面理解为不开发。习近平总书记关于"共抓大保护，不搞大开发"的重要论述的思想实质是既要生态保护又要高质量发展。淳安特别生态功能区尤其是浙江省和杭州市领导干部必须从根源上认识到生态环境保护与经济社会发展的辩证关系，通过科技力量、人的能动性等杠杆突破传统生态与经济矛盾，实现"保护中开发，开发中保护"的良性互动。

2. "生态优先、绿色发展"错误理解"不发展"

一是考核中表现出关注生态而忽视发展。2022年6月出台的《考核办法》指标体系分四大模块：生态环境质量、污染防治与环境治理、生态投入与两山转换和高质量发展，共19个指标，高质量发展指标仅5个。

二是保护行动中表现为关注生态而忽视发展。淳安特别生态功能区建设过程有非常明晰的生态保护行动：彻底贯彻"零"直接排放工程，污染全部上岸处理；实施城市污水集中处理和净化湿地工程；实施农村污水就地处理工程等。但是其发展战略方向、产业发展政策等都不明朗。相比发展，更加关注生态保护。

三是千岛湖临湖地带综合整治中重视生态保护而忽略了发展需求。从省市到县都非常重视整治工程推进，召开党委常委会、政府专题会议进行研究部署；淳安县委县政府把临湖地带违规建设整改工作全面提升综合整治行动，不但拆除违规建设而且进行了生态修复工作；整治效果受到国家省市的肯定，成为全国模范。关于整治工程中涉及的经济损失和发展负面效应关注度较小。整治工程累计拆除建筑面积38.85万平方米，58宗已出让未建设土地全部退出，涉及赔偿金额巨大，这些资金来源还未完全确定。淳安县2019年GDP呈现负增长，从业人数骤降，在山区26县中排位下降。这些需要引起足够的重视。

3. 高质量发展理解为经济发展

"共抓大保护，不搞大开发"中的"不搞大开发"不是不开发、不发展，而是在生态保护优先的基础上正确处理好生态与发展之间的关系，进行生态与经济协调的高质量发展。淳安特别生态功能区在建设过程中把高质量发展片面理解为经济发展。一方面，用传统经济生产方式思维理解高质量发展，片面认为发展肯定破坏环境；把农产品加工和企业生产直接和

破坏环境联系起来。另一方面《考核办法》指标中高质量发展内涵体现
不足，把高质量发展作为经济发展的片面理解。《考核办法》中高质量发
展共五个指标，分别为第三产业增加值、城市化率、淳安县居民人均可支
配收入占全省平均之比、城乡公交一体化率及绿色优质农产品比例。这些
指标依然是以经济发展指标为主，缺少高质量发展政策及实施绩效考核方
面的指标。

二、多张规划"束缚发展手脚"难以实现"一张蓝图绘到底"

1. 多张规划不一致导致项目落地困难

淳安特别生态功能区既是县域又是国家风景名胜区，既是水源地又是
山区林区，承担多种功能，存在多张规划。每张规划都有其历史背景和独
特的任务所在。2006 年国家出台的《风景名胜区条例》目的是有效保护
和合理利用风景名胜资源，关注风景名胜区的功能结构和空间布局；2017
年修订的《中华人民共和国水污染防治法》；防治水污染、保护水生态、
保障饮用水安全，关注水资源保护、水生态环境保护；2018 年制定的
《浙江省生态保护红线》目的是维持生态功能，关注生物多样性维护、水
源涵养和水土保持。每张规划主管部门不同，出现同一块地多头管理，比
如《水污染防治法》把淳安陆地面积 100% 划到饮用水水源保护区，
80.13% 的县域国土面积都位于浙江省生态保护红线之内。由于规划的不
衔接、多头管理的问题，出现了如各类规划布局和项目不统一、规划审批
难、企业和项目落地难等问题。

2. 多张规划不一致导致发展空间破碎化

一是多张规划不一致导致土地供给困难，土地不够用是典型的"淳
安式烦恼"，比如王阜乡 168 平方千米的乡域面积，只有 6.2 平方千米可
开发的空间，而且分布分散。二是多张规划将淳安县域空间切分的支离破
碎。500 亩以上的生态工业空间并不多见，从而导致淳安县发展空间碎片
化。三是空间碎片化导致规模效应和集聚效应差。由于发展空间小，产业
分布不集中，基础设施成本增加，规模效应和集聚效应差。

3. 多张规划不一致导致"一地多嫁"的发展限制

多张规划不协调导致"一地多嫁"是普遍存在的问题。但是，对于
约 80.13% 的区域在生态红线内的淳安县而言，多规不合一导致绿色发展

难上加难。淳安县原有 12 项规划和 1 条新安江水库（淳安段）108 米高程管理和保护范围线，涉及 7 个部门，新一轮的"三区三线"划定意味着总体规划已融合，但部分专项规划还没有紧跟总体规划步伐进行融合，依然存在涉及 4 个部门的 7 条刚性红线（生态红线、基本农田、水功能区水环境功能区调整方案、公益林区划、风景名胜区总体规划、自然保护地、新安江水库（淳安段）108 米高程管理和保护范围线），多条红线叠加导致项目建设规划审批难、项目落地难等一系列问题，并由此造成企业数量少、类型少，出现产业融合难问题。由于时间和历史原因，多张规划制定过程中全面统筹难度极大，存在空间破碎化和层层限制，"一张蓝图绘到底"存在难度。

三、体制机制制度创新性不够导致依然是"旧瓶装新酒"

1. 管理体制机制上与设立前变化不大

淳安特别生态功能区设立前后，在管理体制上并没有实质性的变化，依然是淳安县进行管理。虽然设置了市领导作为组长的"领导小组"，但是没有启动实质性的建设部署工作。

2. 投入机制上与设立前相比创新不够

虽然《条例》里明确提出建立各级政府共同投入机制及《方案》中明确提出区域共建共保机制，但是实际中除生态补偿之外，淳安特别生态功能区建设依然是依靠淳安县财政投入。

3. 生态补偿上与设立前相比创新不足

按照淳安特别生态功能区设置初衷，特别的生态补偿制度是根据"生态成本"原则明确实际补偿金额。2019 年以来生态补偿制度依然是政府财政转移为主，其他机制较少，没有实现特别二字。

4. 考核制度上与设立前相比不够特别

一是考核体系不够特别。淳安特别生态功能区不但要参加《考核办法》，而且还要参加其他经济类考核比如《杭州市的年度综合考评》。二是考核指标不够特别。缺少共建共保机制考核指标，高质量发展考核指标依然是传统经济指标比如第三产业增加值、城市化率等。三是考核方式不够特别。考核方式传统，缺少实际建设过程指标，比如环境体验、生态保护精神等。

5. 对淳安特别生态功能区建设创新支持不够

自 2019 年 9 月省委批复设立淳安特别生态功能区以来，淳安县使命光荣、责任重大，在保护和发展协调高质量发展上探路前行，经济社会发展成效彰显。但经过三年多的建设，还是有很多当初设定的目标任务没有完成。究其原因，既有淳安县自身在发展理念与实践上的不足，更有浙江省和杭州市对淳安特别生态功能区建设在认识上的偏差和不足，部分干部认为淳安县只要保护好生态，发展无足轻重，所以才导致特别生态功能区建设预期的目标很难顺利达成。比方说在绿色发展上的水权、碳汇等生态产品价值实现需国家和省市层面的顶层创新探索，需要自上而下，但收效甚微。

四、"重生态、轻发展"认识导致"生态趋稳而经济下滑"

1. "重生态、轻发展"的认识

一是对淳安县发展认识不统一，存在"重生态、轻发展"的偏差认识。生态保护被认为是千岛湖的"自然责任"，简单化认为生态保护好了，其他都好了。有些干部一看到"产业发展"就感到有压力，遇到环境审批项目经常叫停。二是在发展上患得患失。淳安县开发空间小，让部分领导干部产生发展的畏难思想。淳安县 87% 的土地都在生态保护红线之内，没有大片土地进行开发，加上审批程序复杂，让部分领导干部认为开发非常困难。三是在发展上有不敢作为。调研发现：只要没有明文规定的事情一概不做；只要没有文件直接指明可以开发建设的土地一律不开发。有的项目因环境准入门槛高导致企业落地难，有的项目因优惠政策力度小及严格的生态保护政策而很难落地。这给淳安特别生态功能区建设带来很大影响，导致深绿产业发展目标实现程度较低。

2. "守着金山受穷"的困境

淳安县属于"八山半田分半水"。"绿水青山"是淳安县的独特优势。生态产品价值实现主要局限于生态补偿机制，实现方式过于单一；用水权交易、排污权交易、用能权交易、碳排放权交易、碳汇交易等市场手段总体上尚未正常运行，只是处于试点探索阶段；利用生态优势发展生态产业，主要局限于生态农业和生态旅游业，生态农业的品牌化不足导致附加值低，生态旅游业的深度开发不足导致增税增收效应弱，生态工业发展受阻导致税源经济严重不足，劳动就业难导致人口外迁。

3. "两山"转化机制创新不足

淳安县拥有十分丰富的自然资源，但是生态资源价值转化机制创新不足。主要体现两个方面。一方面上级对淳安县"两山"转化支持不足。水权交易、碳权交易、碳汇项目等这些"两山"转化机制在淳安县都还没有实现，而这些转化机制都需要上面各级政府的支持。另一方面对生态资源价值认识不足。在推进生态产品价值实现的过程中，只看到经济发展与生态环境保护的矛盾，没有通过劳动智慧把"无"市场变"有"市场，实现"绿水青山"到"金山银山"的转化。

第四节　杭州市淳安特别生态功能区建设对策建议

一、一张蓝图："一红线＋两清单＋三统一"实现"一张蓝图绘到底"

1. 以生态红线为主归总为一条红线

科学评价淳安特别生态功能区环境承载力，编制《淳安特别生态功能区生态保护红线》，争取国家、省市层面给予淳安县特别政策支持，把《永久基本农田》《浙江省生态保护红线》《国家一级生态公益林》《一级水源保护区》《二级水源保护区》《自然保护地》《二江一湖自然风景名胜区》《水库管理区》八条刚性红线归总为一条生态资源空间红线标准，实现"多线合一"。

2. 以环境容量为基础列出两张清单

精确测度淳安特别生态功能区环境容量，编制包括水、大气、土壤和生物的综合环境容量规划，形成控制单元整体规划，精确布局环境容量。在环境容量规划下、省市指导下继续精准淳安特别生态功能区生态保护负面清单和淳安特别生态功能区产业准入正面清单，精确淳安特别生态功能区绿色产业指导目录，构建深绿产业发展体系。

3. "统一行动"绘好一张规划蓝图

推动争取国家层面设立千岛湖保护协调机构，统筹协调跨省际流域生态保护和环境治理重大问题，有序推进"多规合一"。继续发挥浙江省顶层设计作用，加强淳安特别生态功能区管委会工作职责，做好管委会的考核工作。引导杭州市和嘉兴市等水资源受益地区落实好对水源地保护的物质、人力财力及精神等方面支持。淳安县发挥自身能动性，逐步完善和建立用水权、用能权和碳汇等交易市场，立足淳安特色，积极探索生态保护与绿色发展协调之路，落实好生态保护优先、绿色发展行动。

二、一项机制："一考核＋双补偿＋多责任"建立区域共建共保机制

1. 建立唯一绿色考核制度

取消淳安县作为浙江省县区的其他考核制度，以生态保护、深绿发展、民生保障和体制机制为主线，构建淳安特别生态功能区特别考核制度，作为唯一绿色考核制度。弱化传统经济考核指标，不再把 GDP 指标作为政府考核绩效指标；强化生态系统价值总值考核，重视生态环境及生态保护的科技管理水平考核，将水质、大气、森林、土壤、生物等自然要素保护纳入考核体系；强调深绿发展，将深绿产业效益、政策支持、科技人才支持纳入考核体系；注重民生保障，将生活保障、共同富裕、教育和社会保障纳入考核体系；创新体制机制考核，将体制改革、制度创新、机制完善等纳入考核体系。

2. 实施双重生态补偿制度

构建政府—企业—居民之间全矩阵多元生态补偿机制。深化实施政府财政转移支付形式的生态补偿制度，根据生态保护成本和发展机会成本综合核算生态补偿金额，多种形式的进行生态补偿比如水源涵养补偿、生态保护成本补偿等，加大绿色奖补额度，激励生态保护行为。探索市场为主的流域生态补偿制度，按照"谁受益，谁补偿""谁保护，谁受偿"原则，推动用水权交易实现水生态补偿。

3. 明确多级政府责任

明确国家对淳安特别生态功能区建设的顶层设计指导作用，建立千岛湖协调机构。明确浙江省对淳安特别生态功能区建设的顶层设计作用，发

挥直接领导作用。明确杭州市淳安特别生态功能区管委会的建设责任，密切关注淳安特别生态功能区建设，定期召开相关工作会议。明确淳安县建设主体责任，深刻认识到生态保护与高质量发展是可以并行的，在严格保护生态基础上积极主动寻求发展道路。

三、一套系统：完善监测—预警—管理智慧系统巩固生态环境保护成果

1. 加强千岛湖水生态水环境水资源研究

根据国际经验，千岛湖已经属于高龄人工湖。要高度重视高龄湖泊的水体富营养化等问题。千岛湖的生态环境保护是跨界合作，上游的经济社会活动对来水水质有较大影响。加强千岛湖水生态水环境水资源研究是防患于未然的必然要求。一是借助杭黄毗邻区块生态文化旅游合作先行区建设，积极支持淳安县与上游黄山市歙县的多方合作，与上游协商签订在生态旅游、水环境保护方面的"共赢共保方案"，杭州市协助淳安县为上游旅游发展提供经验和帮助，呼吁上游通过改变新安江两岸农转林的用地模式进一步提高来水的水质，减轻千岛湖水质保护压力。二是设立研究机构，启动新安江水库"老龄化"对水质影响研究。加强对新安江和千岛湖水质监测和预警体系的建设，做到异常信息及时发现、及时处置。三是逐步推进数字千岛湖、数字新安江建设的信息公开实现水数据的共享，为国内其他地区提供数智赋能样本。

2. 继续加强水生态环境监测体系建设

加强水生态环境监测体系建设。完善卫星遥感、空中无人机、远程视频及地面人员组成的"星—空—地"三位一体化的重要水环境动态监测体系。深化水环境质量监测评价。实时、连续、动态地进行千岛湖生态环境监测和定量分析，实时监控千岛湖水质情况、生物活动、污染情况等。数字赋能建立智慧化千岛湖平台，提升水环境监测预警和水污染溯源能力。

3. 健全完善生态环境预警系统

研发基于环境"三水"共治技术的水体生物多样性监测分析系统。加强多介质自动采样技术，在最新生态环境监测系统建设基础上，开发自动数据分析、可视化的预警系统。研发将生态监测指标数据自动转换为可视的矢量数据的技术，完善分析模块。分类制定水生态环境预警指标标

准，形成红 – 橙 – 黄预警等级；采用数字智慧技术，健全淳安特别生态功能区的智慧感知系统，健全完善生态环境预警系统。

4. 构建生态预警下的应急管理系统

构建市 – 局 – 科 – 分局 – 站的完整千岛湖预警工作领导小组。在正常的管理体系下，构建水质变化、污染等突发情况的应急管理系统。实施千岛湖智慧管理，做到早发现早处理，及时发现及时处理；实现应急安全设施全覆盖，提升千岛湖湖区、各条河流等在水污染、水华等突发情况等方面的应急能力。

四、一条途径："一体系 + 两试点 + 三要素 + 四方式"强化"两山银行"转化途径

1. 建立生态资源产品体系

出台《淳安特别生态功能区生态产品价值评估与核算办法》，制定反映生态资源保护和开发成本的价值核算标准，建立"绿水青山"价值评价标准体系；确定生态资源适宜转化范围，建立生态资源的云数据平台，创新生态资源定价机制，建立生态资源产品体系。

2. 建设两个交易试点

积极申报县域碳交易市场建设试点，对接上海碳交易中心，融入长三角一体化。构建用水权交易中心，将安徽省 – 浙江省、黄山市 – 杭州市、杭州市 – 嘉兴市、淳安县与下游县市等纳入水权交易体系，形成市场化的用水权交易中心。

3. 强化三个要素支撑

数字科技赋能淳安"两山银行"，增加其评估机构、担保机构、金融机构等功能，对生态资源进行规模化收储、专业化整合提升、市场化运作。出台《关于推进淳安特别生态功能区生态资源价值转化工作的实施意见》，围绕淳安特色生态资源资产度量、盘活、赋能、授信、交易、经营、变现等目标和路径制定相关配套文件，形成"1 + N"制度体系。强化资源要素支撑，积极争取国家和省市生态资源转化试点，推动碳权交易、用水权交易及其他生态资源市场化路径。

4. 实现四种转化方式

一是资源整合实现价值转化。分类制定收储标准，以入股、租赁等形

式集中收储，进行资源整合、系统优化。根据其所在区位、资源特色、开发强度等情况进行分类包装、精心策划、精准开发。二是绿色金融实现价值转化。搭建绿色金融服务平台，加强金融产品创新。已确权的产权比如土地经营权、林权、宅基地使用权等，直接开展抵质押贷款业务。三是产权增信实现价值转化。出台生态资源、文化资源等内部产权确定标准，以担保、授信、托管、承诺收购等形式为主体增信。四是集体资产运营实现价值转化。探索农村集体资产运营新机制，以品牌授信、股权投资、导入业态、资源处置等形式，带动村集体增收，构建"收储—处置—反哺"利益链接机制。

五、一个样本："1+2+3"模式引入高端人才

1. 建设一个高端产业科技实验室

一是引入茶叶、油茶、毛竹等方面的专家，建设农业、农产品专业性实验室，聚齐全国科技精英，实现农业生态产品研发。二是引入高端科技人才开发适合水源地保护区的工业产品项目，为全国乃至全世界的水源保护地发展提供样本。三是融入"杭州科技大走廊"，形成人才集聚效应。

2. 建立农业和工业两类产业基地

一是建立农业产业基地，从种品、生产到农产品进行全面研发，通过和国内外知名高校和研究院所合作引入农业专家，以养殖和种苗为主的农业为主导，创新农业产品，提高农产品附加值，提高农民收入，形成富民强县模式。二是建立工业产业基地，从工业产品设计、生产、消费到末端处理全面研发，形成绿色闭环，研发适合水源地保护区发展的工业模式，增加居民收入，促进深绿发展，成为全国乃至全世界湖区保护的典范。

3. 突破人才、区域和形式限制

一是突破科技人才限制，在省市支持下通过打造一批科技产业项目，直接引入人才到淳安特别生态功能区。二是突破区域限制，通过与研究机构、企业及环保组织等单位进行合作，包括基地合作和项目合作，让科技人才通过基地研究和项目合作为淳安县发展做出贡献。三是突破形式限制，通过短期聘请、组织特派等形式鼓励农业、环境及生态经济等领域的专家到淳安县指导工作。

| 第五章 |

淳安县生态产品价值实现机制及其路径

健全淳安县生态产品价值实现机制，畅通淳安县生态产品价值实现路径是习近平生态文明思想在淳安实践创新的内在要求。淳安县生态产品价值实现已有较好的制度基础、社会基础和生态基础，但也面临一些突出问题，表现为没有回答好"为谁转化""谁来转化""转化什么""转化多少""哪里转化"等系列问题。具体而言，"为谁转化"问题是指主体收益分配不均、获得感有地区差异；"谁来转化"问题是指主体数量减少、人才短缺、激励不足；"转化什么"问题是指水、林、地的转化困境；"转化多少"问题是指转化水平和效率在一些方面仍显不足；"哪里转化"问题是指价值转化的场所和再转化重点有待优化。在政府、市场、"政府＋市场"的一般路径中，域内外经验能为淳安提供可借鉴的转化路径，"环境"和"经济"两手都要抓、两手都要硬，生态补偿制度、资源产权制度、产权交易制度等依然是淳安县生态产品价值实现的主要制度保障。

第一节 淳安县生态产品价值的实现基础

一、淳安县生态产品价值转化的生态基础

1. 淳安县拥有丰富的生态资源，主要体现在水资源、森林资源和空气资源等方面

2022 年，淳安县全年空气优良天数 359 天，优良率 98.4%。其中环境空气质量指数为优、良的天数分别为 218 天和 141 天，分别占总有效天数的 59.7% 和 38.6%，环境空气综合指数为 2.48。细颗粒物（PM2.5）年均浓度 18 微克/立方米；二氧化氮年均浓度值 11 微克/立方米；二氧化硫年均浓度值 5 微克/立方米。县级以上饮用水水源达标率和工业危险废物无害化利用处置率达 100%；全县生态公益林有 249.7 万亩，森林覆盖率（剔除湖面面积）达 90.4%，森林蓄积量达到 2620 万立方米，达到浙江省之最；千岛湖拥有 178 亿立方米的优质水体，县域 84 条主要溪流水质优秀率达到 100%，省控以上断面水质监测结果均为 Ⅰ 类水质，满足省控断面 Ⅰ 至 Ⅲ 类水质要求，达标率 100%；生态红线区域占县域面积的 80.13%，为全国最高之一；主要污染物（化学需氧量、二氧化硫、氨氮、氮氧化物）排放量不断减少，超额完成杭州主要污染物减排指标计划。

2. 淳安县为保护千岛湖的水质安全，大手笔注入财政资金，多方寻求智慧力量，严格制定环规标准

杭州市生态环境局淳安分局监控中心引入"数智千岛湖"，可帮助工作人员分析"含氮、含磷量是否超标""藻类生长速度如何""有无水华预警风险"等情况。这套系统借助中国科学院南京地理与湖泊研究所力量，为根本破解千岛湖保护难题提供了方案。千岛湖水质保护仍处于压力叠加、负重前行的关键期，稍有松懈就有可能出现反复。除了中国科学院以外，淳安县还引入浙江大学、宁波大学等科研力量。与此同时，淳安县也严格制定了环规标准。2019 年 8 月，淳安县人大常委会正式通过全国首个县域环境质量管理规范，确立了出境断面水质保持 Ⅰ 类、生态环境质

量全国一流、杭州市第一"三个一"目标。

3. 淳安县积极建设人工湿地，在保护千岛湖水源安全的同时拓宽湿地生态价值转化渠道

淳安县汾口镇武强溪入湖口原是一座废弃采砂场。当时，武强溪沿途农村生活污水处理不够彻底、农业面源污染问题突出、原有废弃采砂场植被破坏严重、入湖口湿地生态服务功能及鸟类栖息地丧失等问题威胁着千岛湖水生态安全。作为钱塘江源头区域山水林田湖草生态保护修复工程试点项目，武强溪生态湿地工程以武强溪为治理对象，通过加强沿岸农村生活污水监管运维、推进农业清洁生产等措施，从源头上削减生活污水、农业面源中氮磷等污染物进入武强溪水体的可能性；通过湿地修复技术，重构汾口镇武强溪生态湿地公园，借助湿地中植物、微生物等的净化作用，进一步提升入湖水质；通过生态修复技术，构建有利于动物栖息的生境，吸引鸟类稳定栖息。汾口镇武强溪生态湿地公园已成为千岛湖生态缓冲带建设的示范样板，湿地出口（入湖）水质优于地表水Ⅱ类标准，显著降低了千岛湖水域生态风险，有效改善了武强溪入湖口流域的景观风貌；成功吸引白鹭、松雀鹰、灰背椋鸟等珍贵水鸟稳定栖息，植被物种数量不断增加。①

4. 淳安县强化森林资源培育保护，积极制定和推行森林保护政策

淳安县与各乡镇签订《淳安县保护和发展森林资源目标》责任状，把"森林覆盖率""森林蓄积量"等森林资源"双增"目标分解落实到各乡镇人民政府，考核结果纳进乡镇的年终综合考评。淳安县推行森林资源网格化管理，全面落实森林资源保护行政领导负责制。在 2021 年 8 月 5 日发布的《关于全面推行林长制的实施意见》中，淳安县进一步明确了林长制，通过建立县、乡、村、山场四级林长管理机制，强化森林湿地资源保护，发挥林业在乡村振兴和共同富裕中的作用。淳安县也由此成为全省首个全面推行林长制的县级行政单位。

5. 淳安县着力将生态资源转化为生态资产和生态资本，积极推进"两山"转化项目

一是完成项目梳理，2021—2022 年淳安县梳理登记 520 项重点生态

---

① 淳安县规划和自然资源局、厅生态修复处. 共"富"自然资源之约 | 淳安：从"废弃采砂场"到"新鸟巢"的美丽蜕变 [EB/OL]. (2022－05－25) [2022－10－03]. 共"富"自然资源之约 | 淳安：从"废弃采砂场"到"新鸟巢"的美丽蜕变_武强溪_生态_湿地（sohu.com）.

资源资产，谋划形成 106 项招商推介项目，推动 56 项转化实施项目纳入建设计划。建立健全 GEP 常态化核算和考核体系，全县生态系统生产总值达 2400 亿元，居全国之首。[①] 二是积极探索转化机制。积极探索生态产品高水平转化机制，淳安县在全市率先启动"两山合作社"改革试点，探索建立生态公益林补偿收益权质押融资、入股联营等机制。如淳安县推出农（林）业综合经营权抵押贷款，其融资额度最高可达农（林）业综合经营权评估价格的 70%，期限最长可达 3 年，能有效弥补涉农企业流动资金不足的问题，成功将涉农企业所拥有的生态资源转为可变现的生态资产。[②] 又如淳安县茶园村用生态公益林补偿收益权作质押，向银行贷款 150 万元，投入淳安县在杭州西湖区的飞地项目——千岛湖智谷大厦，以此增收 10 万元左右。[③] 三是转化项目有序推进。截至 2022 年，56 个"两山合作社"转化实施项目中，37 个项目已经完工，投资总额 19.98 亿元，带动就业人数 937 人，促进村集体和农民增收近 2650 余万元；19 个项目正在施工建设中。

二、淳安县生态产品价值转化的社会基础

淳安县生态产品价值转化拥有良好且广泛的社会基础。淳安县党政干部、企业家、民众对于生态环境已形成了普遍的保护意识，对于生态产品价值转化有一定的探索和迫切的诉求，同时也存在着生态环境保护和经济发展之间的不协调和难权衡等困惑。

1. 淳安县党政干部对淳安生态产品价值转化的认知

（1）淳安县党政干部政治站位高、大局观念强、工作作风实，形成了保护千岛湖的基本共识

---

① 中华人民共和国财政部．浙江省杭州市淳安财政创新生态金融模式助推绿色产业发展和共同富裕建设［EB/OL］．（2022 - 06 - 13）［2022 - 09 - 12］．浙江省杭州市淳安财政创新生态金融模式助推绿色产业发展和共同富裕建设（mof. gov. cn）．

② 新浪财经．农林综合经营权抵押贷款 助力生态资源变资产［EB/OL］．（2021 - 12 - 24）［2022 - 09 - 12］．农林综合经营权抵押贷款 助力生态资源变资产｜淳安_新浪财经_新浪网（sina. com. cn）．

③ 每日一快报．推动生态资源异地变现，西湖淳安携手"飞"出新天地［EB/OL］．（2022 - 06 - 06）［2022 - 09 - 12］．推动生态资源异地变现 西湖淳安携手"飞"出新天地（baidu. com）．

淳安县领导表示："绿水青山是我县最宝贵的资源，也是发展的核心竞争力。千岛湖的水质是淳安县生态产品价值转化的最重要基础，是淳安的最大财富，千岛湖的水质保护是淳安县每位党政干部均要关心的事。"①淳安县富文乡干部表示："千岛湖水质保护是淳安的底线和最大任务，这是淳安党政干部的基本共识。淳安县党政干部为了保护千岛湖水质，坚决执行千岛湖临湖综合整治，且没有一位干部在整治过程中因为经济问题被查。"②左口乡村干部表示："老百姓以千岛湖为骄傲，总体上比较配合对千岛湖的环境保护工作，但在一些民生事务如河道挖沙石、河道洗衣服等上仍需村干部的沟通协调，这一工作不易，但村干部会尽量采取办法，劝说村民不采取污染水质的行为"。③

（2）淳安全体干部群众数十年来的不懈努力是成就千岛湖如今一波碧水的重要因素

淳安人民为千岛湖的保护付出巨大的机会成本，也希望千岛湖能回馈淳安人民。淳安县政协干部表示："千岛湖风景区连续多年在全国5A级旅游景区综合影响力排名中位列榜单前十，这一成绩并不是与生俱来的。千岛湖的水质也并不是与生俱来的，而是淳安上上下下人民一起保护出来的。"杭州市生态环境局淳安分局干部表示："千岛湖从战略水源到真实水源，对保护提出了更高的要求。环境保护资金投入是淳安县财政支出的最大项，每年有约三分之一的财政资金用到环境保护上。"④县林业局干部表示："到2021年，我们的森林率覆盖率达到了78.67%，如果剔除了水库那就是达到了90.2%。全省的平均水平是61%左右。从这个意义上来讲，淳安在国土绿化上做的不错。林业是秀水之源。没有林，就无法蓄水。没有林，也就没有碳汇。付出了几代人的努力，换得了满目苍翠。……所有淳安人都应该享受到生态保护的红利。淳安的人均GDP只有杭州市的一半，农民的收入只有杭州的40%不到，这还只是统计数据显示的结果，实际可能会差的更多。淳安的农民迫切需要山水林地等生态产品

① 光明时政.【绿水青山就是金山银山】浙江淳安：以鱼护水 以渔富民［EB/OL］.（2020-12-01）［2022-09-07］.光明网（gmw.cn）.
② 2022年7月19日县政府部分乡镇和村负责人座谈会.
③ 2022年7月19日县政府部分乡镇和村负责人座谈会.
④ 2022年8月10日县各部门座谈会.

的价值转化去实现共同富裕。"①

（3）淳安生态环境保护压力正逐渐增大，这种压力一方面缘于千岛湖本身的自然地理特性，另一方面来自于上级领导和部门对淳安环境保护的密切关注

杭州市生态环境局淳安分局干部认为："近年来，千岛湖的保护压力越来越大。一方面，千岛湖作为水体，和人一样有一个自然衰老的过程，或者说具有一定的演化周期。当前千岛湖的底泥污染状况尚有相当多的不明确性，存在一定的污染隐患。另一方面，千岛湖作为下游 1400 万人口的现实水源地，面临上级领导和环境部门的高度关注，监测监管十分严格。"②

（4）淳安的生态环境基础好，但绿水青山价值转化的路径窄、价值实现困难，维持绿水青山的代价高

杭州市生态环境局淳安分局干部表示："跨省、跨市的生态补偿尽管在政策上已有相应的文件支持，但生态补偿的金额仍面临争议，生态补偿资金的落实仍有一定的困难。环境红线和基本民生存在较大的冲突。老百姓对发展的诉求强烈，但招商引资困难。"③ 淳安县农业农村局干部认为："为了落实千岛湖生态保护任务，淳安县每年每个村都需要二三十万元的成本，但与此相应的村集体创收却相对困难，仅有千岛湖镇周边的村集体可以依靠物业收入等获取收益。"④ 梓桐镇干部表示："千岛湖保护工作是重中之重，一年环保投资需要三四千万元，乡镇财政负担很大，目前的办法是寅吃卯粮，一年一年套过去。核心问题是乡镇缺少优质税源，企业发展情况一般。"浪川乡干部表示："浪川乡是农业大乡，近年来发展了一些生态产品价值转化的示范项目，如近 40 亩地的稻蛙共生项目等，但乡镇发起的一些新项目申请尽管符合生态环境保护的标准，但仍较难得到县环保局的批准。"

2. 淳安县企业家对淳安生态产品价值转化的认知

（1）淳安县企业家认为，企业选择在淳安落户，其原因主要包括淳安绿水青山所蕴藏的巨大价值和淳安本地企业家的家乡情结

---

① 2022 年 8 月 10 日县各部门座谈会.
② 2022 年 7 月 19 日调研杭州市生态环境局淳安分局.
③ 2022 年 7 月 10 日调研杭州市生态环境局淳安分局.
④ 2022 年 7 月 10 日调研淳安县农业农村局.

康美产业代表性企业康诺邦负责人认为："淳安具备巨大的生态环境优势，千岛湖这一品牌的打造具备正向溢出效应，有助于赋能公司的康美生态产品。"① 抹茶产业园企业负责人认为："最初选择在淳安创业主要是希望公司的抹茶产品可以获得"千岛湖"品牌的正向加持，不过目前"千岛湖"品牌的溢价效应尚未得到充分地体现。"② 淳安农夫山泉公司负责人表示："公司的主要产品'农夫山泉'系列饮品，其根本的价值就是来源于千岛湖这一方碧水。是千岛湖成就了农夫山泉，农夫山泉也在一定程度上打响了千岛湖的名声。"③ 杭州华联千岛湖创业有限公司负责人表示："当初公司选址定在淳安，主要是因为淳安的资源得天独厚。来自国外水源保护和经济协同发展的成功案例日内瓦湖给了公司启发。日内瓦湖位于瑞士西南部，是瑞士的水源保护地，旅游经济和会展经济十分发达。公司希望借鉴日内瓦湖的发展经验，将淳安千岛湖打造成东方日内瓦湖。"④

（2）企业需要进行专项生态支出，采取相应的环保措施，为了给淳安县生态产品的价值转化打下基础

抹茶产业园企业负责人表示："由于茶树种植需要施加氮肥，雨水冲刷和径流等途径容易从茶树下的土壤中带走氮元素，从而污染千岛湖水体。为了防止农业废水流入千岛湖，需设立生态拦截沟，收集废水，通过一定的技术处理，将其中的氮元素转化为氮气，而这显然需要资金。"⑤千岛湖旅游度假区负责人表示："前些年的临湖整治工程令企业担忧潜在的投资风险。"⑥ 淳安县农夫山泉负责人表示："为了保护千岛湖，除了既有的长期取水地外，沿湖沿线无法再建设新的工厂，且既有工厂要投入大量资金确保符合环保要求。同时，由于道路建设与水环境保护存在一定的冲突，水饮料产品运输面临困境。"⑦

（3）为了进一步促进淳安县生态产品价值转化和实现，希望政府、学界和媒体为淳安发声，尽力争取淳安的特殊政策

康诺邦负责人认为："淳安发展康美产业具有巨大的优势，但当前还

---

① 2022 年 7 月 17 日调研淳安县高铁新区康诺邦公司.
② 2022 年 7 月 18 日调研大墅镇抹茶产业园.
③ 2022 年 7 月 17 日园区负责人、企业家座谈会.
④ 2022 年 7 月 17 日园区负责人、企业家座谈会.
⑤ 2022 年 7 月 17 日园区负责人、企业家座谈会.
⑥ 2022 年 7 月 17 日园区负责人、企业家座谈会.
⑦ 2022 年 7 月 17 日园区负责人、企业家座谈会.

缺乏优势政策、空间和资金的支持。康美产业还缺乏空间集聚，企业数量少，产业基础较为薄弱。"沪马探险乐园负责人表示："公司目前项目推进的最大问题还是土地的审批。由于审批权许多时候在杭州市、浙江省甚至在中央，上级审批部门可能不熟悉当地企业的情况。淳安特别生态功能区带来的政策支持力度仍显不足。"①

（4）应努力拓展生态产品价值实现途径

抹茶园区负责人表示："当前公司正努力寻求生态产品价值实现多样转化途径，如发展抹茶文化体验服务等。"艾草产业负责人认为，艾草产业相对而言生态约束较少，且可通过分包生产降低成本。当前公司正试图通过生产艾草枕、艾草香囊等产品赋予艾草产品更高价值。②

3. 淳安县民众对淳安生态产品价值实现的认知

（1）淳安县民众高度认可淳安优美的生态环境，认为生态环境带来了良好的正向生态效用，且总体上愿意支持和配合环保工作

浪川乡芹川村村民认为，村庄环境越变越好，居住体验明显提高。村民理解保护千岛湖水体的重要性，近年来为配合环境保护工作已停止养猪，田地也大多退耕。③ 千岛湖镇南苑社区数位居民认为，居住在千岛湖旁有较好的居住体验，能够享受高质量的水源和清洁的空气。④

（2）淳安县民众意识到淳安生态产品价值转化有一定的途径，但转化的程度有限，且惠及的广度有限

为了保护环境，民生方面做出了一定的牺牲。浪川乡芹川村数位村民认为，尽管有政府的相应补贴，但收入水平仍受到一定的影响。村民依靠生态环境资源创收仍较为困难，价值转化途径较窄，为生态旅游为主，近年来受到疫情影响并不景气，同时旅游业发展仅惠及部分村民。⑤

三、淳安县生态产品价值转化的制度基础

淳安县生态产品价值转化的制度基础包含正式制度和非正式制度两个

---

① 2022 年 7 月 17 日园区负责人、企业家座谈会.
② 2022 年 7 月 18 日调研大墅镇艾草产业园.
③ 2022 年 7 月 18 日调研浪川乡芹川村.
④ 2022 年 7 月 19 日调研千岛湖镇南苑社区.
⑤ 2022 年 7 月 18 日调研浪川乡芹川村.

方面，这两个方面相互依存，互相补充。推进淳安县生态产品价值转化的正式制度主要指国家（部）、省、市、县四级政府出台的相关法律、法规、政策、规章、契约等。非正式制度是指对人的行为不成文的限制或激励，是与法律等正式制度相对的概念，包括价值信念、伦理规范、道德观念、风俗习惯和意识形态等。① 非正式制度的定义可以有不同的侧重点，本章的非正式制度主要是指国家和省市领导人对淳安县经济和生态发展的关切和指示。

1. 国家层面生态产品价值转化政策

生态产品价值实现机制是生态文明制度建设的重要组成部分。一般认为，生态产品价值实现机制包括生态补偿、生态权属交易（用能权交易、排污权交易、碳排放权交易等）、资源开发利用、绿色金融支持等，其中与淳安生态产品价值转化密切相关的有生态补偿、水价改革与水权交易、碳排放交易和绿色金融支持等。

（1）生态补偿

生态补偿是实现生态产品供给和生态产品价值最常见的方式之一。2009 年，财政部出台了《国家重点生态功能区转移支付（试点）办法》，中央财政开始以转移支付的方式对国家重点生态功能区进行生态补偿。

在纵向生态补偿机制建设上，2016 年，国务院办公厅印发《关于健全生态保护补偿机制的意见》（国办发〔2016〕31 号），完善了生态保护补偿机制的顶层设计。随后，财政部、国家林业局等中央部门针对上述七大领域制定了相应的政策文件。② 2018 年，国家发展和改革委员会印发《建立市场化、多元化生态保护补偿机制行动计划》（发改西部〔2018〕1960 号），积极推进市场化、多元化生态保护补偿机制建设。③ 2021 年 9 月 12 日，中共中央办公厅、国务院办公厅发布《关于深化生态保护补偿

① 陆铭，李爽. 社会资本、非正式制度与经济发展［J］. 管理世界，2008（09）：161 - 165 + 179.

② 国务院办公厅.《国务院办公厅关于健全生态保护补偿机制的意见》［EB/OL］.（2016 - 05 - 13）［2022 - 09 - 06］. 国务院办公厅关于健全生态保护补偿机制的意见_政府信息公开专栏（www. gov. cn）.

③ 国家发展改革委. 关于印发《建立市场化、多元化生态保护补偿机制行动计划》的通知［EB/OL］.（2018 - 12 - 28）.［2022 - 09 - 06］. 关于印发《建立市场化、多元化生态保护补偿机制行动计划》的通知_环境监测、保护与治理_中国政府网（www. gov. cn）.

制度改革的意见》，进一步深化生态保护补偿制度改革。①

在推进横向生态补偿机制建设上，2016 年，财政部等四部委联合出台了《关于加快建立流域上下游横向生态保护补偿机制的指导意见》（财建〔2016〕928 号），从国家层面对横向生态补偿机制进行了顶层设计。②2018 年 2 月，财政部印发的《关于建立健全长江经济带生态补偿与保护长效机制的指导意见》（财预〔2018〕19 号）指出，中央财政将给予长江经济带生态保护补偿支持和修复奖励。③2020 年 5 月 9 日，财政部、生态环境部、水利部、国家林草局发布《支持引导黄河全流域建立横向生态补偿机制试点实施方案》（财资环〔2020〕20 号），加快推动黄河流域共同抓好大保护、协同推进黄河流域大治理。④

（2）水价改革和水权交易

2013 年 12 月，国家发改委、住房城乡建设部印发《关于加快建立完善城镇居民用水阶梯价格制度的指导意见》（发改价格〔2013〕2676 号），部署全面实行城镇居民阶梯水价制度。⑤2015 年 10 月，《中共中央国务院关于推进价格机制改革的若干意见》（中发〔2015〕28 号）明确，要加快推进能源价格市场化。2016 年 1 月，国务院办公厅印发《关于推进农业水价综合改革的意见》（国办发〔2016〕2 号），提出要夯实农业水价改革基础、建立健全农业水价形成机制、建立精准补贴和节水奖励机制等。2017 年 6 月，国家发改委、财政部、水利部、农业部、国土资源部印发《关于扎实推进农业水价综合改革的通知》（发改价格〔2017〕

① 新华社. 中共中央办公厅 国务院办公厅印发《关于深化生态保护补偿制度改革的意见》[EB/OL]. （2021 – 09 – 12）［2022 – 09 – 06］. 中共中央办公厅 国务院办公厅印发《关于深化生态保护补偿制度改革的意见》_中央有关文件_中国政府网（www. gov. cn）.

② 财政部. 四部门关于加快建立流域上下游横向生态保护补偿机制的指导意见 [EB/OL]. （2016 – 12 – 30）［2022 – 09 – 06］. 四部门关于加快建立流域上下游横向生态保护补偿机制的指导意见（1）_国务院部门政务联播_中国政府网（www. gov. cn）.

③ 财政部. 关于印发《支持长江全流域建立横向生态保护补偿机制的实施方案》的通知 [EB/OL]. （2021 – 04 – 16）［2022 – 09 – 06］. 关于印发《支持长江全流域建立横向生态保护补偿机制的实施方案》的通知_财政_中国政府网（www. gov. cn）.

④ 财政部. 关于印发《支持引导黄河全流域建立横向生态补偿机制试点实施方案》的通知 [EB/OL]. （2020 – 04 – 20）［2022 – 09 – 06］. 关于印发《支持引导黄河全流域建立横向生态补偿机制试点实施方案》的通知_环境监测、保护与治理_中国政府网（www. gov. cn）.

⑤ 国家发改委. 国家发展改革委 住房城乡建设部关于加快建立完善城镇居民用水阶梯价格制度的指导意见 [EB/OL]. （2013 – 12 – 31）［2022 – 09 – 06］. 国家发展改革委 住房城乡建设部关于加快建立完善城镇居民用水阶梯价格制度的指导意见_住建部_中国政府网（www. gov. cn）.

1080 号），要求深入推进农业供给侧结构性改革，加快完善支持农业节水政策体系。

就水权交易而言，2005 年 1 月，水利部出台《水权制度建设框架》和《关于水权转让的若干意见》两部政策性文件。2014 年 6 月，水利部印发了《关于开展水权试点工作的通知》，提出在宁夏回族自治区、江西省、湖北省、内蒙古自治区、河南省、甘肃省和广东省 7 个省区启动水权试点。2016 年，水利部出台了《水权交易管理暂行办法》（水政法〔2016〕156 号），对可交易水权的范围和类型、交易主体和期限、交易价格形成机制、交易平台运作规则等作出了规定。2022 年 8 月 26 日，水利部等四部委，发布《关于推进用水权改革的指导意见》，提出加快建设全国统一的用水权交易市场。

（3）碳排放交易权和绿色金融支持

2011 年 10 月，国家发展和改革委员会印发《关于开展碳排放权交易试点工作的通知》（发改办气候〔2012〕2601 号），批准在北京、天津、上海、重庆、湖北、广东和深圳七个省市开展碳排放权交易试点工作。2016 年 1 月，国家发展和改革委员会印发《关于切实做好全国碳排放权交易市场启动重点工作的通知》（发改办气候〔2016〕57 号），明确了参与全国碳市场的八个行业。2017 年 12 月，国家发展和改革委员会印发《全国碳排放权交易市场建设方案（发电行业）》（发改气候规〔2017〕2191 号），标志着全国碳排放交易正式启动。2019 年 4 月，生态环境部发布《碳排放权交易管理暂行条例（征求意见稿）》，标志着全国统一的碳排放市场法制建设进一步加快。

2015 年 9 月，《生态文明体制改革总体方案》提出"建立绿色金融体系"。2015 年 10 月，第十八届中央委员会第五次全体会议通过的《中共中央关于制定国民经济和社会发展第十三个五年规划的建议》提出"发展绿色金融，设立绿色发展基金"，进一步强调了绿色金融发展的重要性。2016 年，中国人民银行、国家发改委等七部委印发的《关于构建绿色金融体系的指导意见》（银发〔2016〕228 号）明确指出，绿色金融是指为支持环境改善、应对气候变化和资源节约高效利用的经济活动。

2. 省市县层面生态产品价值转化政策

浙江省、杭州市和淳安县在国家政策的基础上因地制宜地为淳安生态产品价值转化制定了相应政策，集中体现在《浙江省建立健全生态产品价值实现机制实施意见》（2021 年 11 月 16 日浙江省委办公厅、浙江省人民政府办公厅发布）、《杭州市淳安特别生态功能区条例》（2021 年 6 月 29 日杭州市第十三届人民代表大会常务委员会第三十六次会议通过）、《淳安县国民经济和社会发展第十四个五年规划和二〇三五年远景目标纲要》（2021 年 3 月 23 日淳安县人民政府印发）这三份文件中。

《浙江省建立健全生态产品价值实现机制实施意见》是浙江省首份推动"两山"转化的纲领性文件，为"两山"转化提供了制度保障。该文件在"生态产品价值实现最佳实践清单"内特别列举，淳安县打造百亿饮料基地实践，护美绿水青山，推进"千岛湖水"价值实现，打造产值超百亿规模的绿色"水产业"。①

《杭州市淳安特别生态功能区条例》在规划与管控、生态保护、绿色发展、民生与保障、支持与监督等方面对淳安特别生态功能区进行了界定。这是淳安特别生态功能区设立以来首部"量身定制"的法规，也是全国首部生态"特区"保护法规。该法规规定了千岛湖生态修复、水土保持、资源保护、污染防治等方面要求，也明确了相关支持举措。

《淳安县国民经济和社会发展第十四个五年规划和二〇三五年远景目标纲要》提出，在要素倾斜配置、政策保障支持以及生态产品价值实现机制建立等方面加码加力，为淳安未来发展提供更有利条件。该规划提出，建立健全生态产品价值实现机制。深化"两山合作社"改革试点，建立健全 GEP 常态化核算和考核体系，完善生态产品目录清单，加快实现常态化跟踪评估；探索排污权、用能权、用水权、碳排放权、林权、数据权市场化交易以及生态景观增值等模式，健全自然资源资产产权制度，完善资源价格形成机制，强化"两山合作社"平台实体化运营，构建市场化、多元化生态补偿机制，争取纳入国家级县域生态产品价值实现机制试点。②

总之，浙江省及杭州市的生态补偿政策出台较早，政策实践丰富。纵

---

① 国家发展和改革委员会基础司.《浙江省关于建立健全生态产品价值实现机制的实施意见》［EB/OL］.（2022 - 07 - 29）［2022 - 09 - 07］.

② 淳安县人民政府. 淳安县人民政府关于印发淳安县国民经济和社会发展第十四个五年规划和二〇三五年远景目标纲要的通知［EB/OL］.（2021 - 06 - 16）［2022 - 09 - 07］. 淳安县人民政府关于印发淳安县国民经济和社会发展第十四个五年规划和二〇三五年远景目标纲要的通知（qdh. gov. cn）.

向补偿已实现了森林、草原、湿地、荒漠、海洋、水流、耕地等重点领域和禁止开发区域、重点生态功能区等重要区域生态保护补偿政策全覆盖。横向补偿上出台了流域上下游补偿的顶层设计，出台了长江和黄河等全国重点流域的跨区域补偿方案。国家层面的水价改革政策依次经历了城镇居民阶梯水价制度、水价改革、市场决定体制基本完善等阶段，为淳安成为现实水源地奠定了顶层设计框架。在水权交易方面，水利部等四部委提出要建立归属清晰、权责明确、流转顺畅、监管有效的用水权制度。碳排放交易权方面国家政策明确了参与全国碳市场的八大行业，并发布了碳排放权交易管理条例，为淳安产业发展和探索建立碳排放权市场提供了指引。绿色金融方面中国人民银行和国家发改委出台的绿色金融体系指导意见为淳安的"两山合作社"价值转化设计提供了基本框架。

3. 关于生态产品价值转化的领导指示和讲话

淳安县对新安江水库建设和千岛湖水生态保护作出了特殊的贡献。因此，淳安县受到了中央及省市领导的特殊关爱。淳安县在生态产品价值转化方面的政治基础深厚。习近平任浙江省委书记期间，多次走访调研淳安县，了解淳安县经济社会发展情况，并在枫树岭镇下姜村建立了基层联系点。2003 年 4 月 24 日，习近平在淳安县调研时指出，淳安县山水资源十分丰富、旅游经济极具潜力、效益农业颇具特色。他指出，淳安县应坚持"生态立县"，努力实现经济社会与人口、资源、环境的协调发展。2003 年 9 月 15 日，习近平在淳安县调研时指出，要坚持既要金山银山，又要绿水青山，争取以最小的环境代价获得较好的经济发展，实现生态保护和经济发展的双赢。2004 年 10 月 3 日，习近平在淳安县检查指导工作时指出，淳安县要抓好生态建设，保护好千岛湖水源，这是淳安县今后发展的大计，也是对全省大局的重大贡献。要大力坚持"旅游兴县"。2005 年 3 月 22 日，习近平在淳安县调研时指出，要把淳安县的生态优势转化为淳安县经济社会发展的优势。大力发展高效生态农业，工业要从实际出发，符合生态建设要求，适应环境条件和资源特色，旅游业的发展也要有利于生态环境的保护和建设。习近平同志离任浙江省委书记后，也依然关心支持淳安县的发展，尤其对他在浙江工作时的基层联系点——下姜村，给予了特别的关注。2020 年 4 月 13 日，习近平总书记寄语下姜村全体干部群众，发扬先富帮后富精神，带动周边走共同富裕之路。

第二节　淳安县生态产品价值实现的主要问题

一、"为谁转化"问题

生态产品价值转化会产生相应的受益，"为谁转化"强调的是生态产品价值转化的受益者是谁。淳安县生态产品价值转化就是要通过完善生态补偿、推进产业转型和强化数字化改革，努力将自然资源转化为可度量、可交易的生态产品，挖掘生态系统服务的直接价值和间接价值，坚持不懈地围绕千岛湖做文章，走一条基于生态产品价值实现和人与自然和谐共生的共富之路。按照"谁保护，谁受益"的原则，生态产品价值转化理应受惠于政府、企业和居民等各个主体。

但是，淳安县生态产品价值转化收益的主要主体是政府，缺乏生态产品价值转化收益直接到民众的渠道。淳安县生态产品价值转化的主要途径是生态补偿且以政府补偿为主导。生态补偿的主要过程——谈判、协议签订、保护、补偿金额落实和分配四个基本步骤中，基本是政府行为。对于保护这一环节，生态环境治理和两山转化的资金投入主要来源于财政资金，企业和民众是协同或配合的角色。既有的资金投入格局事实上决定了政府是生态产品价值转化的最主要受益者。然而即便淳安县政府是最主要的受益者，其生态产品价值转化的收益也难以支撑其相应的环保投入。淳安县 2017—2021 年环保总投资近 55 亿元，绝大部分由县级财政承担。政府尤其是乡镇政府都入不敷出，民众所得自然更少。课题组在淳安县多个乡镇的调研发现，民众直接得到的生态补偿资金数目不大，所得的生态产品价值转化收益甚少。

另外，淳安县民众基本了解生态产品价值实现转化的相关概念，但对于转化收益的获得感在不同地区差异较大。由于淳安县一直坚持生态立县，无论是政府还是社会媒体，均在环境保护上做了大量的宣传工作，环境保护的意识早已深入人心，生态补偿、生态产品、大花园等概念基本为民众熟知。不过，转化收益的获得感却在不同地区差异较大。千岛湖马路村在淳安县是一个比较特殊的城中村，其位于千岛湖县城，近些年来集体经济依靠物业收入取得了大幅提升。2021 年，该村集体经济经营收入1100 多万元，总收入 1500 万元，集体经济尚有 3000 多万元的现金存款，村民每年都可以得到包括现金、粮油、副食品等多种形式的分红，马路村直观地感受到了"两山"价值转化。然而，对于瑶山乡张家村这一在县城东北方向和临安交接的偏远山村来说，民众对于"两山"价值转化的感受就相对薄弱。瑶山乡素来是山核桃之乡，当地农户的收入主要仍然依靠山核桃和中草药。然而，为了保障山核桃和中草药的产量，需用农药来清除病虫害和杂草，而这和生态保护存在一定的冲突。此外，教育和卫生的保障也偏弱。农户每个月所得的固定收入较少，也没有专门的生态补偿补贴，民众对"两山"转化的获得感较低。

二、"谁来转化"问题

生态产品价值转化主体有两类：一是作为"谁保护，谁受益"的保护者，二是作为"谁破坏，谁补偿"的破坏者。没有保护就谈不上转化，在保护的基础上转化亦不可或缺。保护者参与转化是重中之重，因为只有经过转化保护才会有收益，或者保护的收益会更大。保护者中有一类是治理者，因为没有治理就难以实现转化的可持续，工业化和城镇过程中的生态环境问题要求转化者积极推进治理。同时，破坏者作为责任人也是治理者，根据"谁污染，谁治理""谁破坏，谁治理"等原则，破坏者有义务参与治理，基于覆盖治理成本的价值转化也是环境类生态产品价值实现的重要组成。两类转化主体分别对应居民、企业和政府三类市场主体。

1. 对于民众而言，转化主体面临数量减少、老龄化等困境

根据 2020 年第七次人口普查，淳安县常住人口约为 32.89 万人；与2010 年第六次全国人口普查的 33.68 万人相比，减少了 0.79 万人，下降2.35%。全县常住人口中，60 岁及以上人口为 10.12 万人，占 30.74%，其中 65 岁及以上人口为 7.27 万人，占 22.10%。与 2010 年第六次全国人口普查相比，60 岁及以上人口的比重上升 10.59 个百分点，65 岁及以上人口的比重上升 8.25 个百分点。十年间，淳安县 60 岁及以上人口比例快

速上升，按照国际标准，淳安已进入超级老龄化社会。以上一系列人口特征表明，淳安县呈现出一个典型的青壮劳动力外流的社群类型。生态产品价值的转化无疑需要劳动力要素投入，在这样劳动力持续流失的背景下，谁来转化会成为一个难题。

2. 对于企业而言，转化主体面临人才短缺、土地审批困难、政策不确定性等困境

一些公司在土地审批上受到了生态红线的限制，同时也面临工人数量不足、用工成本较高的难题。同时，临湖整治对淳安县的营商环境口碑造成了损害，让外地企业进入淳安经商如履薄冰。人才、土地审批和政策不确定性等多重因素叠加，削减了企业在淳安经营的利润空间和信心。一方面是既有的企业生产规模受到约束，另一方面是新入企业不能、不敢进入淳安县，企业总产能受到很大的限制。

3. 对于政府而言，转化主体面临行政审批困难、干部尤其是村干部激励不足等困境

瑶山乡计划把一块高山荒地用来种植高山蔬菜和发展养殖，利用成熟技术实现零排放零污染。尽管相关专家表示方案可行，但项目却始终无法取得行政审批，这一定程度上打击了村干部的积极性。在中洲镇的调研发现，零排放的养殖基地也同样无法得到行政审批。在上荷坞新村的调研发现，淳安县村干部的年工资只有七八万元，且无养老保险和体检等医疗保障，政府用人短缺，乡镇和村缺乏留住人才的相应激励。即便对于乡镇和县里的干部，工资待遇和周边地区以及杭州相比也相对较低，在淳安县的年轻干部一般都有很强的意愿通过遴选考到杭州市区。总之，政府是淳安县生态产品价值实现的重要推动者，而县、乡镇和村干部作为具体的实施人员，面临较大的工作压力"上面千根线，下面一根针"，相应的动力和积极性不高。

三、"转化什么"问题

生态产品价值转化原则上包括所有的生态产品，他们均可通过一定的渠道实现其经济价值。对于淳安县而言，水是第一生态产品，包括水资源、水环境和水生态；其次是森林木材价值、碳汇功能和综合效益等；最后是与好山好水相关联的稀缺土地资源。

1. 淳安县的第一生态产品是水，淳安县拥有众多依水而兴的产业，但水资源价值转化也遇到一些难题，主要体现在水资源产业遇到发展瓶颈，水资源生态补偿面临协调难题

对于农夫山泉来说，千岛湖是其品牌的核心价值，但农夫山泉在淳安县的公司却遇到了一些困境。由于公司建厂时间较早，随着县城的扩张，公司所在地离居民区较近，公司生产和居民所需的安静环境形成了一定的冲突。货车频繁来往于小区前的道路，也造成了一定的安全隐患，但却没有新的选址可供公司搬迁。同时，淳安县道路建设的环保高要求导致公司的物流成本提高。正是由于在淳安县面临各种限制，尽管农夫山泉在淳安县起家，但就农夫山泉的产值而言，建德市高于淳安县。从员工人数来说，农夫山泉在建德市近 2000 人，在淳安县仅 900 人。就生态补偿而言，千岛湖水资源的价值转化也并不十分顺利。除了标准偏低外，生态补偿还面临府际协调的困境。2021 年 7 月 1 日，嘉兴市政府和杭州市政府达成协议，正式由杭州向嘉兴引水，从此嘉兴人民也可以喝上农夫山泉，[1] 但淳安县政府并未因此得到相应的生态补偿。

2. 生态林业是基于森林生态系统的产业，淳安县在生态林业上做出了一定的探索，但淳安县在积极探索由绿而富的转化过程中面临一些难题

一是在森林康养上，森林康养项目的推广受到国家一级公益林保护的限制，难以实现价值转化。二是淳安县面临保护千岛湖水体的压力，化肥的使用受到很大制约，而有机肥运输成本过高，山地产业遇到瓶颈。三是发展林下经济而土地并不平整，难以动用大型机械设备；由于除草剂被禁止使用，大量的杂草需靠人力去除，成本较大。四是生态公益林的补偿标准仍然偏低。国家和省级的补偿标准是 45 元/亩，5 元用于维护森林，40 元分给民众，其中集体经济和个人三七开，总共大约 6000 万元，再加上市级给的 2000 多万，相加不足 1 亿元，标准仍需提高。五是碳汇价值转化潜力巨大，但如何将潜在价值真正转化为"真金白银"面临困境。碳汇量缺乏国家层面的统一认证，来自第三方国际机构认证的费用高且标准不统一。即便碳汇量能得到认证，碳汇交易市场机制也尚未完全建立，缺

---

① 嘉源集团. 因水，我们一起奋战 | "杭嘉一家亲 共饮一湖水"，嘉兴市域外配水工程启动试运行 [EB/OL]. (2021 - 05 - 10) [2022 - 09 - 20]. 因水，我们一起奋战 | "杭嘉一家亲 共饮一湖水"，嘉兴市域外配水工程启动试运行 (jiaxing.gov.cn).

乏可靠的交易机制和潜在的买者。

3. 数据显示淳安县是杭州市面积最大的县城，但土地的紧缺却是淳安县面临的现实难题

一方面，"三区三线"等红线和边界意味着淳安县真正可供开发的土地资源占比极少；另一方面，可以支撑生态产业发展的、与好水好林好山在一起的地极其宝贵。淳安县在事实上面临"地荒"，"转化什么"的矛盾在淳安格外突出。21 世纪初，淳安县 100% 的陆地都划入了饮用水源保护区范围；经过 2015 年的局部调整，这一比例下降到了 97.95%；在 2019 年这一比例进一步下降到 87.83%，依然仅有 12.17% 可供人类活动。相比之下，开化县只有 0.88% 是饮用水源保护区，桐庐县、建德市和富阳区分别有 2%—3% 是饮用水源保护区，这和淳安县的情形完全相反。淳安县面临多条红线的限制，包括风景区、国家一级公益林、水源保护区、自然保护地等。多条红线叠加进一步减少了淳安县可供利用的土地面积。

四、"转化多少"问题

"转化多少"问题是指淳安县生态产品价值的转化水平和效率。根据一般转移支付和专项补助两个口径统计，淳安县生态补偿资金在 2021 年达到了 12.9 亿元，较引水工程之前的 2018 年增长了 43%。淳安县潜在的生态产品价值转化来自碳汇交易。据统计，淳安县年均新增森林蓄积 100 余万立方米。若按照每立方米森林蓄积固碳 1.83 吨，每吨售价 60 元来计算，淳安县年增森林固碳 183 万吨，可实现收益达 1.1 亿元。① 但这一块收益在淳安县没有实现。一方面，淳安生态产品价值实现水平偏低。生态补偿作为淳安县生态产品价值实现的最主要方式之一，补偿标准仍有待进一步提高。淳安县拿到生态补偿资金现存有两个难题。一个难题是生态补偿标准偏低。淳安县为了保护千岛湖，5 年间环保总投资 54.9 亿元。而根据杭州市人民政府《关于市十四届人大一次会议（淳安 13 号）建议的

① 设立森林碳汇管理局的背后淳安做了哪三种新探索？[EB/OL].（2022-09-16）[2022-11-16]. 设立森林碳汇管理局的背后淳安做了哪三种新探索？—千岛湖新闻网（qdh-news. com. cn）.

办理意见》，淳安县在 2019—2022 年获得的市级生态补偿资金 1.77 亿元，2022 年获得水资源费 1.05 亿元，污染防治补助资金 1.25 亿元，保增长补助 0.68 亿元。[①] 尽管绝对数目不小，但相对于淳安县的生态保护的机会成本仍占比较小，对于淳安县的环保投资金额来说更是杯水车薪。另一个难题是获得生态补偿的难度大。浙江省政府对千岛湖取水口的要求是 I 类水，对应于这个要求，省政府的确有设立专项的生态补偿资金，一年总共 3.6 亿元。但拿到这个资金却不容易。因为考核的方法是，实时监测水质情况，若当天达到 I 类水标准，则获得 3.6 亿元除 365 天的资金，若没有达到，则要不予奖励。尽管千岛湖出境水基本可以达到 I 类水标准，但实时监测确实给指标考核带来了很大的压力。总之，以浙江省杭州市淳安县为例，实际拿到的生态补偿额大约是理论测算补偿金额的三分之一左右。[②]

另一方面，转化效率偏低。淳安县经济开发区以第二产业为主，这也是淳安县为数不多的以第二产业为主的区域。经济开发区曾试图招商果汁类企业，但当地水果产量不足，远远满足不了工业生产的需求，达不到规模经济，无法如赣南地区依托数百亩柑橘园地形成发达的规模经济。对位于大墅镇的白马地瓜干加工厂的调研发现，红薯干和其他的同类产品无法形成有竞争力的区别，再加上物流成本高且红薯种植没有规模经济，红薯加工也不具有规模经济，加工厂面临效率问题。在调研临岐镇林下经济时发现，林下经济种植中草药的一个较大成本是人力。这是由于水体保护的要求不能使用草甘膦等农药去除杂草，故只好使用大量的人力代替。这一定程度上促进了当地的就业，但同样意味着生态产品价值转化效率偏低。

五、"哪里转化" 问题

生态产品的价值转化需要特定的转化地点，不同的地点会拥有不同

① 杭州市生态环境局. 关于市十四届人大一次会议（淳安 13 号）建议的办理意见［EB/OL］. (2022 - 07 - 28)［2022 - 09 - 21］. 关于市十四届人大一次会议（淳安 13 号）建议的办理意见（hangzhou. gov. cn）.

② 沈满洪. 绿色低碳富民路怎么走？代表建议推进生态产品价值实现［EB/OL］. (2022 - 03 - 08)［2022 - 09 - 20］. 绿色低碳富民路怎么走？代表建议推进生态产品价值实现（baidu. com）.

的地理特征、资源禀赋和文化传统，也将会对生态产品的价值转化施加不同的影响。一般而言，不同生态产品在同一省市或地区的转化水平和效率不同，千岛湖水引到杭州，总引水量的单位价格和农夫山泉瓶装水的单位价格是不可同日而语的，显然这与转化地点密切相关。同一生态产品在不同省市或地区的转化水平和效率不同，突出表现为转化标准不同，譬如排污权交易价格同在太湖流域的嘉兴市和苏州市是不同的，生态系统服务当量转化为生态系统服务价值的标准在不同地区亦会不同。

淳安县生态产品价值实现的难点在于集中和分散的关系把握。从人口分布上看，淳安县是一个人口逐渐流出的县城。2014 年以来常住人口平均每年减少 2000 人。预计 2035 年，城镇常住人口 25.13 万，农村常住人口 10.77 万，城镇化率达 70%，千岛湖县城人口进一步集聚。这就要求加快产业转型，增加城镇地区的就业机会；加快要素集聚，提升城镇地区的公共服务水平。在土地资源上，以人定地也要求加快人口转移集聚，加快存量盘活，提高土地利用效率，如围绕"一主二副三心"，即中心城区（一主）、汾口镇和威坪镇（二副）、姜家镇临岐镇枫树岭大墅镇（三心），点状布局，垂直开发。

第三节　生态产品价值实现的可能路径及淳安方案

一、生态产品价值实现的可能路径及比较

生态产品价值实现的关键环节是确定其价值实现主体。在已有的做法中，基于生态产品的消费属性分类标准探讨其价值实现是常见做法：公共性生态产品的价值实现需要政府主导下的生态补偿政策，经营性生态产品价值实现依赖于市场作用的充分发挥，准公共性生态产品的价值实现介于

两者之间，即需要政府与市场的协同参与①②③。三类生态产品的内涵、举例和转化主体见表5－1。

表5－1　　　　　　　　　生态产品类别及价值实现路径

生态产品类别	生态产品内涵	生态产品举例	转化主体
公共性生态产品	产权难以明晰，生产、消费和受益关系难以明确的纯生态公共物品	清新空气、清洁水源、宜人气候、生物多样性	政府
经营性生态产品	产权明确、能直接进行市场交易的私人物品	天然矿泉水、木材、林下种植、生态旅游产品、产权界定清晰后的自然资源产权	市场
准公共性产品	具有有限的排他性、竞争性的公共资源或俱乐部产品	森林公园、水权、集体林权、土地承包经营权	政府＋市场

1. 公共性生态产品价值实现的常规机制路径

公共性生态产品主要指产权难以明晰，生产、消费和受益关系难以明确的纯生态公共物品，具有非排他性、非竞争性的特征，常见的有清新空气、清洁水源、宜人气候、生物多样性等。三江源等重点生态功能区所提供的就是该类能够维系国家生态安全、服务全体人民的公共性生态产品。其价值实现主要是政府依靠财政专项转移支付、财政专项补贴、财税激励政策等方式进行"购买"，间接实现生态产品价值④。

公共性生态产品的价值实现主要依赖于政府主导下的一系列补偿活动，相当于补偿方对于受偿方保护自然资本、牺牲使用自然资本的权利的

① 石敏俊．生态产品价值实现的理论内涵和经济学机制［N］．光明日报理论版，2020－08－25（011）．
② 潘家华．生态产品的属性及其价值溯源［J］．环境与可持续发展，2020，45（06）：72－74．
③ 石敏俊，陈岭楠．充分发挥市场机制和政府调节两种作用，推动生态产品价值实现［EB/OL］．（2021－01－15）［2021－06－05］．充分发挥市场机制和政府调节两种作用，推动生态产品价值实现（gmw.cn）．
④ 李维明，俞敏，谷树忠，等．关于构建我国生态产品价值实现路径和机制的总体构想［J］．发展研究，2020（03）：66－71．

弥补。一旦自然系统遭到破坏，当地政府则需花费一定的人造资本和人力资本修复污染，而补偿费用中一般不包括地区对环境保护所支出的费用，使得地区获得生态补偿金额愈加少于理论最优值。此外，公共性生态产品以生态系统调节服务为主，通常表现出跨区域的特征，因此有必要在生态公共产品价值核算的基础之上，完善跨区域生态补偿机制，不断加强区域间生态保护和环境治理合作。

2. 经营性生态产品价值实现的常规机制路径

经营性生态产品主要指产权明确、能直接进行市场交易的私人物品，具有排他性、竞争性的特征，如天然矿泉水、木材、林下种植、生态旅游产品以及产权界定清晰后的自然资源产权（如碳排放权）等；其价值实现主要采取市场路径，通过生态产品市场交易实现价值。[①]

对于非人类生产且不具有稀缺性的生态私人产品而言（天然矿泉水），其价值实现需要前期大量的人造资本与人力资本的投入，从厂房、生产线等基础设施的建设到市场开拓与营销，在经过一系列的配套辅助工作后，生态产品价值才得以转化。对于自然因素与人类生产活动密切相关的生态私人产品而言，其主要是利用地方自然资源禀赋以及生态优势所生产的生态农业产品。伴随着信息技术的革新与"互联网＋"时代的到来，电商平台为生态农产品的市场化交易提供了更多的机遇，产品交易链条大大压缩、流通成本不断降低；消费需求直接对接生产者，消除了信息不对称，提升了生产与流通效率，使得生态农产品的"生态溢价"空间大幅提升。对于完全由人类生产，符合国家生态标准生态私人产品，其主要是生态旅游产品与生态工业产品。对于生态旅游产品而言，其价值实现需要交通基础设施人造资本以及相关行业从业者人力资本的投入，只有自然资本、人造资本和人力资本三要素的有机结合，才能将生态优势充分转化为经济优势。但在现实的生态旅游产品价值实现过程中，企业资本投入与市场运作往往受制于由政府负责配给的基础设施和服务。对于生态工业产品而言，要使得其"生态中性"与"生态价值"在市场中同时体现出来，很大程度上取决于生态设计产品标准的规范性与普及性，我国针对生态设计产品已经出台了相应的国家标准（GB/T 32161—2015），但在执行中

---

① 石敏俊. 生态产品价值的实现路径与机制设计 [J]. 环境经济研究，2021，6（02）：1-6.

存在着激励不足、生态标准不完善等问题，有待进一步解决。①②

3. 准公共性生态产品价值实现的常规机制路径

准公共性生态产品主要指具有有限的排他性、竞争性的产品，既包括具有公共资源特征的森林公园和水权等生态产权市场，也包括具有俱乐部特征的集体林权、土地承包经营权等；其价值实现主要采取政府与市场相结合路径，政府通过法律或行政管控等一定的机制设计，使得准公共性生态产品价值以现实价值的形式在市场上得到全面的显现，从而创造出生态产品的交易需求，市场通过自由交易实现其价值。③④

具体来讲，对于花草林木、森林公园、生态绿道等这类公共资源类生态产品，应当由政府主导相关资源开发以及产业培训，并在此框架基础上引入企业参与市场化运营，推动生态产品价值市场化转换。对于生态俱乐部产品，如集体林权、土地承包权等，实现其生态价值的前提即是明确生态产权，并在此基础上建立生态产权市场交易中心，以市场化手段促进生态产权的价值实现。自然资源资产产权制度的建立，需要久久为功，不断完善，生态产品价值核算方法也需不断科学化、规范化，两者的共同努力将为生态产权的市场化交易提供有效的制度保障。与上述分类相对应，生态产品的价值实现路径主要有三类：依靠财政转移支付、政府购买服务等方式实现生态产品价值的政府主导型路径；通过市场配置、市场交易等方式实现生态产品价值的市场主导型路径；通过法律或政府行政管控、促进市场交易等方式实现生态产品价值的混合交叉型路径。

二、淳安县生态产品价值实现的可能路径及方案

根据域外生态产品价值实现的经验，淳安县要走多样化的价值转化路径：在短期内，初步形成以"市场主导型"、"政府主导型"与"混合交叉型"保驾护航的可持续性发展路径；在长期规划上，不断健全完善

---

① 廖茂林，潘家华，孙博文. 生态产品的内涵辨析及价值实现路径［J］. 经济体制改革，2021（01）：12－18.

② 沈满洪. 生态经济学的定义、范畴与规律［J］. 生态经济，2009（01）：42－47＋182.

③ 廖茂林，潘家华，孙博文. 生态产品的内涵辨析及价值实现路径［J］. 经济体制改革，2021（01）：12－18.

④ 万军，张惠远，王金南，等. 中国生态补偿政策评估与框架初探［J］. 环境科学研究，2005（02）：1－8.

"政府主导型"与"混合交叉型",与"市场主导型"形成"三管齐下"格局。基于案例分析所重点关注的"为谁转化""谁来转化""转化什么""转化多少"和"哪里转化",可能路径重点关注"怎么转化",其会涉及五大转化问题,但更多的是结合淳安县实际情况后政府主导型、市场主导型和混合交叉型路径的具体做法。

1. "政府主导型路径"的制度完善

政府主导下的生态产品价值实现机制路径包含生态环境修复与增值、生态补偿等模式,其实现方式主要是修复生态本底,厚积生态资本,建立利益关联机制,推动实现保护者受益。该路径实现方式的核心是坚持和完善生态文明制度体系,在生态保护领域防止政府失灵、防范寻租活动危害,协同各方生态保护主体,落实生态保护权责,调动各方参与生态保护积极性。

路径之一:正式制度和非正式制度的有机耦合

推进淳安县生态产品价值转化的正式制度包含国家(部)、省、市、县四级政府出台的有关生态补偿、水价改革和水权交易、碳排放交易权和绿色金融支持的法律、法规、政策、规章、契约等,政策实践丰富。非正式制度是与法律等正式制度相对的概念,主要包括价值观念、意识形态、风俗习惯、文化传统、宗教信仰、伦理道德规范等,其中意识形态处于核心地位。[①] 从国家和省市领导人对淳安县经济和生态发展的关切和指示来看,习近平总书记曾 7 次来到淳安县,提出"要坚持既要经济指标的GDP,又要绿色指标的GDP"等全面发展观念,[②] 强调"淳安要大力坚持生态立县,这不仅仅是淳安的事,也是关系全省全局的事",[③] 要求"在生态建设上当好示范,在欠发达地区的跨越式发展上当好示范,在党的先进性建设上当好示范。"[④] 因此,对淳安县整体而言,它既有正式制度的基础,也有非正式制度的底蕴。推进淳安县正式制度和非正式制度的有机耦合存在三条路径,具体做法有:第一,对于正式制度而言,需要扎实推进千岛湖生态环境制度的执行与监管,成立相关制度的督察严办小组,切

---

① 黄少安. 制度经济学 [M]. 北京:高等教育出版社,2008:6 – 10.

② 2003 年 9 月 15 日,时任浙江省委书记的习近平同志在淳安调研时的讲话.

③ 2004 年 10 月 15 日,时任浙江省委书记习近平同志在淳安县调研生态建设和发展旅游经济情况时的讲话.

④ 2005 年 3 月 22 日,时任浙江省委书记习近平同志在淳安县调研先进性教育活动时的讲话.

实打通生态价值转化通道，提高生态价值转化效率，提高正式制度的作用力。第二，对于非正式制度而言，需要大力推进生态文明思想的媒体传播、社会教育、理论本土化工作，形成学习习近平生态文明思想蔚然成风的良好局面，提高非正式制度的作用力。第三，依托我国的民主机制提升生态文明制度的民众亲和力，培养民众生态保护意识；以传播机制创新提升习近平生态文明思想影响力，凭借民众自发意识实现正式制度保育生态的目标。

路径之二：生态补偿制度的健全完善

区别于一般流域生态补偿，淳安特别生态功能区生态补偿制度实践的具体做法包括：第一，生态补偿主体多元化。完善千岛湖水生态补偿机制需要将补偿主体由单一的政府补偿向包括政府、用水户、社会群体在内的多元补偿主体转变。这就要求首先应深化纵向补偿，发挥中央财政的引领作用，增强省级财政的支撑作用，强调杭州市和嘉兴市从市级层面共同对淳安县进行补偿。推行横向补偿，加快与桐庐县和建德市的生态补偿协商。其次应由具体的生态效益享用者——用水户，向水源地的保护者支付生态补偿资金，最为直接的做法即是通过水资源定价向用水终端收取生态补偿费用。最后应鼓励社会各界对流域生态建设进行募捐和援助，通过流域保护投资实现改善水质、资助保护教育和培训等目标。第二，生态受偿主体多元化。对于县、镇（乡）、村因生态保护而造成的财政损失予以补偿，补偿力度因地制宜，以政府生态治理与保护付出的实际成本为依据，创建一镇（乡）一规、一村一规的补偿办法，填补环保支出缺口，激发政府组织的行动力，从而更好的发挥政府在千岛湖生态保护中的主导性作用；对于为千岛湖生态保护做出贡献或是为避免保护地区环境恶化而发展受到限制的企业，以及因农业方式整治而受影响的居民，应关注到淳安人民的幸福期盼与发展现状之间的落差，聚焦各类群体的机会成本，尤其是贫困线边缘、极易返贫的人群，测算资源用在其他特定用途上能够带来最大预期收益与因生态环境保护而带来的收益之间的差值，以理论计算的成本数额作为日后面向企业和居民的普惠性生态补偿的基准参考。第三，生态补偿方式多元化。在政府补偿方面，除资金补偿之外，应探索诸如土地补偿、项目补偿、技术补偿与政策补偿等方式，提升淳安县经济发展能力。在市场化补偿方面，应完善自然资源的交易机制、市场化融资渠道，利用市场行为改善生态环境。同时还应倡导社会补偿方式，发挥三次分配的作用。第四,生态补偿标准有待提高。在机制设计上,为解决生态补偿主体和受偿主体的经济、行政地位不平等问题,可以在省级层面设立"千岛湖水资源生态补偿督查组",负责协调、维护保护者和受益者的正当权益;在核算方法上,需要综合考虑所涉主体的经济价值和生态价值,采取多种核算方法(市场定价法、机会成本法、意愿调查法、生态系统服务价值法、水资源价格法)相互印证,充分考虑各类技术方法的局限与不确定性,计算分析相对合理的补偿标准;在补偿的具体实施上需要考虑补偿标准的准确性和持续性,建立动态性的补偿标准体系,使其能够根据补偿效果、补偿者意愿、保护区的经济发展等情况的变化而变化。

路径之三:生态保护的多跨协同

推进多主体在生态保护方面开展协同,以小切口推动系统重塑,有效解决跨层级、跨地域、跨部门、跨业务问题。具体做法为:第一,跨层级协作。建立引水区与淳安县共商机制,健全淳安特别生态功能区领导小组,集结各地区多层级部门,打破行政壁垒,统筹构建主体协同、上下联动、条块结合的工作体系。加强淳安县乡联动,规定乡镇(街道)可以向有关县级机关提出生态保护协作请求,县级机关及时给予指导和支持,解决乡镇(街道)生态保护执行能力不足问题。第二,跨省界协作。深化上下游流域共管机制,丰富与黄山歙县的合作备忘录条款,实施联合监测、汛期联合打捞、联合执法、应急联动。第三,跨部门协作。以"一支队伍管千岛湖"治理思想,将农业、林业、交通等生态环境领域执法范围划归至综合执法部门,集中行使执法权,提升跨部门协同治理水平。第四,跨业务协作。搭建产业生态保护一体化流程体系,支持企业跨业务高效协作。梳理地产、商业、渔业、酒店、体育等产业的业务流程,通过集成多个业务系统,实现各系统间减排治污数据互通,共享环保治理成本与管控方案。打造知识地图、知识问答、专家网络等多项应用,实现对生态保护知识共享、查找、复用、创新的有机管理。打造生态保护缺陷管理库,汇集以往项目在设计、营销、工程、成本、服务、物业等多项业务中所存在的缺陷案例,帮助现在及日后的项目相关人员吸取经验,减少试错成本,提升项目品质。

2. "市场主导型路径"的产业革新

生态产品价值实现具有广泛而深远的意义。生态产品价值实现并非仅仅是初级生态产品的价值转化,而是保护和修复生态系统、治理和改善自然环境的需要①,是满足广大人民群众日益增长的对美好生活向往的需要,是践行绿水青山就是金山银山理念的具体体现,是充分发挥市场在生态保护和修复中作用的具体体现。利用生态优势、发展生态产业既是保护绿水青山的初衷,也是协同推进经济增长和生态保育的必然路径。市场主导下的生态产品价值实现路径包含生态农业、生态工业、生态旅游等模式,其实现方式主要是盘活特色资源,推进地区生态化,增强生态产品供给能力,构建循环生态产业。该路径实现方式的核心是探索生态产业优势路径,聚焦生态产业技术创新,提升生态文化软实力并赋能生态产品,增强生态产品的供给与竞争能力。

路径之一:发展优势生态产业

充分发挥自然资源禀赋优势,着力打造具有鲜明辨识度的生态产品,选择生态农业、水饮产业和旅游业作为淳安生态产业的发展核心。具体做法为:第一,做强生态农业。淳安县应做优做强茶叶、毛竹、淡水有机鱼、山核桃、中药材等众多特色农林产品,关注农业产业的上下游,围绕产业链进行链式拓展,推动农林特色产品种植、精深加工、商贸、品牌文化一体化发展,打造国家生态原产地产品保护示范区与全国原生态农产品示范基地。第二,做活做足水饮产业。打造华东地区最大的现代水饮产业集群及健康水饮料孵化地,在做大饮用水、果汁饮料规模的基础上,拓展健康饮品、健康食品、功能水、纯粮酒、果酒等细分产业赛道,全产业链招引。同时,做足水资源的高效利用,开发婴幼儿用水、茶道用水、化妆水、小分子水等个性高端水,提高水产品的附加值,促进水产业向高端化发展,打造中国百亿水产业基地。第三,做深旅游业。发展全域旅游,建设覆盖全域的交通绿道,制定全域旅游规划方案与路线。依托现有 42 家高星级酒店,做优"会展经济",打造高端会议会展的首选承接地。培育创新诸如水之灵演艺、啤酒小镇等城市休闲新业态,建设鲁能胜地等高端项目,打造产业链完善的国际休闲度假旅游目的地。

路径之二:推动生态技术创新

生态环境形势的复杂性和生态文明建设任务的艰巨性需要新理论、新方法、新技术为淳安县经济转型提供指导和支撑,现阶段解决淳安县存在

---

① 求是网.探索生态产品价值实现路径 促进生态资源资产协同发展 [EB/OL].(2021 – 12 – 24)[2022 – 09 – 17].

的"生态不经济"问题必须大力开展生态科技创新，必须以生态环境质量改善为根本目标解决环境治理技术、设备、材料等关键问题。具体做法为：第一，注重自主创新，增强创新源头供给。基于淳安县严格的生态环境保护要求，坚持问题导向和产业应用方向，集中力量开展科技攻关，在节能环保、医药健康、水饮料等领域加强基础应用研究，力争取得一批重要的创新成果。加快落实科研基础设施与研发中心建设，集聚创新资源，营造良好创新氛围，在物质层面解决科研创新落定难问题。第二，深化合作创新，缩小前沿技术差距。以新材料、新能源、人工智能等领域为重点，积极争取这类国内外企业、科研机构在淳安县设立高层次研发中心，通过企业间合作，引进学习关键技术，加快形成一批具有自主知识产权的核心技术，提升淳安县生态产业发展的创新动能。

路径之三：文化赋能产业发展

增强淳安县绿色"颜值"，传承革命红色基因，推进"生态＋产业＋文化"模式，为生态产业发展注入文化力量。具体做法为：第一，做精文创业。依托千岛湖优质自然景观，进一步打响"创意千岛湖"的文化品牌，形成以文化旅游、康美养生和影视摄影产业为主导的文创产业体系。提升文创产业的规模和集聚化程度：以"摄影"为契机，持续营造产业创新氛围与小镇艺术美感；发挥高新技术、数字传媒等新兴业态的支撑作用，赋能民间艺术、传统文化和非遗项目，以网络荧幕的形式激发传统文化的活力；出台文创产业扶持性政策，将文创产业打造成为县域经济的重要增长点和城市文化新招牌。第二，讲好革命史。推进革命故事普查登记工作，整理红军在淳安活动故事，梳理史料成册并公开发行。依托中国工农红军北上抗日先遣队指挥部遗址、白马红军墙、中洲镇的茶山会址等红色旅游景区，打造红色教育基地，发展"红色＋绿色"文旅模式。

3. "混合交叉路径"的机制探索

"政府＋市场"混合调节下的生态产品价值实现机制路径表现为自然资源产权交易模式，其实现方式主要是盘活生态资源，通过政府确权、登记、管控后，将自然资源以资产化的形式在生态市场上进行交易。该路径实现方式的核心是实现自然资源的确权登记，设立自然资源产权交易机制，扩大自然资源产权价值转化渠道。

路径之一：推进自然资源确权登记

具体做法为：第一，完成资源勘查计算任务。以林业、碳汇和水资源为确权对象，成立领导小组组织开展多层面线上、线下技术培训，制定出台技术文件，统一调查技术标准。第二，做好学理性工作。出台相关经济解释与法理演绎，为剥离资源经营权、设立自然资源产权制度提供经济学支持与法律依据。第三，推进资源确权登记。在淳安县全面推开"两山合作社"APP，拓宽淳安自然资源信息整合渠道。

路径之二：建立自然资源交易机制

具体做法为：第一，完善资源流转服务体系。开展林业、碳汇和水资源的承包、租赁、转让、互换、拍卖、招标等交易，推动自然资源流转；打造自然资源流转服务平台，为产权交易提供政策咨询、信息发布、交易引导等服务。第二，推动企业农户互助合作。引导龙头企业、国有企业加强与淳安县村集体、农户的合作，提升自然资源家底基数，打造多方共赢的规模经营模式，为自然资源产权交易培育潜在买卖双方。第三，完善资源交易流程。一是信息发布。自然资源出让人于"两山合作社"APP公布资源相关信息与竞拍底价。二是网上交易。竞买人通过"两山合作社"APP平台获取资源信息。三是申购资源。申购人凭借相关身份证明材料，与资源出让人联合申请资源交易，撰写竞买申请书。四是竞价成交。根据报价规则进行报价，最后报价为最终资源成交价。五是收归契约。资源交易成功后，买卖双方签订竞买成交书，由服务中心将交易契约收归并纳入竞买双方的电子档案，以备查用。

路径之三：发展绿色金融市场

具体做法为：第一，规范发展一级市场。产权交易的一级市场主要是解决自然资源的总量分配问题。在此过程中，交易的一方是政府或是占有资源经营权的主体，另一方是作为接受者的政府、企业或民众。政府在此过程中发挥一定的行政功能干预市场交易，通过这种有偿、有限提供环境容量资源的方式，便可以达到保护环境和实现生态价值的目的。第二，培育发展二级市场。二级市场的参与主体主要是企业与非政府组织，一般资源利用效率较高、资源留有结余的主体构成了供给方，资源利用效率较低或者是新进入的主体构成需求方。自然资源使用者之间的交易在二级市场进行，这是一个完备的自由交易市场，交易以市场化的形式展开，政府在此过程中主要发挥监管和制定规则的功能。第三，协同发展两级市场。一级市场以"有偿、有限使用自然资源"为核心，通过产权交易补偿出让方的环境保护支出，解决公平问题；二级市场以"自然资源利用效率"

为核心，通过市场机制推动资源流向短缺主体，解决效率问题。第四，完善绿色投融资机制。在自然资源产权交易二级市场引入金融衍生品，利用其规避风险、价格发现、投机三项功能，放大市场对资源优化配置的功能，吸引更多社会资本投入绿色产权领域，解决生态环境治理的资金来源问题。发挥绿色金融对绿色产业的支持作用一方面要健全绿色金融组织机构体系，另一方面要创新绿色金融产品工具，形成参与主体多元化、金融产品多样化的绿色金融市场格局。

第四节　淳安县生态产品价值实现的产业转化路径

一、服务于高质量生态产品价值转化的产业遴选思路

绿色产业是对黑色产业的变革，绿色产业认为产业发展要顺应自然、保护自然、敬畏自然，遵循资源低消耗、污染低甚至无排放。绿色产业可以分为浅绿色产业和深绿色产业。浅绿色产业是"就环境论环境"的产业，"头痛医头、脚痛医脚"，认为保护环境就不需要发展经济。深绿色产业强调整体性思维和系统论观点，环境与经济是对立统一的。深绿色产业是浅绿色产业发展的高级形态。[①] 相对于"深绿色产业"，"有助于生态产品价值实现的产业"包含于前者之内，是前者的子集。两者的共同点是，均具备"深绿"的特征，均与黑色产业或浅绿产业有显著不同，强调"山水林田湖草"的有机统一，主张从末端控制向源头控制转变，强调资源的循环利用和可持续发展目标的实现。王金南等（2021）提出"生态产品第四产业"，指以生态资源为核心要素，与生态产品价值实现相关的产业形态，从事生态产品生产、开发、经营、交易等经济活动的集合。[②] 相较于"生态产品第四产业"，"生态产品价值实现的产业"并不

---

① 沈满洪．绿色发展的中国经验及未来展望［J］．治理研究，2020，36（04）：20 – 26.
② 王金南，王志凯，刘桂环，等．生态产品第四产业理论与发展框架研究［J］．中国环境管理，2021（04）：5 – 13.

一定以生态资源为核心要素，但产业形态与生态产品价值实现密切相关。

为了便于对产业、产品的项目审批、申报和统计分析，在编制产业发展导向目录时参照和采用了国家统计局等有关部门颁发的《国民经济行业分类与代码》（GB/T 4754－2017）进行分类。其中数字经济参照和采用了浙江省经济和信息化委员会、浙江省统计局发布的《浙江省数字经济核心产业统计分类目录》（浙经信电子〔2018〕201 号）进行分类。在生态产品价值转化的产业选择和框架上，参考了淳安县发改局发布的《淳安县产业发展导向目录（2021 年本）》。

遴选思路是遍历《国民经济行业分类与代码》《浙江省数字经济核心产业统计分类目录》以及《淳安县产业发展导向目录（2021 年本）》，筛选服务于高质量生态产品价值转化的产业，形成产业目录。基础性体现在产业目录遍及一二三产以及新兴的"生态产品第四产业"；衔接性体现在产业目录综合考虑了国家、浙江省和淳安多级政府产业发展指导；系统性体现在产业目录依照国家产业分类标准进行目录构建；创新性体现在产业目录的制定较好结合了淳安当地特色和优势；价值实现性体现在产业目录筛选的重点判断依据是能否帮助实现生态产品价值；融合性体现在产业目录中的一些产业并不局限于特定的行业门类，而是多种行业的融合。

产业类别中，重点突出旅游业、水饮料产业、大健康产业、生态工业、文化创意产业和绿色农业，同时也包括数字经济核心产业、金融服务业、科技服务业、物流商贸等其他类别的产业（见表 5－2）。对于不能够推进生态产品价值转化的产业，即使满足深绿产业的要求并体现出融合发展的特征，在此也未予以收录。

表 5－2　淳安县服务于高质量生态产品价值转化的产业（遴选）

序号	国标代码	说明
一、旅游休闲类		
（一）旅游业		
A01	51	蔬菜、水果、肉、禽、蛋、奶及水产品的批发和进出口活动；可直接饮用或稀释、冲泡后饮用的饮料、酒、茶叶的批发和进出口活动；艺术品、收藏品销售代理，画廊艺术经纪代理；通过互联网电子商务平台开展的商品批发活动

续表

序号	国标代码	说明
A02	52	淳安特色的人用中药材中药饮片、中成药、渔业产品、茶叶产品零售；旅游装备设备、旅游商品、体现淳安历史文化、风土人情的旅游纪念品、有特色的传统工艺美术品开发及营销；小饰物、礼品花卉及其他未列明日用品的店铺零售活动
A03	61	旅游饭店、一般旅馆、经济型连锁酒店、民宿服务、露营地服务、其他住宿业等
A04	62	商业自主品牌建设，老字号品牌推广和建设，商业网点设施建设，茶楼、酒吧等特色休闲服务业建设，旅游主题餐饮开发建设，地方特色餐饮、农家菜挖掘推广，国内外知名餐饮品牌引进
A05	72	国际、国内知名旅行社引进，国际知名旅游企业引进；旅游咨询服务体系建设
A06	771	省级自然保护小区、湿地公园、风景名胜区、森林公园等自然保护地的综合保护、利用和开发项目；森林资源和珍稀植物保护项目；生物多样性保护项目
A07	78	有淳安特色的旅游项目开发，研学旅游、工业旅游、康养旅游、红色旅游、及其他旅游资源综合开发服务；文旅体综合体项目、旅游度假服务接待设施建；特色小镇、旅游风情小镇、运动小镇等各类主题小镇建设
A08	83	旅游业的相关人才培养，包括导游、市场营销、酒店管理、景区管理等
A09	/	智慧旅游平台建设：包括在线咨询、在线体验、精准营销、在线交易等
A10	902	配有大型娱乐设施的游乐园，提供室外娱乐活动及以娱乐为主的活动
A11	903	以农林牧渔业、制造业等生产和服务为对象的休闲观光旅游活动
A12	905	文化体育娱乐活动与经纪代理服务，包括体验淳安历史、文化和环境的文化活动服务、体育表演服务等
(二) 运动休闲业		
A13	892	亚运会场馆及其他体育运动场馆设施管理
A14	893	潜水、游泳、帆船、帆板、皮划艇、游艇、垂钓等水上运动，绿道骑行、马拉松、铁人三项、露营、赛车、攀岩、登山、探险、滑雪等、素质拓展陆路运动及跳伞、高空弹跳、滑翔伞、动力伞、热气球、航模等航空运动相关的户外健身康体项目和运动基地建设
A15	899	体育中介代理服务、体育健康服务等
(三) 商务服务业		
A16	721	以淳北乡村联合体、大下姜联合体等的农村集体经济组织管理

续表

序号	国标代码	说明
A17	724	资信调查与生态信用评级等信用服务体系建设
A18	726	专业农村经纪人的引入和培养
A19	728	会议、展览及相关服务，包括体现淳安旅游特色的旅游会展服务、体现亚运精神的体育会展服务、体验淳安历史的文化会展服务等
二、健康水产业		
B01	151	以麦芽（包括特种麦芽）、千岛湖水为主要原料的啤酒制造生产活动；结合淳安生态优势的白酒、黄酒、葡萄酒、其他酒制造活动
B02	152	功能型饮料、保健型饮料、天然有机食品饮料和地方特色饮品等系列产品的研发生产项目；茶饮料产品、茶食品等茶提取物为主的深加工产品的生产；淳安千岛湖茶、千岛玉叶茶、鸠坑茶等茶类生产，以及抹茶、红曲茶等新类茶的茶加工；瓶（罐）装饮用水制造；含乳饮料和植物蛋白饮料制造
B03	/	茶道水、母婴水等高端水产品的生产
B04	/	水饮料技术创新服务中心、检测机构、产学研合作网络等平台建设
三、大健康产业		
（一）健康食品制造业		
C01	13	山核桃、香榧、板栗、柑橘、无核柿、枇杷、甜玉米、竹笋、木本油料、蛋品、水产、地瓜、松花粉、高山蔬菜、食用菌、松花粉豆制品、孝母糕、蜂产品、千岛湖水产品等绿色农产品、特色农产品的保鲜储存、精深加工
C02	1491	红曲、酵素、桑黄等微生物发酵产品生产；方便、营养、速冻食品，以本地农产品为原料的休闲、旅游食品
C03	1492	医学用途专用食品、婴幼儿配方食品、定制食品等特殊膳食制造；以"淳六味"等药材为原料的天然功能性保健食品生产；营养补充、养生保健、美体塑形等多领域复合型膳食补充类特色优势食品制造；植物凝翠的母婴保健食品
（二）生物医药制造业		
C04	27	中医药保健产品研发与制造；中药饮片加工；中成药生产
C05	/	天然美容化妆品（包含化妆水）研发与制造
（三）健康服务业		
C06	149	绿色有机食品、安全食品技术推广
C07	74	食品安全追溯系统建设
C08	78	医疗健康旅游项目

续表

序号	国标代码	说明
C09	80	老年人修养、娱乐服务设施建设、老人活动室
C10	8290	老年医学、康复、护理、保健、营养、心理等专业的康养服务人才培养
C11	84	康复医院、生态疗养院建设与运营；健康体检、健康教育、健康咨询等健康服务
C12	85	中高端养生养老机构建设与服务提供；残疾人康复理疗设施建设
C13	/	健康农业种养文化、健康农产品消费理念推广
四、生态工业		
（一）高端装备制造业		
D01	35	高档食品加工和包装机械；农林产品加工技术研发与设备制造；茶叶加工机械设备、茶园管理机械设备制造
（二）节能环保和新能源新材料		
D02	30	节能环保型建筑节能材料、墙体材料制造
D03	35	环保机械设备制造，主要包括污水、垃圾、污泥、废气、噪声、粉尘的处理设备及监测设备，饮用水安全保障技术，工业和城市节水、废水处理技术及设备，雨水、海水、苦咸水利用技术，大气污染控制技术和设备，智能回收、自动回收等新型回收设备，智能化分拣技术装备，固体废弃物的处置技术及装备，环境自动监测系统，生态环境建设与保护技术及装置，环境监测仪器仪表，绿色制造关键技术与装备，生活垃圾中转设备，新型多功能环卫装备的开发应用
D04	42	建筑垃圾和厨房垃圾的资源化利用项目
D05	44	农村沼气、生物质能、地热能、太阳能等新能源的开发和利用项目；高效低污染燃煤技术及发电系统应用
D06	65	分布式能源网络、智能微电网系统、智慧能源管理云平台建设
D07	/	资源节约型、环保型的新型包装材料生产
（三）竹藤制造业		
D08	20	高附加值竹木产品研发与生产；林区次小薪材的综合利用
D09	201	竹地板加工
D10	204	竹炭、竹纤维的研发生产，以毛竹为原料的新产品开发
D11	2435	笔、工艺品等来料加工业
五、数字经济核心产业		
E01	65	农业生产数字化改造和智慧农业工程，信息化农业服务项目

续表

序号	国标代码	说明
E02	65	智慧环保云服务平台
E03	6512	环境数据库、接口软件、测试工具软件等支撑软件开发
E04	6431	互联网大宗商品交易平台（如碳汇）、互联网物流平台、互联网货物仓储平台、互联网商品交易平台、互联网商务服务平台、互联网大数据服务平台等类型的互联网生产服务平台
六、文化创意产业		
F01	2435	竹木工艺品制造
F02	2436	八都麻绣等传统抽纱刺绣工艺品制造
F03	6572	动漫、游戏数字内容服务
F04	88	艺术表演场馆，图书馆，茶叶、钱币、历史等博物馆，纪念馆，名人故居的建设开发和运营
F05	8730	依托千岛湖生态的影视节目制作
F06	8840	淳安文物及非物质文化遗产保护
F07	8870	各类展示民俗文化、新安江文化等千岛湖地方特色文化的节庆活动
F08	8890	其他文化艺术
F09	9059	其他文化艺术经纪代理
F10	/	摄影、书法、绘画、雕刻、织绣等特色文化发展，书画创作、婚纱摄影、影视拍摄、戏曲艺术、艺术创作、新闻采风等文创产业基地的培育建设
七、金融服务业		
G01	66	包括生态信用的农业信贷担保体系建设
八、科技服务业		
H01	73	国家高技术产业化基地项目，国家、省、市高技术产业发展项目，国家和省工程研究中心、技术中心建设项目，国家和省、市重点科技攻关项目、重点工业性试验项目，新产品开发、重大新技术推广示范、应用项目，国家、省科技型中小企业技术创新基（资）金项目、国家火炬项目
H02	7520	知识产权代理、转让、登记、鉴定、检索、分析、评估、运营、认证、咨询和相关投融资服务
H03	7540	创业空间服务
九、物流商贸业		
I01	48	旅游码头建设项目；换乘中心及停车设施建设，公共自行车服务点及维修点建设

续表

序号	国标代码	说明
I02	481	农村连村连网通达工程
I03	4812	千黄高速公路、杭淳开高速公路等连接省外、县外的公路建设和提升改造项目
I04	4813	县域内骨架交通干道改造提升工
I05	/	搭建包含全县级物流配送中心、物流配送基地和物流配送站在内的三级物流配送层次
I06	51	农副产品批发市场配送、电子商务等改造建设
I07	52	电商新业态培育，专业的电商直播机构引建，社交电商、直播电商、直播带货、社区商业O2O等模式开发推
I08	/	商业自主品牌建设，千岛湖品牌的推广和建设
I09	/	流通食品安全设施建设
I10	/	市场运行监测系统和市场运行监测数据库的建设
I11	/	总部税源经济、楼宇经纪
十、现代农业		
J01	01	茶叶、蚕桑、果类（水果、山核桃、香榧等）、笋竹、水产、蔬菜、食用菌、中华蜂、木本油料等优良品种的引进、培育和开发
J02	01	林下经济模式创新及推广应用
J03	017	铁皮石斛、西红花、山茱萸、灵芝、桑黄等名贵中药材的引进、培育和开发
J04	02	速生丰产林、生态公益林、大径材、景观林带、乡村绿化、竹林、苗木的培育建设。植被恢复绿化、水土保持技术及工程
J05	02	农林业种（苗）场、良种繁育基地的建设
J06	03	蚕、蜂等优良品种的引进、培育和开发，蚕桑示范园区建设
J07	03	蚕沙无害化处理
J08	04	水产良种繁育体系建设，引进、开发与推广养殖名特优新水产品种
J09	05	农、林、牧、渔业新优品种开发、种质资源保护与改良
J10	05	农林业珍稀资源的保护、开发、利用项目
J11	05	无公害生产基地、绿色食品生产基地、有机农业生产基地、都市农业示范园区建设；农业绿色防控及优质安全高效栽培技术推广和示范区建设
J12	05	节水灌溉示范项目建设
J13	05	农林业机械化应用项目
J14	65	数字农村建设和信息进村入户工程

续表

序号	国标代码	说明
J15	65	"互联网＋"农产品出村进城工程
J16	74	农、林、牧、渔业专业技术服务机构的引进、建设
J17	74	农产品监督检测检验体系建设
J18	74	农产品质量安全标准体系建设
J19	74	农产品标准生产技术推广
J20	75	水土保持技术应用推广及工程建设
J21	75	农业新型栽培技术及模式应用
J22	75	生物基因工程在农业中的应用
J23	75	水产品健康养殖技术应用推广与装备制造
J24	95	新型农业社会化服务组织、农民专业合作组织建设
J25	/	节约型农林业、循环农业、生态农林业、休闲观光农林业、创汇农林业、农林业总部经济项目
J26	/	农产品区域公用品牌建设及农产品质量建设工程
十一、其他		
K01	77	环境保护技术与工程，重点为水资源保护、大气环境保护；废（污）水、废气、噪声、震动、电磁波等的技术监测和治理工程，工业固体废弃物的无害化处理和综合利用工程，危险废物处置工程
K02	77	垃圾、粪便处理及其综合利用，垃圾焚烧发电项目，畜牧场、水产养殖污染治理工程，农村垃圾治理
K03	78	生活垃圾无害化处理技术应用推广、垃圾直运、大中型垃圾转运设施项目建设，生活垃圾处置特许经营
K04	/	城区和中心城镇环境整治、绿化工程，公路干线沿线、千岛湖湖岸沿线、入城口的绿化工程，园林建设工程

二、服务于高质量生态产品价值转化的产业遴选结果

淳安县服务于高质量生态产品价值转化的重点发展产业如表 5－3 所示。生态旅游业中，A05—A06，A09—A11 已取得了一定的发展，而 A07—A08，A12 可以进一步加强。具体而言，具有淳安县特色的小镇建设虽已有初步的成果，但可以进一步加强推动支持小镇建设，实现村民共同富裕，提升游客游玩体验。同时，旅游业的进一步发展需要相关的旅游

人才，需进一步加强。淳安历史、文化和环境的文化活动服务、体育表演服务体验可进一步拓展。

水饮料产业中，B01—B03 已取得了一定的发展，而 B04 可以进一步加强。具体而言，淳安县水饮料产业已有相当规模，而产业技术创新服务中心和产学研合作网络平台建设是未来的主要发展方向。大健康产业中，C05—C08，C13 已取得了一定的发展，而 C03—C04 可以作为重点产业发展。具体而言，淳安县可在中药材、中药饮片深加工上进行探索，在天然功能性保健食品上进行创新，开发多领域复合型膳食补充类特色食品。数字经济核心产业中，E02—E03 已取得一定的发展，而 E04 可以进一步加强。具体而言，淳安县可以探索建立互联网大宗商品交易平台（如碳汇）、互联网物流平台、互联网大数据服务平台等互联网生产服务平台。现代农业中，J01、J04、J05、J08、J21—J24 已取得一定的发展，J03，J17—J19，J25—J26 可以进一步加强。具体而言，淳安县可以进一步引进名贵中药材的培育和开发，并进行农产品监督检测检验体系建设、农产品质量安全标准体系建设等，探索休闲观光农林业、创汇农林业等。详见表5－3。

表5－3　淳安县服务于高质量生态产品价值转化的重点发展产业

序号	国标代码	说明
一、生态旅游业		
A05	72	国际、国内知名旅行社引进，国际知名旅游企业引进；旅游咨询服务体系建设
A06	771	省级自然保护小区、湿地公园、风景名胜区、森林公园等自然保护地的综合保护、利用和开发项目；森林资源和珍稀植物保护项目；生物多样性保护项目
A07	78	有淳安特色的旅游项目开发，研学旅游、工业旅游、康养旅游、红色旅游、及其他旅游资源综合开发服务；文旅体综合体项目、旅游度假服务接待设施建；特色小镇、旅游风情小镇、运动小镇等各类主题小镇建设
A08	83	旅游业的相关人才培养，包括导游、市场营销、酒店管理、景区管理等
A09	/	智慧旅游平台建设：包括在线咨询、在线体验、精准营销、在线交易等
A10	902	配有大型娱乐设施的游乐园，提供室外娱乐活动及以娱乐为主的活动
A11	903	以农林牧渔业、制造业等生产和服务为对象的休闲观光旅游活动

续表

序号	国标代码	说明
A12	905	文化体育娱乐活动与经纪代理服务，包括体验淳安历史、文化和环境的文化活动服务、体育表演服务等

二、健康水产业

序号	国标代码	说明
B01	151	以麦芽（包括特种麦芽）、千岛湖水为主要原料的啤酒制造生产活动；结合淳安生态优势的白酒、黄酒、葡萄酒、其他酒制造活动
B02	152	功能型饮料、保健型饮料、天然有机食品饮料和地方特色饮品等系列产品的研发生产项目；茶饮料产品、茶食品等茶提取物为主的深加工产品的生产；淳安千岛湖茶、千岛玉叶茶、鸠坑茶等茶类生产，以及抹茶、红曲茶等新类茶的茶加工；瓶（罐）装饮用水制造；含乳饮料和植物蛋白饮料制造
B03	/	茶道水、母婴水等高端水产品的生产
B04	/	水饮料技术创新服务中心、检测机构、产学研合作网络等平台建设

三、大健康产业

序号	国标代码	说明
C03	1492	医学用途专用食品、婴幼儿配方食品、定制食品等特殊膳食制造；以"淳六味"等药材为原料的天然功能性保健食品生产；营养补充、养生保健、美体塑形等多领域复合型膳食补充类特色优势食品制造；植物凝翠的母婴保健食品
C04	27	中医药保健产品研发与制造；中药饮片加工；中成药生产
C05	/	天然美容化妆品（包含化妆水）研发与制造
C06	149	绿色有机食品、安全食品技术推广
C07	74	食品安全追溯系统建设
C08	78	医疗健康旅游项目
C13	/	健康农业种养文化、健康农产品消费理念推广

四、普惠林业（生态工业）

序号	国标代码	说明
D08	20	高附加值竹木产品研发与生产；林区次小薪材的综合利用
D09	201	竹地板加工
D10	204	竹炭、竹纤维的研发生产，以毛竹为原料的新产品开发
D11	2435	笔、工艺品等来料加工业

五、数字经济核心产业

序号	国标代码	说明
E01	65	农业生产数字化改造和智慧农业工程，信息化农业服务项目
E02	65	智慧环保云服务平台
E03	6512	环境数据库、接口软件、测试工具软件等支撑软件开发

续表

序号	国标代码	说明
E04	6431	互联网大宗商品交易平台（如碳汇）、互联网物流平台、互联网货物仓储平台、互联网商品交易平台、互联网商务服务平台、互联网大数据服务平台等类型的互联网生产服务平台
六、现代农业		
J01	01	茶叶、蚕桑、果类（水果、山核桃、香榧等）、笋竹、水产、蔬菜、食用菌、中华蜂、木本油料等优良品种的引进、培育和开发
J03	017	铁皮石斛、西红花、山茱萸、灵芝、桑黄等名贵中药材的引进、培育和开发
J04	02	速生丰产林、生态公益林、大径材、景观林带、乡村绿化、竹林、苗木的培育建设。植被恢复绿化、水土保持技术及工程
J05	02	农林业种（苗）场、良种繁育基地的建设
J08	04	水产良种繁育体系建设，引进、开发与推广养殖名特优新水产品种
J17	74	农产品监督检测检验体系建设
J18	74	农产品质量安全标准体系建设
J19	74	农产品标准生产技术推广
J21	75	农业新型栽培技术及模式应用
J22	75	生物基因工程在农业中的应用
J23	75	水产品健康养殖技术应用推广与装备制造
J24	95	新型农业社会化服务组织、农民专业合作组织建设
J25	/	节约型农林业、循环农林业、生态农林业、休闲观光农林业、创汇农林业、农林业总部经济项目
J26	/	农产品区域公用品牌建设及农产品质量建设工程

三、服务于生态产品价值实现的产业转化路径

表 5 - 2 和表 5 - 3 给出了服务于生态产品价值转化的产业清单及重点发展产业，解决了可能"发展什么"。此部分拟继续回答"重点发展什么"以及"如何发展重点产业"等重要问题。

1. 坚定不移推动水饮料产业高质量发展

"水"是淳安县最显著的标志和特征，是淳安县最为丰富的生态资源，蕴藏巨大的生态价值，并已初步显现了巨大的价值转化潜力。发展水饮料产业的着力点是要打造和维护"千岛湖"品牌。"千岛湖"品牌是淳

安县水饮料产业赖以发展的最核心竞争力。"千岛湖"品牌具有准公共物品特征,属于俱乐部物品。"千岛湖"品牌具有排他性,淳安县政府及相关的市场监管部门具有足够的技术手段阻止企业免费使用"千岛湖"品牌。"千岛湖"品牌具有非竞争性,一家企业对品牌的使用不影响另一家企业对其的使用。准公共物品可能会导致投资不足,淳安县政府应当对维护"千岛湖"品牌的行为予以恰当的补贴,鼓励水饮料企业为"千岛湖"品牌的树立添砖加瓦。水饮料产业还需解决物流运输难题。基于千岛湖的品牌价值,淳安县水饮料企业一定是原料导向型,生产工厂需设在原料旁而非市场旁。经过一定的生产步骤,原料成为产品,有利于运输分发,但重量并未有显著减轻。这就要求水饮料产业周边拥有较发达的道路基础设施,以便以低成本将产品输入市场。

2. 全面支持大健康产业繁荣发展

淳安县大健康产业的核心竞争力仍是"千岛湖"品牌,这是缘于行为经济学的锚定效应理论。消费者受第一信息支配,愿意相信好山好水出好的康美产品。淳安县可重点发展的大健康产业内容丰富:第一类是健康食品制造业,包括山核桃、香榧、板栗、千岛湖水产品等本地绿色和特色农产品,"淳六味"等药材为原料的天然功能性保健食品,以及婴幼儿配方食品等。第二类是生物医药制造业,结合淳安县林下经济种植中药材的特色优势,发展中药饮片加工,中成药生产等。第三类是健康服务业,淳安县具有得天独厚的自然环境,重点是发展养老产业,包括老年人修养、老年人医学康复护理,尤其是中高端养生养老服务。针对第一类产业,淳安农业大多还是离散生产,不具备规模经济,生产的产品质量标准无法统一,对外议价能力不足。这就需要专业人士入驻进行集约化生产,在提高生产效率的同时更好地满足千岛湖的保护要求。淳安应创造条件吸引相关人才,同时应在行政审批上避免一刀切,科学开展项目环保评估,能发展的尽快发展。针对第二类产业,淳安县的劣势有两个方面:一方面是生产中草药的成本较高,不具备市场竞争力;另一方面是缺乏对中药材进一步加工的能力,只能将产品生命周期中最有价值的部分交予其他厂商。因此,淳安县应探索降低中药材生产成本的方法,包括不断总结和改进林下经济模式,并为相关企业提供土地和税收减免支持。淳安县也可考虑技术购买,以政府入股但不参与经营的形式引入中药材的深加工相关技术,发掘中药材更大价值。针对第三类产业,淳安县面临的最大瓶颈是医疗条件和交通条件。淳安县可以为老年人提供较好的自然环境，但医疗资源总体较为薄弱，无法提供充足的健康保障支持，同时公共交通并不发达，对老年人的出行也是一个挑战。淳安县应尝试从杭州引入优质医疗资源，一方面对发展养老产业有利，另一方面有助于提升本地居民的医疗水平，增加对优秀人才的吸引力。此外，淳安县可以鼓励相关产业提供一条龙服务，使老年住养员在小范围内即可满足基本需求。

3. 推动旅游休闲产业和文化创意产业深度融合

旅游休闲业是淳安县的支柱产业。2022 年，淳安县旅游收入 126.8 亿元，占 GDP 比重达 47.04%。① 淳安县旅游休闲业具备良好基础，2021 年拥有星级宾馆 14 家，其中五星级 2 家；挂牌五星及标准建造酒店 14 家、挂牌四星及标准建造酒店 22 家，精品度假及主题特色酒店 8 家。然而，淳安县旅游休闲业发展面临就业提供不足、税比不高等难题。旅游休闲产业与文化创意产业的深度融合为解决上述难题提供了思路，且至少有四种文化可供深度挖掘和融合。第一种是古淳安的民俗文化，如淳安竹马、瑶山秋千、淳安三脚戏等。第二种是淳安县两次响应国家号召的爱国主义和环保主义文化，包括新安江水库建设时的大规模移民，以及千岛湖划为水源保护地的环境保护贡献。第三种是淳安县水下县城的建筑遗迹文化。第四种是淳安县"革命老区"的红色文化。这些文化可与旅游休闲业实现深度交融，既有秀美的自然风光，也有生动的民俗和感人的革命历史，可以提升淳安县旅游的内涵深度。

---

① 淳安县统计局. 淳安县 2022 年国民经济和社会发展统计公报.

| 第六章 |

淳安县深绿产业发展的实践创新及其对策

随着千岛湖成为杭州市和嘉兴市的水源地，淳安县生态保护与经济增长的矛盾日益凸显。"只要增长，不要保护"不是正确的选择，"只要保护，不要增长"也不是正确的选择。淳安县的正确选择是：扎实践行习近平总书记关于绿色发展的重要论述，坚持"生态优先，绿色发展"，大力发展深绿产业。作为浙江省山区 26 县之一，如何通过深绿产业发展实现保护与发展的统筹兼顾是淳安县面临的重大现实问题，也是浙江省高质量发展建设共同富裕示范区的重要环节。本章在总结淳安县深绿产业发展实践的基础上，评估了淳安县深绿产业发展的具体成效，并剖析了淳安县深绿产业发展的突出问题，据此提出了进一步推动淳安县深绿产业发展的对策建议。

第一节 淳安县深绿产业发展的主要做法

一、坚持深绿产业导向，做好规划顶层设计

淳安县的深绿产业发展之路可以追溯到 20 世纪 90 年代末。1993 年，

淳安县抓住改革开放的历史机遇，出台了"谁投资、谁经营、谁受益"的产业政策。这极大调动了社会各界的投资热情，围绕千岛湖而展开的旅游业在 1993—1997 年得到了迅猛发展，并由此触发了淳安县人"绿水青山是淳安的宝贵财富"的理念。① 1998 年，淳安县人民政府审时度势，提出了"一体两翼三支撑"的战略，强调以山水资源开发为主体，全面带动一二三产业的发展。由此，淳安县的深绿产业发展之路开始萌芽。

2003 年 4 月 24 日，时任中共浙江省委书记的习近平同志对淳安县的环境保护工作给予了充分肯定，并指出淳安县应充分利用山水资源优势，坚持"生态立县"，坚定不移地走可持续发展之路，大力发展生态效益农业、旅游服务业和与自身生态环境相适应的工业，因地制宜地发展块状特色经济，努力实现经济社会与人口、资源、环境的协调发展。② 2003 年 9 月 15 日，习近平同志再次对淳安县的发展做出指示，强调要树立全面发展的观念，既要经济指标的 GDP，又要绿色指标的 GDP，要高度重视生态建设，既要金山银山，又要绿水青山。③ 习近平同志的肯定对于淳安县来说是莫大的鼓励，习近平同志的指示也为淳安县的发展指明了方向，坚定了淳安县发展深绿产业的决心。因此，在 2004 年初，淳安县提出了"三步走四品牌五战略"的发展思路，坚持环境立县，全力将淳安打造成休闲度假胜地、养生居住天堂、中国水业基地和江南山水名城，深绿产业发展的道路进一步明确。

在随后的发展中，淳安县始终不忘习近平同志的嘱托，坚持走深绿产业发展的道路。"十一五"期间，淳安县实施"以湖兴县、融入都市"的总战略，通过现代服务业引领三次产业融合发展，大力发展以大旅游产业为龙头的服务经济，积极发展生态工业和提升发展现代农业。"十二五"期间，"以湖兴县，蝶变淳安"成为发展的两个关键词，淳安县在推动旅游业转型升级的同时，不断做大做强生态农业和生态工业。"十三五"期间，淳安县实施"秀水富民"战略，坚持"以旅游业引领服务业、以服

---

① 叶青，方俊勇，韶建来，等. 护得山水绿，发展劲绵长 [N]. 今日千岛湖，2015 - 05 - 22.

② 中共淳安县委办公室. 深化党的十六大精神主题教育，兴起学习贯彻"三个代表"重要思想新高潮——习近平同志在建德市和淳安县调研时的讲话，内部资料，2003 - 04 - 23.

③ 中共淳安县委办公室. 抓好全面发展，搞好党的建设——习近平同志在淳安县调研时的讲话，内部资料，2003 - 09 - 15.

务业带动一二三产融合发展"的特色产业定位，致力于打造具有淳安特色的现代生态产业体系。"十四五"以来，淳安县以"共建特别生态区、共享康美千岛湖、共创特色新窗口"为指引，坚持产业兴县、实业兴县，积极构建以"大旅游、大健康、大水业、大数据、大金融"为核心的深绿产业体系。由此可见，淳安县 20 多年来一直坚持深绿产业发展导向，始终围绕深绿发展进行产业布局。

为了促进深绿产业发展，淳安县制定了各类专项规划，对产业发展目标、发展路径、空间布局、保障措施进行了顶层设计。从"十二五"开始，淳安县与深绿产业发展相关的重要专项规划包括《淳安县"十二五"旅游业发展规划》《淳安县千岛湖旅游度假区"十二五"规划》《姜家产业区块"十三五"经济社会发展规划》《淳安县生态渔业发展"十四五"规划》《淳安县"十四五"文旅体发展规划》《淳安县"十四五"生态制造业发展专项规划》《淳安县创新驱动发展"十四五"专项规划》和《千岛湖旅游度假区"十四五"发展规划》等。除了专项规划外，淳安县还对深绿产业发展提出了具体的指导意见，包括《关于加快推进水饮料产业发展的若干意见》《淳安县人民政府关于促进高质量发展生态农业产业的实施意见》和《淳安县人民政府关于进一步推进全域旅游发展的若干意见》等。这些规划和意见对淳安县深绿产业发展起到了重要的统领作用。

二、加码生态环境保护，夯实深绿产业发展基础

优质的生态环境是深绿产业发展的基础。从 5A 级旅游景区到长三角地区饮用水源地再到特别生态功能区，淳安县的生态环境保护不断加码，标准越来越趋于严格，但这也夯实了深绿产业发展的基础。

从 1998 年起，为了做实深绿产业的基础，淳安县就已开始重视生态环境保护工作。为了解决千岛湖局部蓝藻水华问题，淳安县大力整顿高能耗和高污染企业，先后关停和淘汰了钢铁、化工、化肥、农药、焦化等 40 余家企业。[①] 在不懈的努力下，淳安县在 2000 年成为全省首个"一控双达标"的县。2002 年，淳安县出台了严格的环境准入标准，即"三个

① 逯海涛.守好天下第一秀水 ［N］.浙江日报，2019 - 04 - 03.

绝不"原则：绝不在招商引资中降低环保门槛、绝不在产业结构调整时接受污染的转移、绝不以牺牲环境为代价换取一时的发展。[①] 2004 年，淳安县谨记习近平同志"生态立县"的教诲，通过了《淳安生态县建设规划》，以持久战的心态抓生态环境保护，发展生态产业。

2005 年，淳安县的生态环境保护工作进入了新阶段，保护力度更大，保护范围更广。同年，淳安县通过了《关于进一步加强千岛湖保护的决议》，将千岛湖的保护提高到了法律层面。同时，《浙江省水功能区、水环境功能区划分方案》将千岛湖划入钱塘江流域饮用水源区上游的缓冲区，千岛湖成为长三角地区的备用水源地，事关成数以千万计民众的饮水安全。在自身产业发展需要与外部要求相契合的情况下，淳安县开始系统性治理自身生态环境的短板。2006 年，针对农村面源污染严重的问题，淳安县实施了"清洁乡村"工程，通过建立农村垃圾房、焚烧炉和填埋场收集和处理生活垃圾，实施农村改水改厕和新建用户沼气池整治农村公共卫生。2008 年，为进一步扩大战果，淳安县启动了生态建设与环境保护新三年行动实施方案，以更大的决心治理农村、生活、工业污染源。2009 年，淳安县实施了以"网箱养殖、采砂、垂钓、船舶污水、违章建筑"为主要内容的"五大整治"。2012 年，浙江省和安徽省开启了全国首个跨界流域生态补偿试点。[②] 淳安县身临其境，首当其冲。于是，淳安县进一步完善了考核体系，通过了《关于深化乡镇交接断面水质考核进一步推进千岛湖水环境保护的意见》和《淳安县生态环保工作考核办法》。在这一阶段，淳安县生态环境保护实现了从"单一保护水质目标"向"保护湖区整体生态系统目标"的转变。

2014 年，引水工程正式动工开建，千岛湖开始从长三角地区备用水源向正式饮用水源转变。借此契机，淳安县再次加码生态环境保护，夯实深绿产业发展基础。2016 年，在总结近 20 年环境保护经验的基础上，淳安县制定了最严地方标准"千岛湖标准"，这是全国首个县级环境质量管理标准。该标准包括严格的环境准入标准、严格的污染物排放标准、严格的环境监管标准和严格的环境质量标准，尤其是对于污水处理的把控上，

---

① 郑志光. 守护生命线 碧水润千岛——淳安打造美丽杭州实验区治水典范 [J]. 杭州（生活品质版），2014（08）：14 – 16.

② 沈满洪，谢慧明. 跨界流域生态补偿的"新安江模式"及可持续制度安排 [J]. 中国人口·资源与环境，2020，30（09）：156 – 163.

要比国家 I 类 A 标还要严格。① 2019 年，千岛湖配水工程建成通水，备用水源成为正式水源，淳安特别生态功能区设立。为此，淳安县通过了"千岛湖标准 2.0"版本，将管控范围从水延伸至空气、土壤、噪声、固废、森林等全领域，涵盖规划、项目准入建设、污水运维、污染源监管等全过程，覆盖湖区、农村、城镇全县域 4427 平方千米。② 该阶段，淳安县的生态环境保护呈现出全领域、全过程、全地域的特征。

由此可见，淳安县的生态环境保护一直在不断加码，这也使淳安县的生态质量一直处于一流水平。根据《地表水环境质量标准》，在 2002—2022 年，除了总氮含量外，千岛湖全湖高锰酸盐指数、氨氮浓度和总磷浓度都处于 I 类水质标准，国控检测断面 I 类水质的比例不断提高。全年平均大气二氧化硫浓度从 2002 年的 7 微克/立方米降到了 2022 年的 5 微克/立方米；二氧化氮浓度从 16 微克/立方米下降到了 11 微克/立方米；总悬浮颗粒物从 79 微克/立方米下降到了 18 微克/立方米，均一直处于《环境空气质量标准》一级标准。森林覆盖率从 2003 年 73.9% 增加到 2022 年的 78.68%。2022 年荣获全国生态环境保护领域最高的社会公益性奖励——中华环境奖。淳安县严格的生态环境保护，优美的生态环境带来的溢价效应，为深绿产业的发展提供了坚实的基础。

三、依托自然资源优势，做大做强优势深绿产业

发展产业要善于从自身资源禀赋中培育增长力量，发挥比较优势是推动产业发展和优化产业结构的关键所在。③ 淳安县的资源优势主要为四个方面：水资源、林业资源、旅游资源和农业资源。淳安县的深绿产业的发展始终围绕这四个重点。

1. 依托水资源优势，做强健康水业

千岛湖是淳安县的宝贵资源，水源容量大，在正常水位情况下，面积约 580 平方千米，蓄水量可达 178 亿立方米，相当于 3184 个西湖。作为"天下第一秀水"，千岛湖水质常年总体保持为优，出境断面水质始终保

---

① 杨约顺，姚越华和晏利扬．浙江"千岛湖标准"淳安实施最严水排放标准［N］．中国环境报，2016 - 12 - 26.

② 刘健，管海波，方俊勇．淳安：云集智囊团，论剑千岛湖［N］．浙江日报，2020 - 05 - 29.

③ 曾书慧．充分发挥贵州产业比较优势［N］．贵州日报，2022 - 07 - 15.

持 I 类。同时，水中含有钾、钙、钠、镁等人体必需的微量元素和矿物质。依托优秀的水资源，淳安县从 1999 年就已开始重视水饮料产业的布局，引入了农夫山泉项目。之后的发展中，淳安县不断彰显千岛湖品牌效应，通过规划引领、招商引资、政策保障等举措不断做大做强水饮料产业。从 2002 年只有农夫山泉和千岛湖啤酒两家企业到 2016 年引入杭州谦美实业、修正健康、康诺邦和华麟生物，淳安县 2021 年已有水饮料企业23 家，企业数量不断增加。水饮料业的销售值也从 2002 年不到 5 亿元的快速增长到 2021 年的 100.97 亿元，水饮料产业规模突破百亿元，成为全县的支柱产业之一。①

2. 依托林业资源优势，做活普惠林业

淳安县的林业资源丰富，具有柏木、马尾木、黄山松、杉木、柳杉、硬阔等多种优势树种，林种包括用材林、防护林、薪炭林、特用林、经济林、竹林等，结构丰富。② 2002 年，淳安县森林覆盖率为 67.5%，若不计千岛湖水域，将达到 77.5%，远超浙江省的平均水平。依托林业资源优势，2002 年至今，淳安县进行了多方面的产业布局：一是依托农业深加工企业，进行竹木加工；二是发展森林康养，打造森林氧吧；三是大力发展油茶种植；四是发展林下经济，比如山核桃和黄精的组合。从2002—2022 年，在未考虑生态公益林 GEP 转化的情况下，淳安县深绿林业产值从 2.07 亿元增加到了 8.06 亿元，不断做大做强。

3. 依托旅游资源，做精全域旅游业

淳安县的旅游资源丰富，涉及地文景观、水域风光、生物景观、气候景观、遗址遗迹和建筑设施等，重要的旅游资源包括千岛湖国家级风景名胜区、千岛湖国家森林公园、中国历史文化名村芹川村、淳安三角戏和淳安竹马 2 个国家级非物质文化遗产。依托丰富的旅游资源，淳安县从 1982年开始开发旅游，并在 1998 年向深绿旅游转型。1998—2006 年，淳安县通过大规模的"景点革命"和旅游品牌打造，实现了旅游业从量到质的转变。③ 从 2007 年开始，淳安县注重从单一的观光旅游向休闲、度假、商务、

① 王民悦. 淳安：一湖碧水涌出百亿产业 [N]. 温州日报，2022 - 06 - 15.
② 徐小忠，方中平，章德三，等. 千岛湖形成以来森林资源生态经济建设历程与启示 [J]. 绿色科技，2020（12）：266 - 268.
③ 千岛湖风景旅游委员会. 辉煌的千岛湖旅游 [EB/OL]，2018 年 11 月 20 日. http：//www.qdh.gov.cn/art/2018/11/20/art_ 1420221_ 25445177. html.

会展、运动等综合型旅游转变。2002—2022 年，淳安县旅游人数从 105 万人快速增长到 1834.45 万人，旅游收入从 7.2 亿元增长到 212.59 亿元，旅游业不断做大做强。①

4. 依托农业资源优势，做优现代农业

淳安县是农业大县，优秀的气候条件和生态环境孕育了高品质的农产品，包括药材、蔬菜、食用菌、茶叶、蚕桑、水果、林产品、淡水鱼等。凭借良好的农业资源优势，从 2002 年至今，淳安县通过建立都市生态农产品基地、制定质量标准、培育农业龙头企业和打造"千岛农品"这一区域公用品牌等举措，大力发展深绿农业。2002—2021 年，淳安县农业总产值从 8.7 亿元增加到 41.40 亿元，形成了以淡水鱼、茶叶、食用菌、水果为核心的有机特色产业，有机农产品基地杭州市最大，"千岛农品"这一区域品牌的知名度日益提高，深绿农业不断做大做强。

四、坚守生态基本盘，创新深绿发展产业链

除了基于资源禀赋优势发展旅游业、水饮料业和大农业外，淳安县的深绿产业发展还在于坚守生态基本盘，抢抓无污染和生态敏感产业新赛道，创新深绿产业链。具体表现为两个大方面：

一方面，大力发展数字经济。数字经济环境污染小，产品附加值高，与淳安县深绿产业发展的导向相契合。淳安县发展数字经济的具体的做法包括：一是跳出淳安、发展淳安。借助杭州市的人才科技优势，发展"飞地"经济，通过千岛湖智谷大厦引进数字经济企业，成为全省首批数字经济"飞地"示范基地。二是借助华数云数据和阿里巴巴千岛湖数据中心，发展区域电商。淳安县已出现千岛湖鱼妈妈、里商淳姑娘、汾口村姑等知名 IP，有力地推动了淳安县农产品的销售。2019 年，淳安县成为杭州地区首批入选的"国家级电子商务农村综合示范县"。三是对传统产业进行数字化改造。典型的数字化改造项目包括先芯科技公司的"生产智能化"、杭州皓坚汽车配件有限公司"ERP + MES 信息平台建设项目"等工厂物联网项目。四是进行乡村数字化。打造了数字下姜特色平台，下姜村开通了 3 个 5G 基站，完成了 11 个物联网，在 5G 水质检测、数字养

---

① 淳安县 2021 年旅游统计口径发生变化，按照同比增速进行转化.

蜂、远程医疗等领域进行了有效探索。

另一方面，积极发展高新技术产业。重点是电子信息、生物工程现代医药、光机电一体化和新材料等高新技术产业。淳安县主要的做法如下：一是设立高新技术产业发展资金，用于奖励和补贴高新技术成果产业化项目、行业工程创新中心和高新技术孵化基地建设。二是给予政策优惠，加大对企业自主创新投入的税前抵扣力度等。三是积极招商引资。淳安县高新技术产业的引进主要分为两个类别：一种是引进对生态环境要求较高的高新技术产业。如淳安县以中药材和新安医学为根基，大力引进修正药业、清正生物等高质量的生物技术企业和医疗器械企业。再如大力发展大健康产业，引进了康诺邦等奶粉企业；另一种是引进环境友好型的先进制造业和信息技术产业。入驻淳安的这类企业有康盛管业、先芯科技、中植新能源汽车、谷神锂电池、中南钢构、千岛湖生物谷、旭光照明、伊斯特等。

第二节　淳安县深绿产业发展的具体成效

一、深绿发展的理念深入人心

理念是行动的先导，也是实践的基础。推动绿色发展，促进人与自然和谐共生必须牢固树立和践行绿水青山就是金山银山的理念。[①] 淳安县是牢固树立深绿产业发展理念的模范生。

在政府层面，淳安县一直牢记习近平总书记的殷切嘱托，建立了以生态为导向的考核评价机制，并首创了任前"绿色谈话"制度。干部"上任第一课"是生态环保课，就任时拿到的"第一本账本"是生态账本，通过"军令状"的方式，让干部牢记生态环保责任，自觉把生态保护作为最大的政治担当。生态文明的"六进"（进农村、进社区、进学校、进

---

① 习近平.高举中国特色社会主义伟大旗帜 为全面建设社会主义现代化国家而团结奋斗 [N].人民日报，2022－10－26（001）.

家庭、进单位、进公共场所）宣传活动已成为淳安县的日常工作。在全县共建生态文明的氛围下，淳安县委县政府真正把深绿发展的理念内化于心，并做到了外化于行、强化于责。面对环境保护不断加码带来的挑战，淳安县不但没有动摇深绿发展的决心，反而不断创新，积极通过生态优势转化实现绿色共富。

在社会层面，深绿发展也已成为全民共识。淳安县每年有大量居民主动参加"世界环境日"活动，学习和宣传生态文明知识。在淳安县的"全民清洁日"，有近万名来自各行各业的居民主动作为，对县域垃圾废物进行大清扫。同时，淳安县居民为了更好地保护环境，还通过"农家歌舞宴"的方式宣传生态文明。比如里商乡塔山村村民自编自排了以农村治污为主题的《村里幸福歌》。在日常生活中，淳安县居民自觉充当监督者，形成了村民"找茬"机制，为环保工作"挑刺"，举报投诉违规污染排放行为，深绿发展的理念深入民心。

二、健康水业做大做强

水饮料产业是淳安县的支柱深绿产业。一方面，随着千岛湖品牌效应的凸显，淳安县水饮料企业的数量不断增加。2002年，淳安县只有千岛湖啤酒和农夫山泉两家水饮料龙头企业，经过不断的招商引资，淳安县2022年已有水饮料生产企业27家，规上企业有10家，形成了以农夫山泉、千岛湖啤酒、修正健康、康诺邦、华麟生物为核心的水饮料产业集群。另一方面，淳安县水饮料企业的主营业务收入也在高速攀升。从2002年的不到5亿元，快速增长到了2009年25.85亿元，2016年的75.76亿元，乃至2021年的100.97亿，年均增长率在100%以上。2022年，全年全县水饮企业销售收入实现109.6亿元，同比增长8.62%，完成税收收入8.34亿元，同比增长11.65%。同时，淳安县还在加快推进各类水饮料产业的重大项目，包括噢麦力燕麦奶项目、农夫山泉迁扩建项目、修正健康产业园扩建和标普二期和千啤精酿产业园等，水饮料产业经济效应显著。

三、普惠林业势头良好

淳安县普惠林业的发展成效体现在以下几个方面：第一，森林蓄积量

不断提高。淳安县的森林覆盖率从 2002 年的 67.50% 增加到了 2022 年的
78.68%，森林蓄积量达 2895 万立方米。第二，林业资源优势不断被转化
为产业优势。淳安县已经形成以山核桃、油茶、竹木为核心的林业第一产
业；以木竹加工、木本油料深加工和森林绿色食品加工为核心的林业第二
产业以及以森林康养旅游服务和碳汇交易为核心的林业第三产业。同时，
淳安县不断拓宽林业发展的内涵，以灵芝、黄精、白芨、中药材等为核心
的林业经济也得到了蓬勃发展。第三，林业金融服务不断优化。淳安县以
集体林权制度改革为核心，不断加大林木、林权抵押贷款等传统贷款支持
力度，推广林业碳汇抵押等新型信贷品种，金融服务范围不断扩大，林业
资源价值得到了有效转化。

四、全域旅游业蓬勃发展

1. 旅游人数和旅游收入持续快速增高

旅游经济指标是旅游业发展的直接反映。如图 6－1 所示，2002—
2022 年，淳安县旅游人数和旅游收入均呈现稳步上涨的趋势。接待游客
数量从 105 万人次增长到了 2106.43 万人次；旅游收入从 72 亿元增加到
258.49 亿元，旅游经济效应十分显著。

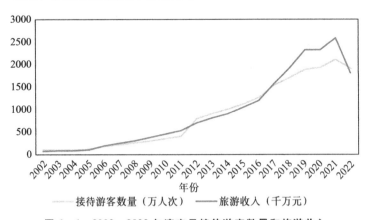

图 6－1　2002—2022 年淳安县接待游客数量和旅游收入

注：2021 年淳安县旅游统计口径发生变化，按照同比增速进行转化。

2. 旅游基础设施逐步完善

一是旅游景区。2002 年，淳安县只有 13 个较高品位的景点和一个 4A
级景区。截至 2021 年，淳安县累计创建 A 级景区 21 个，5A 级景区城 1

个、4A 级景区镇 9 个、3A 级景区镇 4 个、A 级景区村 254 个，打造了
"一村一幅画、一线一风景、一镇一品牌、一城一风光"的景观特色。二
是旅游住宿。2002 年，淳安县还没有五星级酒店。截至 2022 年，淳安县
酒店共 263 家，客房 1.92 万间，床位 3.37 万张。其中高星级、高标准建
造酒店 47 家，客房 0.84 万间，床位 1.39 万张。2022 年绿城千岛湖喜来
登度假酒店成功创建"金树叶级绿色饭店"、千岛湖啤酒温泉酒店成功创
建"银鼎级文化主题特色酒店"、千岛湖伯瑞特度假酒店成功创建了"省
级节水型示范单位"和"金桂品质饭店"、voco 千岛湖阳光大酒店成功创
建"金桂品质饭店"、千岛湖返里度假酒店成功创建"银桂品质饭店"。
2002—2022 年间，淳安县的民宿业也实现了"从无到有""从有到多"
"从多到优"的转变。截至 2022 年，淳安县民宿农家乐共 1100 家，其中
省级白金宿 1 家、金宿 3 家、银宿 12 家，市级五花民宿 4 家、四花民宿 7
家，县级精品、三星级民宿 78 家。三是旅游交通。2002—2022 年，淳安
县千岛湖高铁站、千黄高速淳安段、淳安县至江山市公路枫树岭至界牌段
逐步通车。截至 2022 年，全县有公交线路 15 条，公路总里程 2875.612
千米，高速公路 65.618 千米、国道 89.777 千米、省道 29.264 千米、县
道 699.414 千米、乡道 296.621 千米、村道 1694.918 千米。四是旅游综
合体建设。淳安县围绕千岛湖湖区，相继建设了排岭半岛度假区、进贤湾
国际商务旅游综合体、羡山旅游度假综合体和姜家旅游文化影视教育综合
体等。

　　3. 旅游类型更为丰富多样

　　淳安县早期的旅游主要以观光旅游为主，属于"一湖独秀"，形态比
较单一。从 2012 年开始，淳安县大力实施全域旅游战略，形成了湖区旅
游、乡村旅游、红色旅游、研学旅游、城市旅游、文化旅游、体育旅游为
核心的旅游新格局。2023 年上半年，千岛湖景区下湖游客 116.28 万人，
同比增长 743.71%。截至 2022 年末，枫树岭镇下姜村、姜家镇姜家村成
功入选全国乡村旅游重点村；全县累计创建 5A 级景区城 1 个，3A 级以上
景区镇 18 个，A 级以上景区村 272 个；全县共有研学基（营）地 29 家，
其中省级研学基地 1 家，市级研学基（营）地 9 家，县级研学基（营）
地 19 家。2022 年，体育旅游共接待游客 242.78 万人次，成功举办山地
自行车、霹雳舞、垂钓、公路自行车、铁人三项等大型体育赛事 10 余场，
吸引赛事爱好者 6 万人次，实现旅游收入 6700 余万元，形成千岛湖特色

赛事旅游业态。千岛湖景区被体育总局、文旅部认定为中国体育旅游示范基地。旅游形态更为丰富多样,结构更加趋于合理。

4. 旅游知名度愈加彰显

在旅游业的发展过程中,淳安县获得过众多荣誉称号,知名度日益提高。2002 年,被共青团浙江省委和浙江省旅游局评定为浙江省青年文明号示范景区;2003 年,被浙江日报社评定为浙江省最具吸引力的景区;2005 年,入围《中国地理》杂志组织评选的中国最美丽的地方之一;2007 年,获得了中国旅游强县的称号;2008 年,被省建设厅、省文明办、省旅游局授予浙江省文明景区称号;2010 年,被国家旅游局授予国家 5A 级旅游景区称号;2011 年,被世界休闲组织授予世界休闲创新奖;2012 年,荣获浙江省休闲农业与乡村旅游示范县;2014 年,被国家旅游局授予"全国旅游标准化示范县"称号,千岛湖景区入围百度"中国十大生态旅游景区";2016 年,被评为浙江旅游总评榜之年度旅游发展十佳县;2017 年,淳安县被评为中国最具特色魅力旅游示范县;2019 年,淳安县被评为浙江省全域旅游示范县;2021 年,淳安县被评为浙江省文旅助力探索共同富裕新路径十佳县。2022 年淳安县位列全国县域旅游综合实力百强县榜单前 10 名。

五、现代农业效益显著

1. 农业经济效应显著

如图 6-2 所示,2002—2022 年,淳安县农林牧渔业总产值整体呈稳步上升趋势,从 2002 年的 14.08 亿元增长到 2022 年的 59.16 亿元,年均增长率为 16.01%。分拆来看,2002—2022 年,淳安县狭义上的农业产值从 8.7 亿元增长到 41.40 亿元,年均增长率为 18.79%;林业产值从 2.07 亿元增长到 8.06 亿元,年均增长率为 14.47%;畜牧业产值从 2.62 亿元增长到 4.87 亿元,年均增长率为 4.29%;渔业产值从 0.69 亿元增长到 3.48 亿元,年均增长率为 20.22%。在深绿产业发展导向下,淳安县特色农产品规模逐渐扩大。如图 6-3 所示,2001—2021 年,淳安县淡水鱼产量从 6000 吨增长到 15400 吨,年均增长率为 7.83%;核桃产量从 1062 吨增长到 9800 吨,年均增长率为 41.14%;水果产量从 44800 吨增长到 11600 吨,年均增长率为 7.95%。整体上,深绿农业经济效应显著,这也带动了农村常住居民人均可支配收入的快速增长。如图 6 - 4 所示，2002—2022 年，淳安县农村常住居民人均可支配收入从 3215 元增长到 26156 元，年均增长率为 35.68%。

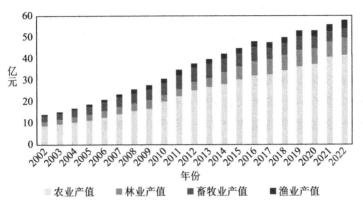

图 6 - 2　2002—2022 年淳安县农林牧渔业产值

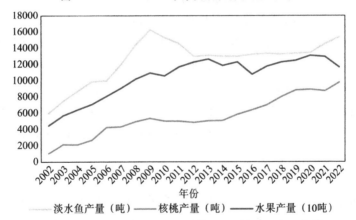

图 6 - 3　2002—2022 年淳安县淡水鱼、核桃和水果产量

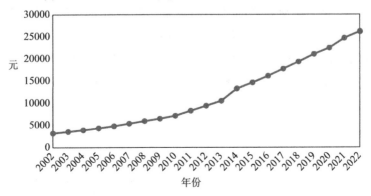

图 6 - 4　2002—2022 年淳安县农村常住居民人均可支配收入

2. 农业企业不断培育

农业企业是深绿农业发展的"火车头",农业企业数量的规模很大程度代表了深绿产业的强弱。2002—2022年,淳安县农业龙头企业的数量呈上升趋势,从22家增长到115家,而且质量上也在不断提高。2002年,全县年销售5000万元的企业还没有,1000万—5000万元的农业企业也只有3家,呈现小、多、散的特点。① 到2022年,淳安县有国家级农业龙头企业2家,分别是农夫山泉浙江千岛湖有限公司和杭州千岛湖鲟龙科技股份有限公司;省级农业龙头企业4家,分别是杭州千岛湖发展集团有限公司、淳安县千岛湖茶叶市场有限公司、浙江淳安新洲制茶有限公司和淳安县茧丝绸有限公司;市级农业龙头企业41家;县级农业龙头企业为68家,农业龙头企业的层次在不断提高。

3. 农业园区数量和质量不断提升

2002—2021年,淳安县的农业园区数量从只有9个快速增长到将近60个,农业园区的类型也逐渐从传统的农业园区向现代农业园区再向智慧农业园区转变。截至2021年,淳安县已建成现代智慧大棚280亩,建设了众多智慧农业示范园区,典型的有千岛湖镇汪家源智慧农业产业示范园区、双英农场智能化果蔬种植大棚示范园、肥水药一体化、单轨运输车等智慧草莓园、科兰铁皮石斛仿野生种植智能控制示范园、基于农业物联网技术的食用菌、葡萄园智慧农业系统建设示范园。

4. 深绿农产品的品牌日益彰显

打造淳安县深绿农产品品牌是促进深绿农业发展的重要举措。伴随着生态环境保护的不断加码,淳安县积极作为,打造了"千岛农品"区域公用品牌。典型农产品"千岛湖茶"2023年的品牌价值27.01亿元,鸠坑茶、淳安覆盆子、淳安白花前胡、淳安花猪获国家农产品地理标志登记。在发展过程中,淳安县荣获过省级农产品质量安全放心县、省级农业绿色发展先行县等称号,"三品一标"农产品认证数量不断攀升。

---

① 宋德富,邵国圣,程慧敏,等.淳安县农业龙头企业发展对策浅探 [J]. 浙江柑橘,2003 (04): 5-6.

六、民生福祉不断增进

为民造福是立党为公、执政为民的本质要求。① 良好生态环境是最公平的公共产品，是最普惠的民生福祉。淳安县深绿产业的发展不仅促进了经济增长，还增进了民生福祉。

从宏观层面看，2013 年，淳安县就已成为第一个入选中国宜居城市的县城，被认定为"中国景观生态型山水宜居城市典范"和"市民定居、游客旅居的两宜城市标杆"。2016 年，在第三届联合国住房和城市可持续发展会议上，淳安县是唯一获得"全球绿色城市"称号的城市。此后，淳安县先后获得"中国最美县域""中国百佳富氧县市""浙江高质量发展建设共同富裕示范区""浙江省第二批大花园示范县"等称号。这些荣誉彰显了淳安县在生态环境、社会和谐、文化丰富、生活舒适等方面的卓越成就，是民生福祉不断增进的重要外在反映。

从微观层面看，淳安居民的满意度和幸福指数也位居前列。根据浙江省生态环境公众满意度调查，淳安县 2020 年的得分为 90.01 分，超出浙江省平均分 84.68 分，位列县域前八名。另外，根据有关学者对钱塘江流域杭州段居民水幸福指数的研究，淳安县在与杭州市区、富阳市、建德市、桐庐市的比较中综合排名第一，在水与健康、水与自然、水与公平、水与职业等维度都属于领先地位。② 深绿产业发展有力增进了民生福祉。

第三节 淳安县深绿产业发展的突出问题

一、深绿产业发展空间受限制，无法产生规模效应

淳安县是浙江省面积最大的县，总国土面积为 4427 平方公里，占浙

---

① 习近平. 高举中国特色社会主义伟大旗帜 为全面建设社会主义现代化国家而团结奋斗 [N]. 人民日报，2022-10-26.
② 黄斐. 钱塘江流域杭州段居民水幸福指数模型构建与实证研究 [D]. 浙江财经大学，2015.

江省总面积的 4.35%，杭州市面积的 26.7%，但发展空间不足却成为限制深绿产业发展的重要因素。尤其对于深绿农业和深绿工业而言，没有足够的土地资源，产业就无法产生规模效应。淳安县深绿产业的发展空间不足主要是以下几个原因所导致：

1. 地理条件限制

淳安县属浙西山地丘陵区，由中低山、丘陵、小型盆地、谷地和水库组成，集山区、库区和老区于一体。其中，山地和丘陵面积占 80%，水域面积占 13.5%，盆地和谷地面积占 6.5%，土地资源可以用"八山半田分半水"来形容，还面临土地"碎片化"的问题，开发成本高。

2. 功能定位限制

功能定位限制是造成淳安县发展空间不足的重要原因。作为国家级风景名胜区、国家森林公园和饮用水源保护地，淳安县受到了永久基本农田、生态保护红线、自然保护地、一二级水源保护区、风景区、国家一级生态公益林和 108 水库管理线等 7 项规定的刚性约束。其中，永久基本农田范围为 127.53 平方千米，占比为 2.89%；生态保护红线范围为 2762.15 平方千米，占比为 62.53%；自然保护地范围为 932.39 平方千米，占比为 21.1%；一二级水源保护区范围为 3864.60 平方千米，占比为 87.5%；风景区范围为 1080 平方千米，占比为 24.44%；国家一级生态公益林范围为 468.13%，占比为 10.59%；108 水库管理线为 529.90 平方千米，占比为 11.99%。从中可以看出，一二级饮用水源地和生态红线的限制范围非常大。扣除 7 条规定的刚性约束，淳安县可以发展的剩余空间为 313.78 平方千米，只占 7%，位于城镇开发边界的区域只有 60.59 平方千米，占比仅为 1.35%。

3. 上级政府执行发展限制

因为千岛湖属于长三角地区饮用水源地，功能定位非常敏感，因此对产业项目的准入上级政府官员存在层层加码的问题，对于污染的标准比较模糊，在执行过程中存在感性大于理性的情况，淳安县对发展空间的利用存在顾虑。

二、深绿产业附加值低，无法释放富民效应

附加值是指在产品的原有价值的基础上新创造的价值。附加值主要

来源于两个方面：制造生产阶段产生的新价值和市场流通阶段产生的新价值。[①] 生物医药等高科技行业的技术含量高，利润率高，附加值也高。只有产业附加值高时，分配的利润才会高，富民效应才会显现。

淳安县各行业的产业附加值可以采用行业增加值与行业从业人员总数的比值来近似推断。2022 年，淳安县第一产业增加值为 43.07 亿元，第二产业增加值为 71.29 亿元，第三产业增加值为 155.85 亿元，从业人员数量分别为 3.95 万人、3.60 万人和 12.44 万人，对应的人均产业增加值分别为 9.62 万元、17.06 万元和 11.31 万元。根据经济核算恒等式产业增加值 = 劳动者报酬 + 折旧 + 生产税 + 营业利润，如果扣除折旧、生产税和企业家的营业利润，劳动者报酬将会大幅削减，整体富民效应很弱。尤其在第三产业的从业人员数量达到 12.36 万的情况下，低产业附加值会加剧贫富差距。对比来看，2020 年杭州市第一产业、第二产业和第三产业的人均增加值分别为 10.76 万元、18.88 万元和 23.68 万元，第三产业人均增加值要远高于淳安县的水平。这背后的主要原因在于杭州第三产业中具有信息传输、计算机服务、软件业、金融业等高附加值产业。从淳安县的支柱深绿行业旅游业的数据也可以得到相似的结论，全县直接和间接的旅游业从业人员高达 10 万人，但旅游业产业增加值仅在 30 亿元左右，人均产业增加值只有 3 万元左右，附加值较低。深绿产业低附加值直接导致淳安县居民的可支配收入偏低。2022 年，淳安县城镇居民可支配收入为 55228 元，农村居民可支配收入为 26156 元，在杭州市排倒数前三。

淳安县深绿产业附加值低主要有以下原因：第一，生态产品价值实现水平较低。生态产品价值实现的过程就是释放生态附加值的过程。淳安县拥有丰富的土地、矿产、森林、水、湿地等生态资源，但价值核算和确权工作从 2020 年才开始，生态产品的交易和投资不足，生态优势还没有转化为经济优势。第二，深绿产业的研发设计水平较低。淳安县的深绿产业主要是农业、水饮料业和旅游业。在淳安县，农业还属于劳动密集型产业，尚未机械化，农产品的初始价值较低，农产品缺少深加工和包装，研发设计水平低，附加值并没有得到明显提升。淳安县的水饮料产业以农夫

---

① 高强，宋林. 区域创新、中间品与出口国内附加值率 [J]. 国际贸易问题，2022（04）：158 - 174.

山泉和千岛湖啤酒为主，多是桶装水和罐装水，功能饮料份额较少，产品价值主要来源于千岛湖水源本身，技术含量偏低，产业报酬率趋近于低端制造业。淳安县的旅游业主要以观光旅游为主，旅游产品的设计不够新奇，高消费的商务旅游、康养旅游占比较低。第三，深绿产业品牌经营力度不够。品牌营销是提高产业附加值的重要手段。品牌经营可以分为品牌创造和品牌运作两个过程。淳安县已打造了"千岛农品"这一区域品牌，但并未充分发挥生态产品内在的气候、口味、文化、生态等方面的内涵，品牌的运作宣传不足，典型生态产品在全国层面的知名度仍有差距，与千岛湖"天下第一秀水"的地位不对应。

三、深绿产业链过窄过短，无法放大乘数效应

一是自身发展带来的经济和就业贡献；二是带动上下游产业的扩张和从业人员收入的增高，从而带来的数倍于自身价值的效应，也就是所谓的乘数效应。[①] 从经济增长的角度，只有放大产业的乘数效应，才能促进经济快速发展。产业链的长度和宽度则是产业乘数效应的直接反映，但淳安县的深绿产业链却存在过窄和过短的问题，乘数效应较低。

淳安县产业链问题最突出的为深绿农业。从产业链长度上看，农业产业链涉及农业生产、农产品加工、农产品运输和农产品销售等环节。从产业链宽度上看，农业生产环节可以进一步纵向延伸到农业科研、农业观光等；农产品加工可以进一步分为初级加工和深加工，加工产品可以分为原始的农产品、食品、保健品和生物药品等；农产品运输环节可以进一步分为传统的仓储物流和电子商务等。淳安县农业产业链的问题在于宽度不够。从农业生产环节来看，淳安县还只是单纯的农产品种植，农业科研和农业观光等新业态没有形成。对于农产品加工，淳安县的农业深加工企业数量不足，农产品向食品、保健品和医药品的转化率较低。深绿农业产业链还处于较为中低端水平，并没有广泛带动其他行业的需求，乘数效应不强。

对于淳安县发展较好的旅游业和水饮料产业也同样面临产业链短和窄的问题。对于旅游业而言，"食、住、行、游、购、娱"是基本的要素，

① 郑彬. 文化创意产业乘数效应的再测算［J］. 统计与策，2017（13）：39-43.

但淳安县的"行""购""娱"环节明显薄弱，无法最大可能的释放游客的消费潜力。同时，淳安县旅游业的辅助行业，如设备租赁、信息咨询、日常和文体用品等也存在不足。另外，淳安县旅游业产业链的宽度也不够，主要以观光和休闲旅游为主，商业旅游、工业旅游、体育旅游、农业旅游、文化旅游等形式的旅游供给不足。对于淳安县的水饮料产业而言，从产业链长度上看，研发检测、包装物流等环节薄弱。从产业链宽度上看，淳安县主要以农夫山泉、千岛湖啤酒、噢麦力燕麦奶、焕睿饮料、天润果蔬饮料等水饮料为主，功能性饮料链条还没有形成，产业链还只是停留在利润率较低的水制造业，对水质要求严格而且毛利率高的生物药品、医学针剂、医美产品较少涉及。

淳安县深绿产业链过窄过短的根源在于严格的生态约束。生态约束至少从两个方面限制了淳安县深绿产业链的培育：一是产业链的某些环节具有污染环境的风险，从而被环境准入标准所阻断；二是弱化了淳安县的营商环境。根据 2019 年的《浙江省营商环境评价研究报告》，淳安县微观的企业营商环境得分为 73.08 分，宏观的产业营商环境得分为 66.33 分，两项得分在杭州市 13 个县（区）均是倒数第一。淳安县环保标准高，政策变动风险大，营商环境不浓厚，企业入驻意愿低，产业链无法被带动。

四、深绿产业融合不足，无法发挥协同效应

产业融合指的是不同产业或同一产业不同行业之间相互渗透、交叉和重组，最终发展成新的产业形态的过程。[①] 产业融合一般是由利益最大化驱动，具有高端带动低端，产业优势互补的特点，因而可以有效促进产业创新和提高产业的竞争力，是产业兴旺的必由之路。[②] 产业融合一般具有三种形式：第一种形式为产业的渗透，典型的例子为计算机行业对传统通信业和娱乐业的渗透，使通信业和娱乐业内涵发生了天翻地覆的变化；第二种形式为产业的交叉，这种形式的产业融合并不会改变传统产业的形

① 周振华. 产业融合：经济发展及经济增长的新动力［J］. 中国工业经济，2003（04）：46－52.

② 杨水根，何松涛. 产业融合的内涵辨识、定量测度与研究展望［J］. 兰州财经大学学报，2022，38（04）：66－78.

态，而是赋予原有行业更多的附加价值和形式，典型的有文旅融合；第三种形式为产业的重组，该产业融合一般发生在同一产业不同行业间，典型如农业一二三产业的融合。

淳安县的深绿产业融合已有部分探索，产业渗透、产业交叉和产业重组三种形式都有所涉及。比如，淳安县的智慧农业项目就属于科技产业向传统农业发展的渗透融合。产业交叉是淳安县实践中探索较多的产业融合类型。淳安县的交旅融合项目，依托环湖绿道体系，将沿线景区和民宿串联起来，同时积极发展赛事经济和营地经济，举办骑车、毅行等主题活动。再如，淳安县的农文旅融合项目，临岐镇通过整合千岛湖中医药博物馆、养生精品民宿和岐妙上谷岐黄特色养生村，实现了"农产品＋养生文化＋乡村旅游"的产业融合。淳安县产业重组融合则体现在现代化农业产业园的建设，将不同农产品生产、加工和销售集为一体。

但对照产业融合的经验，淳安县仍有较大的潜力，主要存在以下问题：一是渗透形式的深绿产业融合较少，主要聚焦在农业领域。深绿工业、深绿旅游业的产业渗透融合仍有巨大潜力。二是深绿产业交叉的形式比较单一，而且规模不大。淳安县已有的产业交叉主要是以深绿农业和深绿旅游业为对象，忽视了深绿工业。深绿产业交叉应该是多种多样的，涉及深绿农业与深绿服务业的交叉，深绿农业与深绿工业的交叉，深绿工业和深绿服务业的交叉等。同时，淳安县已有深绿产业交叉还没有完全铺开，只是在个别乡镇村试点。三是深绿产业重组的形式也比较单一。淳安县更多的是农业同一行业上中下游的重组，忽视了各个环节的横向融合，深绿产业重组还应该涉及种植和养殖业生产的结合，加工的结合和销售的结合等不同情形。

产业融合的主导主体既包括企业，也包括政府。[①] 淳安县深绿产业融合不足的根源有两方面因素：一是淳安县环保严格，企业数量不足，市场竞争压力小。在利润最大化的目标下，在没有足够的外部压力下，企业缺少内生动力进行产业融合；二是政府创新不足，对深绿产业融合认识不足，没有充分发掘不同产业的特点和共性，利用生态优势的奇招、妙招缺乏。

---

① 陈柳钦. 产业融合的发展动因、演进方式及其效应分析 [J]. 西华大学学报（哲学社会科学版），2007（04）：69－73.

第四节　淳安县深绿产业发展的对策建议

一、提高空间利用效率，促进深绿产业集约发展

为解决发展空间不足，淳安县已经进行了一些有益的探索，如针对空间规划底图底数底线不清的问题，淳安县进行了摸底和优化；针对空间形态"碎片化"的问题，省委、省政府为淳安县打造了"一县一策"，提出了点状开发、量身定制的土地开发新模式；在发展空间受限的情况下，淳安县已然进入土地资源存量开发阶段，走内涵式、集约型的深绿产业发展道路。深入推进深绿产业发展，仍需要在空间规划上发力：

第一，推进"多规合一"。一是要实现规划的有效整合。"多规合一"涉及的规划众多，总体分为发展规划和空间规划两大类。建议构建以国民经济和社会发展规划为龙头，以城乡规划、土地利用规划和环境保护规划3个主要的空间规划为基础，以其他部门规划为支撑的空间规划体系。实行统一编制，衔接各类规划的期限、基础数据和技术标准等。二是要建立统一的规划信息管理平台。"多规合一"涉及多部门，为解决多部门间沟通不畅、空间交叉的问题，应建立统一平台共享全县各类规划的坐标体系和数据信息，实现业务协同。三是要成立单独的组织管理部门进行规划工作的协调。各类规划主要由不同的行政主管部门负责编制，各自为政，效率较低，需要成立诸如规划委员会之类的部门，统一组织，协调各部门规划的编制、审批工作。

第二，进行空间的整合利用。一是要挖掘存量空间，用好未被充分利用的不规则地块。美国的纽约高线公园就是利用城市中心不规则的剩余空间所建造。二是要进行空间更新。所谓空间更新指的是通过空间疏解、腾挪和置换的方式，对落后空间进行更新，创造高效生产空间。积极对废弃住宅、废弃矿山、废弃工厂等废弃空间重新改造，对低效率的生产空间进行淘汰、转移和置换。积极推进农用地、农村集体经营性建设用地和宅基

地"三块地"改革，为深绿产业用地指标创造"流量"。三是要提高产业园区的效率，引导更多的企业进入产业园区。淳安县尽管发展空间不足，但仍存在园区效率低的问题。比如，高铁新区生态产业园区仅有康诺邦一家企业入驻，土地资源的利用效率较低。

第三，加快人口向城镇转移集聚。随着人口的逐年净流出，淳安县不少乡镇自然村只有少数农户，且多为留守老人和儿童，生产劳动效率较低，影响了农村深绿产业的发展。淳安县2020年第七次全国人口普查数据显示，全县常住人口中，居住在城镇的人口为153611人，占比为46.70%；居住在乡村的人口为175346人，占比为53.30%，因此，人口城市化集聚的空间很大。建议实行农户异地移民聚集政策，加快农村居民向中心城镇、汾口镇、威坪镇等人口聚集地转移，从而为深绿产业的发展腾挪更多的空间。

第四，推进土地混合开发，促进空间复合利用。所谓土地用途混合指的是单一宗地上允许两类或两类以上的使用用途。土地的混合使用有助于增强土地的使用弹性。在香港、深圳市和中山市等土地资源严重不足的地方，土地混合开发已经成为集约发展的重要途径。一般来说，农业用地不可变动，可以进行混合开发的土地包括居住用地、商业服务业设施用地、工业用地、仓储用地、广场用地和绿地等。土地混用需要满足环境相容、结构平衡、景观协调等原则。居住用地可以与商业性办公、旅馆、医疗设施、餐饮、娱乐休闲等性质用途的土地混用；工业用地也可以与仓储用地、商务办公用地混用。淳安县需要在科学论证的情况下，制定合理的土地混用政策，推动土地资源"多证合一"，促进产城融合和产业融合，提高空间利用效率。

二、推动产业转型升级，提升深绿产业附加值

淳安县深绿产业发展最根本的目的是要富民，但由于附加值较低，富民效应并没有显现。从附加值提升的角度来看，主要有两个途径：一是改变产业结构，发展高附加值产业；二是推动产业转型升级，提高已有产业的附加值率。淳安县已有产业的附加值并不高，仍然具有很大的提升空间。具体的措施为：

第一，打造产品品牌形象。根据微笑曲线，产品附加值高的环节一般

为研发设计和品牌营销，中间的生产制造环节附加值较低①。虽然凭借极佳的生态资源优势，淳安县的深绿产品已建立起一定的区域品牌知名度，但全国知名度还不够。淳安县在打造产品品牌上还应做好以下几点：一是要继续深挖千岛湖产品在气候、生态、文化、加工、口味等方面的特色，突出产品差异，做大做强"千岛农品"和深绿工业产品；二是要建立严格的品牌管理体系，对产品进行跟踪和溯源，做好售后服务，提升产品质量和满意度；三是要做好品牌宣传，策划精品活动，讲好产品故事。四是要统筹淳安县产品品牌设计，注重产品名称、Logo的统一，比如统一以千岛湖开头，突出地区特色，增强产品的关联度。

第二，加强研发设计，改变或增加产品功能。通过深加工改变或增加产品功能也是提升附加值的重要途经。最常见的是将农产品加工为消费品，比如，浙江诸暨将香榧深加工为巧克力豆、香榧精油、食用油、纺织品、特色糕点、保健食品等；上虞市通过将杨梅酿成美酒，带动了杨梅种植户共富。②淳安县在此方面已有所探索，比如枫树岭镇，企业将绿茶深加工成抹茶产品和大墅镇将艾草深加工保健品和药品等。但淳安县农产品深加工规模还较小，而且缺少深加工企业的数量不足。淳安县农产品丰富，应积极招商引资，不断培育农产品深加工龙头企业，在生产优良农产品的同时，把握市场需求，挖掘农产品的消费属性、文化属性、药用属性，拓宽农产品的功能。对于水饮料产品，应通过生产工艺创新，丰富产品种类，开发出具有运动、医药、健康等功能特色的水饮料产品。

第三，延长游客停留时间，提高人均旅游消费。旅游业是淳安县的支柱产业，但旅游业的附加值并不是体现在具体的旅游商品上，因而附加值提升策略与一般的深绿农产品和深绿工业产品不同。对于淳安县而言，旅游人数一直呈稳定增长的趋势，但质量和效益不高，人均游客消费呈递减趋势。从游客花费的构成来看，住宿和餐饮是主要部分，但淳安县游客的人均停留天数不到2天，严重低于大多数旅游城市，由此导致消费不足。因此，淳安县旅游业的发展要从以"量"为主，转变为以"质"取胜。一方面要改变产业结构，大力发展体验旅游、康养旅游和商务旅游，避免

---

① 高翔，黄建忠，袁凯华. 中国制造业存在产业"微笑曲线"吗？［J］. 统计研究，2020，37（07）：15 – 29.

② 楼丽君. 酿造"共富酒"，品味"幸福甜"［N］. 上虞日报，2022 – 08 – 01.

观光旅游比重过高，提高停留时间较长游客的比例。另一方面要为游客提供更多消费机会，补齐淳安县"娱"和"购"的短板，建设餐饮、娱乐、购物等配套场所，提高消费的便利性。

三、实行"链长"制度，加快深绿产业"建链""补链""延链""强链"

加快产业链培育是扩大产业规模的关键。针对淳安县深绿产业链的问题，需要依托淳安县自身的资源优势和产业基础，实行"链长"制度，通过领导负责制，狠抓产业链建设，对潜力产业进行建链、对新兴产业进行补链和对支柱产业进行延链和强链。

第一，对潜力深绿产业建链。淳安县的深绿产业主要以旅游业、水饮料业、林业和农业为主，亟待建立更为丰富的深绿产业链。应依托千岛湖的水资源优势，积极发展大健康、生物制品、医疗器械、医美等高附加值产业。同时，应紧抓数字经济机会，发展元宇宙、人工智能等科技产业。

第二，对新兴深绿产业补链。所谓"补链"，就是补齐产业链的短板和弱项，确保每个环节不"掉链子"。一般来说，新型产业的发展还处于起步阶段，产业根基不牢固，上下游产业链也不完整，需要补齐。淳安县已有不少新型深绿产业萌芽，比如大健康产业，体育运动及设备制造产业，节能环保装备产业、新能源汽车产业等。需要关注新兴产业的研发、生产、加工、储运、销售、品牌、体验、消费、服务等各个环节，制定配套政策和公共设施，补齐产业链的短板弱点。

第三，对支柱深绿产业延链强链。淳安县的旅游业、水饮料业和农业属于支柱深绿产业，产业链条已经接近完整，但仍然需要不断延伸和加强。对于淳安的水饮料业产业链，存在品种结构单一的问题，多以瓶装和罐装水为主，缺少其他类型的饮料，应围绕千岛湖的水资源优势，不断向高端茶、中草药、天然果汁等类型饮料延伸发展。对于农业而言，农产品深加工企业数量不足，农产品的销售渠道受限，需要加大农业企业的投入，同时进行产品销售渠道创新。对于旅游业而言，产业链存在"娱"和"购"环节薄弱，旅游类型不够丰富，多是以观光旅游为主，游客消费和停留意愿不足，需加强旅游配套设施建设，推动农业旅游、体育旅游、文化旅游、商务旅游、康养旅游、体验旅游等类型旅游的发展。

四、发挥政府优势，促进深绿产业融合

产业融合是发挥产业间优势，发挥协同效应的重要途径。在淳安县企业数量不足，无法进行内生性产业融合的情况下，淳安县政府应积极作为，进行政府创新。针对深绿产业融合不足的问题，淳安县应紧紧围绕产业渗透、产业交叉和产业重组三种产业融合类型，结合自身的产业发展，依托产业的优势，探索更为丰富的深绿产业融合的模式。

第一，推动新技术和深绿产业的渗透融合。淳安县应紧紧抓住浙江省数字经济的发展机遇，利用数字技术，推动深绿旅游业、深绿工业和深绿农业的模式创新。对于旅游业，应积极推动旅游企业数字化和智能化，建设数字旅游数据中心，通过大数据分析进行旅游的动态管理，提高旅游要素的配置效率。同时，还应大力发展"数字科技＋旅游"的新业态，基于物联网、5G、VR、AR 技术，提高旅游景观的观赏体验，创新旅游新场景。对于深绿工业，应积极发展工业互联网，推动工业机器人的应用，通过工业软件系统优化企业的生产过程，不断推动边际成本的下降。对于深绿农业，应运用新兴数字农业技术发展农业新模式，培育高质量农产品，大力发展电子商务，实现农产品线上线下交易与农业信息深度融合。

第二，推进深绿产业间的交叉融合。一是要推进深绿工业和深绿服务业交叉融合。比如，将旅游与工业遗址、工业制造相结合，展现工业文化，促进"工旅融合"。二是要推进深绿工业与深绿农业的交叉融合。基于工业化装备提高农业生产水平和管理水平，大力发展农产品精深加工业，提高农产品附加价值。三是要推进深绿服务业与深绿农业交叉融合。推进农业与旅游、教育、文化、健康养生等产业的交叉，拓展农业多样化功能。应根据各深绿产业的特点的优势，尽可能挖掘不同产业的交叉机会，探索多产业交叉的复合形态。

第三，促进深绿产业的重组融合。产业重组是同一产业不同行业的融合，主要在农业领域。淳安县汾口镇先锋工业园区和浪川产业园区通过引进优质的农业企业，已对农业一二三产业融合进行了一定的探索。未来淳安县应做到以下几点：一是要推动农村产业融合发展示范园建设，建设示范园区可以实现资源的有效整合，有助于减少各个链条的交易成本，强化各链条之间的利益关系，实现农业的"接二连三"。二是要重视农业龙头

企业的作用。农业企业是农业一二三产业融合的火车头，充当着"领头雁"的重要作用，要落实惠农惠企政策，做好政策、技术、要素、人才保障，积极培育壮大农业企业。三是要积极进行模式创新。农业一二三产业融合并不是单一的纵向融合，要重视各个环节的横向融合，需要推动农林结合、种养结合、农牧结合，形成多层次的农业重组融合形态。

| 第七章 |

淳安县绿色共富的机制创新及其对策

支持浙江省高质量发展建设共同富裕示范区是党中央对浙江省的充分信任和高度重视。浙江省在推进共同富裕先行和现代化先行的"两个先行"征程中必须补齐短板,包括淳安县在内的山区 26 县就是共同富裕的短板。淳安县必须走"生态优先、绿色发展、共同富裕"的绿色共富之路。为此,淳安县要立足新发展阶段、贯彻新发展理念、构建新发展格局,创新绿色共富的机制、设计绿色共富的政策、激发绿色共富的动力、实现绿色共富的目标,为浙江省高质量发展建设共同富裕示范区和生态文明先行示范提供淳安样板。

第一节　绿色共富的内涵与逻辑

一、绿色共富的内涵

绿色共富理念主要源自马克思主义共同富裕理论和以"绿水青山就

是金山银山"为代表的绿色发展观。① 绿色共富是人与自然和谐共生的共同富裕，绿色共富是生态产品价值充分转化的共同富裕，绿色共富是生态产品供求均衡的共同富裕，绿色共富是更好满足人民日益增长的绿色需要的共同富裕。对于淳安县而言，绿色共富就是通过做大"绿水青山"、发展生态产业、推动生态产品价值转化，走上绿色共富的道路；对于淳安以外的杭州市等地区而言，绿色共富就是通过支持淳安特别生态功能区建设，从淳安县获得更多的优质生态产品，享受更多的绿色生态福利。总之，"生态优先、绿色发展、共同富裕"的淳安模式是典型的绿色共富模式。

二、绿色共富的逻辑

1. 优质的生态环境是一种绿色公共福利

共同富裕不仅是私人或家庭收入的共同富裕，而且是包括生态环境在内的公共产品和公共服务的共同富裕。生态环境质量和生态环境服务是基本公共服务的重要组成。生态好坏直接影响人们的幸福感，生态本身也是一种福利。优质的生态环境是一种正福利，劣质的生态环境是一种负福利。由于生态福利是一种公共福利，生态福利的提高就能够加快共同富裕的进程，生态福利的改善可以促进共同富裕程度的提高。②

2. 负公共产品的减少和正公共产品的增加均是绿色共富

党的十八大以来，国家推动污染防治的措施之实、力度之大、成效之显著前所未有，污染防治攻坚战阶段性目标任务完成，生态环境明显改善，人民群众获得感显著增强，厚植了全面建成小康社会的绿色底色和质量成色。打赢污染防治攻坚战就是为了减少"负公共产品"的供给，提供优质的生态环境和生态产品、完善优良的生态制度和生态治理就是为了提供更多的"正公共产品"。③ 绿色共富是建立在绿色低碳发

---

① 徐晨超. 以"绿色共富"理念引领乡村振兴 [N]. 绍兴日报，2022 – 05 – 12.

② 沈满洪. 以绿色铺就共同富裕之路的底色. 光明网，https://theory. gmw. cn/2021 – 11/ 19/content_ 35322928. htm.

③ 沈满洪. 建设"人与自然和谐共生的现代化"的"重要窗口" [J]. 浙江工商大学学报，2021（05）：5 – 12.

展基础的共同富裕，没有绿色低碳的公共产品基础就很难有绿色共富。

3. 优质的生态产品可以实现供求双方的福利增进

生态优势转化为生态产品，生态产品通过区域品牌打造，就可以实现优质优价。这样，从生态产品的供给者看，通过出售生态产品增进绿色生产的收益；从生态产品的需求者看，通过购买生态产品获得绿色消费的效用。生态产品的买卖过程就是实现共同富裕的过程，这种过程是绿色共富。

4. 绿色共富是建立在绿色底色基础上的综合性的共同富裕

走共同富裕之路不止是构建收入和财富的合理分配格局，也可以通过公共产品的供给和公共服务的改善实现共同富裕的目标。生态文明理应纳入共同富裕框架，绿色共富是建立在经济福利、政治福利、文化福利、社会福利、生态福利所构成的福利体系基础上的共同富裕。[①] 从绿色浙江到生态浙江，从美丽浙江到诗画浙江，战略目标的深化背后就是绿色共富的内涵不断丰富的过程。

三、绿色共富不是共同富裕的全部

对于淳安县之类的浙江省山区 26 县来说，在生态优先、绿色发展的基础上，探索绿色共富道路是开辟生态文明建设新境界推进中国式现代化走实走深的实践创新。但是，值得注意的是，绿色共富并不能解决淳安共同富裕所有的问题，只能根据县域绿色禀赋、发展基础和政策引导，通过政府、市场和社会等多种机制，发挥多方合力，尽最大可能发挥财政资金的引导、支撑和保障作用，推动淳安尽快走上绿色共富的路子。值得注意的是，对于淳安县而言，绿色共富可能只是为共同富裕奠定一个绿色底色和经济基础，因山区、库区、老区和保护区、示范区、样板区等独特的定位可能无法使得淳安县跟上余杭区、萧山区的步伐，因此，最后的结果还是需要发挥财政转移支付的功能。但是，淳安县绿色发展做得好了，财政转移支付的比重和绝对值就小了；淳安县绿色发展做得差了，财政转移支付的比重和绝对值就大了。

[①] 沈满洪. 生态文明视角下的共同富裕观 [J]. 治理研究, 2021, 37 (05): 5-13+2.

第二节　淳安县绿色共富的现实基础判断

一、从省级层面看淳安的绿色共富

1. "生态优先"名副其实

淳安县的生态环境保护集中体现在千岛湖的水质上，2002—2022 年千岛湖水质监测各指标变化显示，高锰酸盐指数、氨氮、总磷等重点指标总体呈现趋优的状态，其中高锰酸盐指数从 2002 年的 1.53 下降到 2022 年的 1.39，氨氮从 2002 年的 0.027 下降到 2022 年的 0.014，分别下降了 9.15% 和 48.15%。淳安县的生态环境保护明显走在全省前列。如果从 2002—2012 年和 2013—2022 年两个时间段来看高锰酸盐指数、氨氮、总磷的平均值，2002—2012 年分别为 1.569、0.031 和 0.0131，2013—2022 年分别为 1.427、0.024 和 0.0127，分别下降了 9.05%、20.97% 和 3.05%（详见表 7-1）。这充分体现了淳安县忠实践行习近平生态文明思想并取得了显著的生态环境效果。

表 7-1　　　　2002—2022 年千岛湖水质监测各指标变化情况

年度	高锰酸盐指数	阶段平均值	氨氮	阶段平均值	总磷	阶段平均值
2002	1.53		0.027		0.013	
2003	1.64		0.038		0.016	
2004	1.55		0.029		0.014	
2005	1.52		0.020		0.011	
2006	1.53		0.029		0.013	
2007	1.55	1.569	0.030	0.031	0.014	0.0131
2008	1.63		0.034		0.016	
2009	1.63		0.029		0.017	
2010	1.43		0.032		0.013	
2011	1.66		0.034		0.008	
2012	1.60		0.037		0.011	

续表

年度	高锰酸盐指数	阶段平均值	氨氮	阶段平均值	总磷	阶段平均值
2013	1.35		0.035		0.010	
2014	1.45		0.034		0.010	
2015	1.44		0.024		0.011	
2016	1.36		0.032		0.013	
2017	1.46	1.427	0.024	0.024	0.011	0.0127
2018	1.48		0.021		0.015	
2019	1.43		0.020		0.016	
2020	1.49		0.023		0.016	
2021	1.42		0.018		0.014	
2022	1.39		0.014		0.011	

数据来源：淳安千岛湖断面监测数据。

2. "绿色发展"任重道远

在习近平生态文明思想引领下，淳安县绿色发展取得了积极进展，2002—2022 年全省人均可支配收入对淳安县人均可支配收入的倍数显示，同样以 2012 年为转折点，2002—2012 年农村居民、城镇居民可支配收入倍数分别从 1.537 上升到 1.545、从 1.338 上升到 1.393，之后一直下降至 2017 年的 1.408、1.273。但是，自 2018 年 8 月淳安县全面启动千岛湖临湖地带部分建设项目的综合整治以来，浙江省与淳安县城乡居民可支配收入的差距再次开始扩大。数据显示，2018—2022 年浙江省对淳安县城乡居民可支配收入倍数分别从 1.274 上升到 1.290 和从 1.413 上升到 1.436。这表明淳安县绿色发展仍然面临巨大挑战（见图 7-1）。

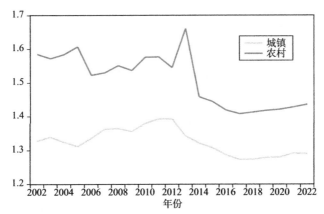

图 7-1　2002—2022 年全省人均可支配收入对淳安人均可支配收入的倍数

数据来源：历年《浙江统计年鉴》《淳安统计年鉴》。

3. "绿色共富"必然选择

首先,千岛湖是长三角地区重要战略饮用水水源地,2019 年开始为杭州市、嘉兴市等地 1600 万人供应饮用水。千岛湖的特殊定位决定了淳安县必须走绿色共富之路。其次,淳安县的绿色发展是深绿色发展。《浙江省城镇体系规划(2010—2020)》就强调淳安县要重点加强皖浙边界地区的生态保护,处理好环湖开发与保护的关系。淳安县具备深绿产业发展的独特条件,必须认准目标,完善与深绿发展相适应的制度体系,在扩大产业优势上积极有为。最后,没有淳安县的绿色共富就没有全省的共同富裕。作为浙江省山区 26 县中较为特殊的县域,淳安县发展既要考虑经济效应,更要考虑生态效应和社会效应,如果缺乏与淳安特别生态功能区相配套的政策激励,淳安县很容易在共富征程上掉队伍,甚至因"贫穷性生态破坏"而危及千岛湖水质。

二、从市级层面看淳安县的绿色共富

杭州市与淳安县在行政上是隶属关系,属于"市管县",但财政体制上则是浙江省管淳安县,属于"省管县"。财政体制上的"省管县"与行政体制上的"市管县",往往导致杭州市在看待淳安县绿色共富问题上产生意见分歧。

1. "生态优先"地位独特

2019 年 9 月淳安县成为特别生态功能区,杭州市人大常委会通过的《杭州市淳安特别生态功能区条例》也于 2022 年 1 月 1 日起施行,条例对编制淳安特别生态功能区生态环境指标体系提出明确要求,并结合千岛湖综合保护和临湖地带综合整治成果,对划定千岛湖保护范围和岸线保护范围作出规定。这奠定了千岛湖在杭州乃至长三角地区的"水缸"地位。从《杭州市市域总体规划》《杭州市城市总体规划(2001—2020 年)》《杭州都市区规划纲要》等规划也可以看到,淳安县发展定位离不开"生态""旅游"等关键词,这说明在杭州市的主体功能定位及分区状况中,淳安县"生态优先"具有独特地位(详见表 7-2)。

2. "绿色发展"阻力重重

从 2002 年以来,淳安县绿色发展经历了三个主要阶段:第一阶段是2002—2012 年。这一阶段杭州市对淳安县的城镇人均可支配收入倍数从

表 7 - 2　　　　　　　市级层面规划对淳安县发展的定位

规划层面	规划名称	对淳安定位	相关发展引导
杭州市	《杭州市市域总体规划》（2009）	以滨湖山城为特色的生态型宜居城市，国际知名旅游休闲度假胜地	杭州市提出"一城七中心"建设目标，其中"七中心"之首即建设国际旅游休闲中心，淳安应打造杭州国际旅游休闲中心的重要组成部分，以旅游休闲推动都市经济发展。
	《杭州市城市总体规划（2001—2020年）》（2014年修改版）		以环湖公路为依托，结合山区特点，沿路发展城镇，形成一环多点布局结构。重点发展县域中心城镇千岛湖镇及地方中心镇汾口、威坪，成为西南部生态、旅游发展建设的基地。
	《杭州都市区规划纲要》（2014）		建设国家级生态旅游示范区、国家杭千黄黄金旅游线的"重要节点"、华东重要的区域生态资产储备地、浙皖闽赣四省区域旅游及生态保护联动的"局域门户"和中心城市、杭州都市区国际旅游职能的重要组成部分及西部重要发展节点。

1.345 上升到 1.439，农村人均可支配收入倍数从 1.775 上升到 1.807，淳安县发展被杭州市拉开差距。第二阶段是 2013—2017 年。党的十八大之后，淳安县绿色发展取得实质性成效，杭州市对淳安县的城镇居民人均可支配收入倍数从 1.424 下降至 1.398、农村居民人均可支配收入倍数从 1.797 下降至 1.715，淳安县收入状态开始与杭州市缩小差距。第三阶段是 2018—2022 年。自千岛湖临湖整治之后，淳安县发展受到一定影响，杭州市与淳安县农场人均居民收入差距又进一步扩大，农村居民人均可支配收入倍数从 1.718 上升到 1.735（见图 7 - 2）。这充分体现出淳安县保护"水缸"的艰辛及谋求绿色发展的艰难，也说明生态保护的机会成本极高，淳安县发展受到的挑战非常严峻。

3. "生态优先，绿色发展"的噪声杂音

关于淳安县的保护与发展的问题上杭州市存在三种代表性观点：

一是"保护优先，财政保障"。这是"要求保护，推卸责任"的做法，把保护要求落实给淳安，把财政责任推卸给省里。该观点认为，淳安县作为特别生态功能区，承载着生态保护的特殊使命，工作重点是强化水生态保护和水环境整治，强化入河排污口监管，严格控制入河污染物总量，以进一步加强饮用水水源地保护。而淳安县的发展则可以搁置一边，

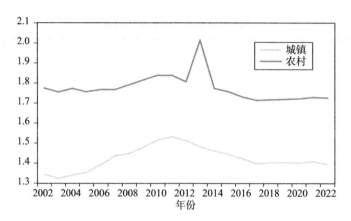

图 7-2　2002—2022 年杭州市人均可支配收入对淳安县人均可支配收入的倍数

数据来源：历年《杭州统计年鉴》《淳安统计年鉴》。

只要通过省级财政转移支付即可，把环境保护的成本推卸给省级政府，杭州市则不必投入多少就可以享受如同农夫山泉一般质量的饮用水。

二是"保护优先，忽视发展"。这是不负责任的想法。一个省会城市竟然不顾及下属一个县的高质量发展。在省管县财政体制下，市级财政进一步支持淳安县的难度较大，加之淳安县经济体量太小，对淳安县采取选择性忽视。从数据上看，2022 年淳安县 GDP 为 269.51 亿元，在 13 个区县市中垫底，仅为余杭区和上城区的 10.17% 和 10.53%，仅为建德市的 62.16% 和桐庐县的 62.47%。可见，淳安县的发展不仅难以企及杭州市城区水平，而且也与以往发展水平相近的建德市、桐庐县拉开差距。因此，在杭州市级层面，考虑经济发展政策上，容易将淳安县置于次要位置，认为淳安县经济对杭州整体经济贡献度不高。但是，作为杭州市唯一的浙江省山区 26 县，淳安县发展状况直接关系到杭州市是否整体实现了共同富裕，所以撇开淳安县谈发展的观点是非常片面的，加之淳安县承担杭州市水源地保护的重任，杭州市有必要也有能力支持淳安绿色发展。

三是"生态优先，绿色发展"。这是正确的选择。没有淳安县的生态保护，就没有美丽中国的杭州样本；没有淳安县的绿色共富，就没有杭州市的共同富裕。一方面，淳安县生态保护不仅在县域层面，而且在杭州市级层面均是践行绿水青山就是金山银山理念的重大成就，是美丽中国建设的杭州生动样本。另一方面，作为全市唯一的加快发展县域，加快淳安县绿色高质量发展是补齐杭州市共同富裕短板的必要举措。"共抓大保护，不搞大开发"的要求表明：千岛湖的保护不仅是淳安人民的责任，也是杭州人民的共同责任；淳安县的绿色共富，并非守着特别生态功能区的牌子不要开发，而是在生态优先的前提下发挥本地特色适度开发，探索人与自然和谐共生的现代化之路。

三、从县级层面看淳安县的绿色共富

1. 绿色共富的必然选择

浙江省山区 26 县是我省共同富裕的最大短板，淳安县作为杭州市唯一的山区 26 县及特殊的生态功能区定位，决定了其共同富裕必须是绿色共富模式。绿色共富模式的特征是以习近平生态文明思想为引领，在生态优先前提下，推进产业的绿色发展，进而推动机制创新推进绿色共富。从《淳安千岛湖镇总体规划（1993—2010）》《淳安域总体规划（2006—2020）》等县域规划上看，淳安县主要定位于生态型宜居城镇，而旅游产业正是深绿产业的典型代表。可见，绿色共富在淳安县既有历史传统，又是制度约束下将来很长一段时间必须坚持和重点推进的路径选择。

2. 绿色共富的实现程度

2002 年以来，淳安县绿色共富取得积极进展。从绝对值看，2022 年城镇常住居民和农村常住居民人均可支配收入分别是 2002 年对应数值的 6.31 倍和 8.14 倍（见表 7-3）；从相对值来看，2002—2022 年，淳安县农村常住居民人均可支配收入占城镇常住居民人均可支配收入的比重由 36.72% 提高为 47.39%。但是，也应看到，淳安县城乡常住居民人均可支配收入占比在 2014 年达到 2.30 之后，一直在 2.25 左右徘徊，到 2022 年也仅达到 2.11。因此，淳安县以生态保护为前提的绿色共富的重点仍然是缩小城乡收入差距。

表 7-3　2002—2022 年淳安县城镇与农村常住居民人均可支配收入数据

年份	城镇和农村人均可支配收入（元）		农村人均可支配收入占城镇人均可支配收入比重（%）
	城镇	农村	
2002	8756	3215	36.72
2003	9742	3559	36.53
2004	10862	3920	36.09

续表

| 年份 | 城镇和农村人均可支配收入（元） | | 农村人均可支配收入占城镇人均可支配收入比重（％） |
	城镇	农村	
2005	12262	4358	35.54
2006	13673	4816	35.22
2007	15091	5401	35.79
2008	16646	5968	35.85
2009	18144	6511	35.89
2010	19831	7172	36.17
2011	22238	8291	37.28
2012	24811	9418	37.96
2013	27612	10531	38.14
2014	30559	13278	43.45
2015	33432	14632	43.77
2016	36708	16110	43.89
2017	40269	17721	44.01
2018	43611	19316	44.29
2019	47056	21074	44.78
2020	48985	22465	45.86
2021	53002	24675	46.55
2022	55228	26156	47.36

数据来源：《淳安统计年鉴》2002—2022年和《淳安县2022年国民经济和社会发展统计公报》。

3.绿色共富的认知差距

自千岛湖临湖整治以来，淳安县为了生态保护的大局，取得了显著的生态环境效果。但是在经济发展上作出了较大牺牲。在浙江省共同富裕示范区建设的大背景下，如何做好临湖整治之后的后半篇文章，扎实推进淳安县绿色共富，使淳安县发展不掉队，需要进一步统一思想。根据调研情况看，县级层面如何看绿色共富存在三个层面不同认识。

（1）县级班子：生态保护认识统一，绿色发展顾虑重重

这主要体现在生态保护上思想高度统一，在经济发展思想上出现分歧。自临湖整治以来，千岛湖环境保护的思想深入人心，行动上高度统一，但是在生态保护的基础上，如何进一步实现经济和生态的共赢，则存在诸多顾虑，主要体现在以下四点：首先，淳安县在八条规划红线的刚性约束下，发展经济是否具有现实条件？其次，经济发展是否会与生态保护的重点目标相矛盾？再次，在现有制度约束下，就算尚存支持经济发展的土地指标，发展什么样的产业比较合适？最后，在已有资源禀赋条件下，发展这些产业的政策配套上，与周边区县市相比，淳安县是否具备发展优势？

（2）基层干部：生态保护执行力强，绿色发展瞻前顾后

基层干部在政策落实的灵活性和主观能动性上存在提升空间。在生态保护硬性约束制度下，为达到立竿见影的效果，尽快完成上级下达的指标任务，基层干部在政策实施过程中容易采取简单的关停、整治、处罚等措施，没有根据政策实施的初衷进行灵活变通，如108土地利用类型的选择、农村化肥的使用、农村污水的集中排放、散养家禽的合规性问题，等等。

（3）城乡居民：生态质量越来越好，居民钱包越来越小

绿水青山就是金山银山理念表明：生态保护和经济发展具有内在统一性，但是在发展的一定阶段，这两者也可能存在冲突。在这种情况下，保护好绿水青山是首要任务。但是在政策实施过程中，存在"一刀切"现象，这对居民部分正常生产生活造成影响，部分群众对政策存在诸多不理解现象，绿色发展的思想尚未完全统一。

第三节　淳安县绿色共富的机制创新研究

共同富裕是社会主义的本质要求，基本任务是缩小区域差距、城乡差距及不同人群收入差距。对于淳安县来说，绿色共富是统筹实现环境效应、经济效应和社会效应的必要选择，而绿色共富的关键在于机制创新。①

---

① 绿色产业发展也是绿色共富的重要方面，考虑到有专门章节对绿色产业如何发展提升进行讨论，本节关于绿色共富机制分析重点从一次分配、二次分配和三次分配入手。

一、一次分配：生态要素参与分配

1. 自然资源要素参与分配

（1）水资源及用水权

淳安县最大的自然资源是水资源，实现水资源的价值是一篇大文章。用水权交易是一个价值实现的可能途径。推进千岛湖水权交易需要注意以下三点：第一，坚持杭州市、嘉兴市（需水方）和淳安县（供水方）供需双方的主导地位。淳安县水权交易过程系通过千岛湖配水工程将水引入杭州市并最终供杭州市和嘉兴市的千万居民使用。尽管水资源的消费端是杭州市和嘉兴市居民，但该水权交易的本质为二级水权交易，即淳安人民政府与杭州市与嘉兴市两市政府之间的水权交易。如果说杭州市与淳安政府存在行政隶属关系，作为平等主体的水权交易相对困难，那么淳安县与嘉兴市政府之间完全可以推进基于协商谈判的水权交易。第二，匹配规划水资源供给量与实际水资源需求量。一方面，根据千岛湖水位的历史信息，综合考虑千岛湖的生态阈值确定淳安县可以出售的最大水量，即规划水量。另一方面，根据杭州市、嘉兴市的人口规模估算需水地区的购水需求，并需要在通水后对杭州市、嘉兴市真实的水资源需求量另行核较，避免浪费。第三，平衡千岛湖配水工程中的政府定价与市场定价机制。淳安县—杭州市及淳安县—嘉兴市的水权交易的对象为优质水源，定价时不仅要考虑配水工程成本、涵养水源成本，还需要考虑淳安县为保护水源所付出的发展机会成本。其实，千岛湖引水的水价可以科学运用机会成本法、排污权定价法、支付意愿法等方法进行确定。同时，应将物价变动等因素考虑到补偿资金之中，建立水价自然增长的动态调整机制。

（2）森林资源及用林权

2003 年，国务院发布《中共中央国务院关于加快林业发展的决定》。2008 年，中共中央国务院发布《关于全面推进集体林权制度改革的意见》。[①] 由于森林本身具有的环境与旅游双重价值，发展森林旅游业还对

---

① 李剑泉，谢和生，李智勇，等．我国自然保护区林权改革问题与对策探讨［J］．林业资源管理，2009（06）：1－8.

森林资源保护、人类康体以及环境修复等具有重要的价值。[1][2] 考虑淳安县特色森林优势，结合旅游发展深绿产业对森林资源和用林权开发，亟待从三方面突破：一是统筹资金精准投放。通过政府引导、市场主导和社会参与方式，在用林权明确情况下结合旅游特征适度开发，灵活把握运营模式，多渠道、多形式筹集森林资源开发建设资金，通过森林旅游业的发展拉动群众收入增加，探索"森林确权—资源开发—绿色发展—绿色共富"的思路。二是多样化开发。森林资源及森林旅游景观外在形式单一，会削弱森林本身的层次性、多样性等独有特征。因此，淳安县森林培育应尽量符合原生森林生态系统的特点，选择多样化的树种，注重旅游景观塑造的多样性，增加森林旅游资源的吸引度，以满足森林旅游的可持续发展需要。三是规范化管理。森林旅游业发展必须有成体系的制度保障。为推进淳安森林资源有序开发，淳安县应该整合各方力量，共同推进森林旅游资源开发、建设与管理的规范化与法制化。

2. 土地资源及土地使用权

淳安县 80.13% 的县域国土面积都位于生态红线之内，可规划建设空间仅占 4.4%，因此合理利用土地是绿色共富的关键。现阶段土地资源开发利用的突出问题：一是集约利用程度不高。土地开发空间严重不足，单位土地投资强度偏低，部分土地长期闲置浪费或低效使用。在规划红线硬性约束下，不同功能的土地碎片化严重，难以在操作层面进行有效开发利用。二是闲置土地盘活难度较大。由于资金、市场、政策等因素，部分项目停工停产导致闲置低效用地出现，尽管土地法规对闲置土地明确处置办法，但由于存在复杂债权债务纠纷或者临湖整治政策的不明确，土地处置难度较大。[3] 为此，要加强淳安县土地资源的节约集约利用。一是重点突出，提高土地使用效益。规范用地分区，控制供地总量，优化利用效益，要把土地投资强度和土地利用详细规划等列为项目用地的准入指标。优先保障重点项目、重点工程土地供给，优先保障自主创新、科技型项目土地

---

① 刘忠伟，王仰麟，陈忠晓. 景观生态学与生态旅游规划管理［J］. 地理研究，2001（02）：206 - 212.

② 钟林生，肖笃宁. 生态旅游及其规划与管理研究综述［J］. 生态学报，2000（05）：841 - 848.

③ 霍彦鹏. 浅谈土地资源节约集约利用的问题及对策［J］. 华北国土资源，2014（06）：104 - 105.

供给，优先保障民生项目土地。二是全面清查，盘活资源，科学合理处置。摸清底数，组织闲置、低效建设用地调查评价，根据原因分门别类提出处置办法。对现有建设用地的开发利用和投入产出情况进行综合评估，把空闲、废弃、闲置和低效利用土地作为重点，积极盘活存量建设用地。[1] 三是调整布局，多管齐下，规范农村住宅用地。采取布局调整办法，引导城中村、空心村改造，促进城乡建设由低效变高效，通过拆旧建新、整村搬迁、移民并庄，旧村复垦，积极推动"空心村"改造，进一步拓展用地空间，提高土地利用效率。

3. 环境资源要素参与分配

（1）环境容量及排污权

推进淳安县排污权交易需要从流域排污权交易和企业排污权交易两个市场考虑。一方面，流域排污权交易制度本质上是流域上下游之间的政府间排污权交易，要根据环境容量，确定污染排放上限。[2] 考虑不同地区的人口规模、经济状况、地理条件等因素，同时基于流域上下游所有地区平等的生存权与发展权，科学分配流域初始排污权。然后基于排污权交易机制使拥有剩余排污权的地区可以通过出售排污权实现环境资源的价值转化。从实际情况来看，在流域上下游之间的排污权交易中，淳安县的定位应该是排污权的卖方。另一方面，企业间的排污权交易本质是建立三级排污权交易市场。首先，根据淳安县的环境容量与政策约束，确定淳安县所能接受的排污量上限。根据不同企业的历史排污情况，合理分配初始排污权。通过企业间的排污权交易，压缩企业排污量，腾出一部分排污空间，促进企业规模在一定程度上的扩张。从实际情况来看，污水处理厂之间或邻近的农村污水处理厂之间或可基于三级排污权交易思想实现水环境治理成本的节约。基于流域上下游生存权和发展权的平等性，淳安县可以享受到与下游相同的人均排污权，但实际上淳安县人均排污量远远小于杭州市的人均排污量。杭州市人均排污量与淳安县人均排污量之差乘以淳安县人口就是淳安县可以出让的"排污权"。

① 郭宗亮. 农村闲散土地盘活利用的问题与对策［J］. 中国土地, 2022（01）: 55-56.
② 金帅, 蒋思琦, 张道海. 考虑排污权有偿使用和交易的企业生产优化［J］. 中国人口·资源与环境, 2021, 31（05）: 119-130.

（2）生态资源及生态产品

生态资源及产品是一个伴有中国化色彩的概念，国外学术界则一般称之为"生态系统服务""生态标签产品"等。① 有学者对生态资源与产品概念的演化过程、特征分类等进行了归纳总结。② 对于淳安县这类生态资源富集但经济相对欠发达的县域，如何改变"捧着金饭碗，过着穷日子"，如何从"绿色贫困"走向"绿色发展"，如何从"生态高地、经济洼地"转变为"生态高地、经济高地"，都是亟待破解的现实难题。③ 针对生态资源转化为生态产品面临的市场化程度不高、生态产品供需不平衡、生态产品价值转化途径单一等困难，争取从三条路径寻求突破：一是探索多元渠道促进生态产品市场化运作。从纵向角度看，主要是对生态产品深加工做文章，延伸产业链长度，推动生态产品向精细化加工方向发展，提高生态资源及其产品附加值；从横向角度看，主要是扩充各产业环节和产品功能，拓宽产业链宽度，注重生态产业集群项目开发。二是协调多方主体助推生态产品产业化运营。依托大数据中心、区块链等建立自然资源账本，做好特色产品的资源开发与文化挖掘，既要培育组织化的生态产业化经营主体，又要鼓励社会组织、企业、个人自愿购买具有生态服务功能价值的生态产品。④ 三是推动生态产品价值实现体系长效化发展。完善既有自然资源资产产权体系，保证各类市场主体依法平等使用自然资源资产。根据自然资源资产分类稳妥推动所有权与使用权分离改革，运用市场手段创新生态产品的价值实现路径。此外，为减轻政府财政压力，要注重运用金融工具，如设立生态产业发展基金、建立公开透明的产权交易市场等。

4. 气候资源要素参与分配

（1）气候容量及碳排放权

推进千岛湖碳排放权交易机制需要做到以下两点：一是使用历史排放法和基准线法争取更高的初始碳排放配额。淳安县的减排工作在全省乃至

① 李燕，程胜龙，黄静，等. 生态产品价值实现研究现状与展望——基于文献计量分析[J]. 林业经济，2021，43（09）：75－85.
② 沈辉，李宁. 生态产品的内涵阐释及其价值实现[J]. 改革，2021（09）：145－155.
③ 浙江高质量发展建设共同富裕示范区实施方案（2021—2025 年）[J]. 政策瞭望，2021（07）：7－26.
④ 王夏晖，朱媛媛，文一惠，等. 生态产品价值实现的基本模式与创新路径[J]. 环境保护，2020，48（14）：14－17.

全国都处于较高水平，但关于发展的严格限制和较早启动的减排工作使得淳安县留下极少的减排空间，若单独使用历史排放法分配初始碳排放配额实质上是惩罚了前期减排工作做得好的淳安县，出现了"鞭打快牛"的现象。二是参照重庆市、安吉县的经验做法，争取以碳排放权撬动国开行等政策性银行资金，对淳安县绿色产业项目给予优惠信贷政策，通过"投贷债租证"综合金融手段，积极引导资金支持淳安生态建设。

（2）碳汇

淳安县是浙江省林业重点县之一，强化增碳汇的潜力是淳安气候资源要素参与价值分配的重要方向。2022年9月9日，淳安县森林碳汇管理局正式挂牌成立，为促进碳汇变现提供了机构保障。但是淳安县碳汇与共富的传导路径仍未完全畅通，原因主要有两点。一是碳价偏低导致碳汇开发激励不足。国家核证自愿减排量（CCER）价格长期在20—30元/吨，导致林业碳汇项目市场回报偏低，缺乏有效的经济激励。我国碳汇林的培育、养护平均成本为288元/平方米，而造林30年的林业碳汇平均收益为141元/平方米，碳汇项目的开发成本远高于收入。[①] 二是林业碳汇测算方法复杂且适用性偏低。我国CCER市场对林业碳汇项目的类型没有具体的限制和规定，但要求进入碳市场的林业项目所采用的方法需经国家主管部门批准和认可[②]，这在一定程度上限制了淳安林业碳汇项目。为挖掘林业碳汇潜力，寻求三方面突破：一是发展林业碳汇项目。结合淳安县实际和我国林业碳汇发展情况，指导碳汇经济发展项目建设，制定包括生产、监测、交易等流程的管理办法，建立可监测、可计量、可报告、可核查的"四可"标准，调动公众参与林业碳汇经济交易的积极性。二是加强林业碳汇监测。在县域范围内依托23个乡镇森林碳汇服务中心开设碳汇监测点，定期开展计量监测工作并向社会发布，不断迭代监测标准、改进监测手段、更新监测设备及完善监测技术。三是推动林业碳汇交易。以区域林业发展特点为依据，细化政策及规则，探索科学、高效的林业碳汇经济交易市场。[③]

---

① 张颖，潘静．森林碳汇经济核算及资产负债表编制研究［J］．统计研究，2016，33（11）：71－76.

② 曹先磊，张颖．落叶松碳汇造林项目CCER开发成本动态核算研究［J］．统计与信息论坛，2019，34（03）：43－49.

③ 徐晋涛，易媛媛．"双碳"目标与基于自然的解决方案：森林碳汇的潜力和政策需求［J］．农业经济问题，2022（09）：11－23.

（3）用能权

建立用能权有偿使用和交易制度，是推进生态文明体制改革的重大举措，在能源消费总量控制制度的前提下，以较低成本实现能耗总量和强度"双控"目标，发挥市场在配置能源资源中的决定性作用。作为全国四个用能权有偿使用和交易试点之一，浙江省早在 2015 年就选择了 25 个地区开展用能权有偿使用和交易试点，推动建立存量用能分类核定、新增用能有偿申购、节约用能上市交易制度。2018 年 8 月，在前期工作基础上，浙江省政府办公厅印发了《浙江省用能权有偿使用和交易试点工作实施方案》。在用能权交易试点初期，探索建立以增量带动存量的模式，明确了购买方为能耗高的新增用能项目，在一定程度上更有利于用能权交易试点工作的推进。浙江省正在有序推进用能权有偿使用和交易试点工作，积极开展制度设计、定价机制研究以及交易平台建设等工作，并率先启动全省统一的用能权交易市场。① 在用能权交易市场启动后，淳安县要充分利用生态气候优势，逐步完善制度规程、开展用能权交易试点、研究启动存量交易，并及时评估试点效果，总结有效做法和成功经验，打造用能权交易的"淳安样本"，为国家用能权有偿使用和交易提供可复制、可推广的经验做法。

从自然要素到环境要素再到气候要素，通过市场机制让生态要素参与分配，必须依托"生态资源—生态资产—生态资本—生态产品—生态财富"价值实现和经济转化的基本条件和动力机制。② 实际上，在技术和制度等条件不具备的情况下，生态资源保护与经济发展往往存在诸多冲突，"绿水青山"与"金山银山"难以兼得，生态资源禀赋与经济发展之间存在明显的负反馈；但是在生态资源转化为生态资产、生态资本，进而形成生态产品、生态财富之后，"绿水青山就是金山银山"，生态资源禀赋与经济发展逐渐形成正反馈，生态要素成为参与分配、居民获得收益的重要基础。实际上，在产权市场完备情况下，不管是排污权、用能权，还是碳排放权等，如果考虑生存权和发展权的平等性，再考虑发展区位的差异性，淳安县是可以得到极大的补差的。③ 值得注意的是，优质生态要素与

---

① 黄炜. 打造用能权交易的"浙江样本"[J]. 浙江经济，2018（24）：39.

② 沈满洪. 生态文明视角下的共同富裕观 [J]. 治理研究，2021，37（05）：5 - 13 + 2.

③ 如构建杭州市域产权交易市场，考虑平等性，淳安特定产权理论上可获得收益的测算方法为：（杭州市人均量 - 淳安县人均量）×产权价格×淳安人口。

优质资本、人才、技术的结合才能真正走上共同富裕之路，需要健全环境经济的制度体系，完善生态要素转化相衔接的价格、财税、金融等政策。仅仅靠生态环境优势是不可能共同富裕的。

二、二次分配：完善生态补偿机制

1. 健全水资源生态补偿

根据 2022 年国家发改委区域战略研究中心测算，扣除上级政府转移支付及补助，淳安县本级投入水源地保护成本为 24.26 亿元，因水源地保护导致发展机会损失所带来的间接成本为 19.45 亿—49.69 亿元。考虑千岛湖地表水资源调蓄价值在生态服务总价值的占比为 31%，千岛湖配水工程年供水量为 9.78 亿立方米，分摊后水源地保护的直接单位成本、间接单位成本之和为每立方米 1.386—2.344 元。横向比较广东省新丰江水库生态补偿机制，香港每年向广东支付购水费用 48 亿港币，折合为人民币每立方米 5 元；浦江县—义乌市之间跨区域供水，义乌市向浦江县支付不低于每立方米 2.48 元。但是综合各项收益，淳安县水资源补偿标准仅为每立方米 0.477 元，依据年度配供水总量及生态保护成本，参照省内义乌市—浦江县补偿标准，现阶段水资源保护成本缺口约为每立方米 2.003元，因此应追加给予淳安县至少每立方米 2 元的水资源生态补偿。

2. 提高生态公益林补偿标准

淳安县国家级公益林 193.8 万亩，省级公益林 47 万亩、市级公益林8.9 万亩，虽然公益林面积位列全省第一，但是淳安县获得的公益林补偿金额仍然不高。具体来看，国家级公益林补偿标准为每年每亩 15 元。省级公益林最低补偿标准为 40 元，部分市县根据财力状况和区位重要性等因素，探索开展分类补偿机制，如 2021 年德清县按水源地保护区域建立了每亩 40 元、60 元、100 元、130 元、180 元的五档补偿标准。2022 年宁波市四明山区域一般公益林补偿支出标准为每亩 146 元。而淳安县公益林获得补助标准则为每亩 47.5 元，在省级公益林补偿力度上明显偏低。因此，应进一步健全森林生态效益补偿机制，完善森林质量财政奖惩制度，加大对水源地涵养林补偿标准。

3. 加大永久基本农田异地代保支持

2021 年国家自然资源部要求，浙江省稳定耕地划入永久基本农田的比例不低于 90%。在第三轮"三区三线"划定中，根据杭州市域统筹，桐庐县、淳安县、建德市划入比例为 95%，城区划入比例则为 85%。淳安县实际划入比例是 94.6%，面积为 20.2 万亩，高于全省标准 4.6%。因此，应尽快出台永久基本农田异地代保"长期＋短期"相结合政策，短期标准确定为 5 万元/亩，以 15 年规划期一次性转移支付，长期标准则根据城区税源面积按比例折算。

4. 推动建设用地复林指标市内对口区县定向回购

淳安县可以打破以往建设用地单一复垦为耕地的惯例，积极探索建设用地复林复绿，有效减轻农业面源污染难题，提高县域森林覆盖率。结合实际情况，应争取出台建设用地复林指标回购政策，具体操作层面，建议参照城乡建设用地增减挂钩指标市级统筹标准，按照 100 万元/亩由对口区县定向回购。

三、三次分配：创新社会参与机制

1. 完善大型企业支持淳安发展机制

大型企业支持淳安特别生态功能区建设具有一定历史传统，通过与淳安县临岐镇、屏门乡等乡镇开展结对帮扶，在农特产品销售、中药材加工方面取得一定成效。借助大型企业的资金优势和营销网络，可以将基层优势的生态环境和生态资源转化为切实可见的经济发展优势，对更好推动绿色环境与共同富裕的双向互动具有现实价值。但是，淳安县存量优质资源较多，与大型企业合作还有提升空间，应该尽快建立大型企业组团支持淳安发展的工作机制。一是争取将该项工作纳入支持浙江省山区 26 县淳安版块的综合性改革事项，常态化组织开展大型企业助力淳安县共富活动。二是引导企业与淳安在人才、资金、项目等领域加强合作。在资产上，将林地、湿地等同类型资源整合至统一的运营公司，既有利于推进全县生态资源整体规划运作深化"绿水青山"到"金山银山"转化，推动农村居民增收致富。三是完善"两山公司"的考核机制。为增强"两山公司"综合实力，基于淳安县的特殊功能定位，对"两山银行"的考核应该重点关注社会效益和村集体、群众的获益情况。此外，应健全生态资源资产"管控—收储—评估—策划—交易—运营—反哺"系列流程，允许建立"两山银行"投资项目容错机制。

2. 完善乡村振兴联合体运作机制

乡村振兴联合体是淳安解决城乡、人群收入差距的创新探索，对于推进传帮带共同富裕具有启发意义。乡村振兴联合体建设的现实任务是要深化"入股联营"和产业资金"引导激励"机制，优化先富带后富模式，探索"大党委"模式下的乡村振兴新路径，提升大下姜联合体建设实效。推动生态要素参与财富分配，深化碳市场、生态保护补偿等生态共富途径。具体路径为：

（1）深化平台共建，推动改革增富

围绕优势特色产业建链补链强链，加强小农户与现代农业的有机衔接，加快建设红高粱现代农业产业园、艾草大健康产业园和蜜蜂产业等带动力强的项目。培育集聚平台，推进共富产业孵化园、"两进两回"人才聚落等项目建设，提升平台产业集聚功能和对周边乡村共同富裕的带动。

（2）深化资源共享，推动民生安富

优化公共服务体系，深化电力大数据在环保监测、低碳减排等方面的应用，推动管道天然气向周边村延伸。创新城乡紧密型"教共体""医共体"建设，开展教育、组团式帮扶结对，推动省市县级医院与大下姜区域卫生院开展共体深度合作。加强养老服务设施建设，探索创新农村居家养老服务方式，提升弱势群体长效关爱机制。

（3）深化产业共兴，推动深绿创富

立足既有禀赋，因地制宜发展富民产业。首先，以生态旅游为引领做优现代服务业。实施"红色根脉强基工程"，培育红色精品旅游示范带，发展现代红色旅游。实践层面要做好加强景区管理，实施民宿"低改高"项目，强化线上线下推广。其次，做精农林产业。注重农产品全产业链开发，推动水稻、红薯、红高粱等农作物和茶叶、水果等经济作物协同发展，争创全国农村改革试验区。聚焦黄精研学示范基地、大下姜共富竹木产业园等项目建设，在"点状开发"政策下因地制宜发展农林旅游。最后，做活文创产业，擦亮地域品牌。开展文创特色街区、文创村落和文创基地及配套项目创建，构建红绿相融产业发展格局。构建大下姜农产品质量基础设施"一站式"服务平台，健全"下姜村""大下姜"等品牌准入制度，加强品牌商标保护。

（4）深化区域融合发展绿色共富

首先，"强村带弱村"。深化强村与弱村结对帮带共建机制。支持强村优势产业向弱村延伸，将"强村带弱村"工作纳入绩效评估体系。其次，"先富带后富"。发挥商会、协会等社会团体作用，争取农商银行、保险公司等金融机构增加对低收入农户生产经营的资金支持。注重政府引导、企业主导和社会参与，提升镇村属企业经营能力，实施以先富帮后富、乡贤帮老乡和强村帮强村为内容的共富行动。最后，"区域融合带动"。加强与周边乡镇在乡村旅游、农产品开发等方面合作，统筹协调大下姜与周边乡镇关系，推动医疗、教育、社会治理、应急救援等服务资源融合互动。总结多龙头带富、先富帮富、联动奔富以及推进乡村片区化、组团化发展的经验，推动改革创新成果扩散推广。

3. 以慈善捐赠助力绿色共富

由于现实中，生态价值转化通道尚未完全打开，生态优先地区，往往也是经济欠发达地区，低收入群体比例总体较高，因此，通过慈善捐赠助推绿色共富是一个重要选项。实际上，慈善捐赠是发挥社会机制推进绿色共富的重要方式，与转移支付等政府机制和生态要素参与分配等市场机制形成互补关系。[①] 慈善捐赠要与淳安县实际相结合，注重利用淳安县独特文化，统筹域内域外两个空间，整合领导体系发挥社会组织力量。首先要聚焦慈善多元布局。

（1）研究建设慈善枢纽中心

高标准打造集"慈善文化展示、慈善教育体验、慈善活动集成、慈善组织孵化"等功能于一体的枢纽型慈善服务综合体，作为慈善活动的主要阵地，设置多功能厅、慈善展厅及公益培训室等功能区，实现成果展示、造血帮扶和项目培育等多领域慈善体制机制创新变革。综合运用整体智治理念，重塑现代慈善体制机制，开发搭建"慈善淳安"智慧服务平台，全力推动慈善方式从线下为主向线上线下两路并进转变，整合慈善服务项目库，实现供给端、需求端"双向贯通"。

（2）强化制度激励，优化慈善服务

研究制定《淳安慈善积分管理办法》，将捐赠人和受益人、慈善组织和工作人员的慈善行为纳入公共信用信息平台，构建慈善积分体系，探索知识捐赠、技术捐赠等非物质慈善行为量化认定标准，建立调动全民参与慈善的长效机制。从服务项目"点单化"、服务运行"流程化"及服务方

---

① 杨蕤. 企业慈善行为、第三次分配与共同富裕［J］. 社会科学战线，2022（05）：275－280.

式"多元化"等方面着手，构建精准高效的慈善服务体系。积极搭建区—街镇—村社—慈善组织的四级网络。其次要汇聚慈善合力。因地制宜，将募集善款、做大资金盘作为推动慈善事业发展的重点任务和重要保障。通过"慈善一日捐"、定向捐赠、冠名慈善基金等多样化方式，探索与绿色共富相匹配契合的慈善项目。探索建立政府、企业、慈善组织、公众共同参与的慈善服务"义利链"，推动慈善信托成为慈善工作新动力。

（3）加强慈善保障

首先，以海瑞"一心为民，天下为公"为代表的淳安文化与慈善品牌建设具有密切联系，深入挖掘慈善文化品牌内涵，打造淳安县慈善文化品牌，延伸打造富有亮点的慈善项目，实施品牌培育。其次，建设慈善组织活动信息监管平台，探索建立慈善捐款可查询、可追溯的智能反馈机制，构建闭环化智慧监管体系。最后，加强慈善表彰和慈善宣传，实施慈善人才培养计划，加快专业服务、文化宣传、项目实施等人才培养。研究开展"淳安县十大杰出慈善义工""淳安县十大慈善人物"等评选表彰活动，营造全社会关注、参与、支持慈善工作的良好氛围。

第四节　推动淳安县绿色共富的对策建议

一、多规融合，构建空间规划"一张图"

1. 多规合一的重要意义

"多规合一"强化国民经济和社会发展规划、城乡规划、土地利用规划、环境保护、文物保护、林地与耕地保护、综合交通、水资源、文化与生态旅游资源、社会事业规划等各类规划的衔接，但现有空间规划中面临土地资源稀缺、保护边界不清、绿色发展受阻等棘手问题，加快推进多规合一，能够优化县域空间布局、高效配置土地资源及提高空间治理能力。[①]

---

① 张楠迪扬，张子墨，丰雷. 职能重组与业务流程再造视角下的政府部门协作——以我国"多规合一"改革为例［J］. 公共管理学报，2022，19（02）：23－32＋166.

2. 多规合一的领导体制

建立多规合一的一把手负责制。淳安特别生态功能区的负责人是杭州市领导，针对生态保护红线、水源保护区、风景名胜区、生态公益林、自然保护地等保护性空间交叉重叠问题，由杭州市领导向上协调。工作机制上，建立规划和自然资源、林业、生态综保等多部门为成员的部门联席会议机制，明确责任分工、加强部门联动，强化信息交流和行动协调，统筹协调推进生态空间协同管控，逐步实现"多规"空间管制目标平衡统一。[①] 通过空间规划引领，引导公共资源精准投放和市场要素充分流动、合理集聚、优化配置，为乡村振兴和共同富裕提供更大承载空间。

3. 多规合一的目标要求

加强土地利用规划、两江一湖风景区总规、环境功能区划、林地保护规划、湿地保护规划等规划衔接，明确划定生态红线和生产空间。结合生态特区实际，以国土空间规划为底图，衔接多部门专项规划空间管制边界，科学谋划区域空间总体布局，推进多规融合，构建空间规划"一张图"。

4. 多规合一的工作保障

淳安县多规合一的关键是"三区三线"，"三区"即城镇空间、农业空间、生态空间三种类型空间，"三线"即城镇开发边界、永久基本农田保护红线、生态保护红线三条控制线，此外淳安作为长三角重要"水缸"，水源地保护红线也是空间规划中要重点考虑的因素。多规合一的任务是对城镇开发边界、永久基本农田保护红线、生态保护红线、水源地保护红线进行融合。城镇开发边界由省级自然资源部门审批、永久基本农田保护红线和生态保护红线由国家自然资源部审批、水源地保护红线由省级生态环境部门审批。由于多规融合主要涉及省级以上部门，需要淳安特别生态功能区的负责人即杭州市市长向上协调。

二、山海协作，深化生态补偿飞地模式

1. 飞地模式的存在依据

淳安县的"飞地补偿"是习近平同志在浙江工作时确定的一个生态

① 秦柳，姚文玲. 林长制的治理逻辑与优化路径 [J]. 东岳论丛，2022，43 (09): 81 - 88.

补偿机制。2002 年，浙江省正式实施"山海协作工程"，通过杭州市、宁波市、绍兴市等地的发达县（市、区）与衢州市、丽水市等地的 26 个欠发达县（市、区）开展对口合作，带动欠发达地区加快发展。2018 年 1月，《中共浙江省委浙江省人民政府关于深入实施山海协作工程促进区域协调发展的若干意见》（浙委发〔2018〕3 号）印发实施，明确了"产业飞地"是浙江省相当长时期"飞地经济"发展的主要方向之一。2021 年1 月，浙江省人民政府办公厅出台的《关于进一步支持山海协作"飞地"高质量建设与发展的实施意见》（浙政办发〔2021〕5 号）提出，到 2025年，在大湾区新区、省级高能级平台等相关产业发展平台为山区 26 县布局以先进制造业为主的"产业飞地"。2022 年 5 月，浙江出台了《关于加强自然资源要素保障助力稳经济若干政策措施的通知》，明确规定统筹安排山区 26 县每县 1500 亩建设用地规划指标，且定向为飞入地核减 750 亩永久基本农田保护任务。

2. 淳安县的目标飞地：杭州市、嘉兴市

作为特别生态功能区，作为杭州市唯一的浙江省山区 26 县，在财政体制错位短期难以突破情况下，念好"山海经"发展飞地经济是支持淳安县的重要选项，因此，杭州市要从讲政治的高度切实落实好飞地空间。淳安县在杭州市的飞地包括西湖区千岛湖智谷大厦和千岛湖智邦大厦、钱塘区千岛湖智海大厦和明浦物流产业园等，千岛湖智谷大厦、千岛湖智邦大厦聚焦数字经济，千岛湖智海大厦重点发展总部经济，明浦物流产业园主要发展物流业，不同飞地既要结合落地区域优势发展优势产业，又要结合淳安县发展实际做到异地互动衔接。此外，基于千岛明引水工程的受益区涉及杭州市和嘉兴市等，嘉兴市也应谋划并尽早兑现淳安县飞地，在飞地项目选址、准入条件、职责划分、利益分享等方面与淳安县保持密切合作。

3. 淳安县飞地开发的关键词是协作开发、利益分享

要念好新时代的"山海经"，坚持发展生态经济的现实主义道路。一是完善共同管理机制。异地开发的特点使得淳安县产业飞地不可避免地出现较大的行政管理摩擦，需要建立共同管理机制。建议由淳安县人民政府委派行政人员负责管理淳安县飞地的建设、运营和管理。二是明确利益分配机制。明确淳县安与飞入地双方对于产业飞地的投资比例，以及双方对

于 GDP、经营收益以及税收等的分配比例与期限。① 鉴于淳安县对保护千岛湖优质水源所作出的贡献，在利益分配时应给予淳安县更高的比例。三是需要上级政府的政策支持。由于飞出地和飞入地资源禀赋和区位条件的不同，淳安县的优势产业难以与飞地所处地区的产业相匹配。这就需要上级政府在招商引资，还包括融资渠道、收益分配上给予一定政策优惠。四是争取"人口飞地"。"人口飞地"就是要求飞入地给予淳安县居民就业政策，包括收入政策、住房补贴等，让更多淳安县居民就近选择工作地，既解决淳安县劳动力就业困境，又引导淳安县人口向城市迁移。

三、链式发展，实现产业一二三产联动

1. 以"一条鱼"为引领做深高效生态农业

一是制定出台农林业产业扶持政策，支持山核桃、毛竹和油茶等农林业产业发展，加大土地规模流转力度；二是积极招引社会资本与县属国企合作，建立"公司＋企业＋农户"模式，实施良种改造计划，从而提高产量品质；三是做优精深加工，打响"千岛农品"品牌；四是建立溢价分配机制，反哺村集体和村民，实现多元收入目标。五是开展产业精准招商。聚焦重大项目、特色项目及上下游企业开展全产业链精准招商，引进重点水饮料产业项目，形成产业集聚，强化招引茶、果蔬和植物功能性等饮料项目，带动淳安县本地优质农副产品价值转换，并积极培育引进研发检测、包装物流等与水饮料产业关联度较高的上下游企业和机构，做大做强水饮料产业链。

2. 以水饮料为引领做强生态制造业

一是出台新一轮水饮料产业发展扶持政策，加大力度引导企业开发具有地域特色和地理标志性的稀缺高端饮用水、茶饮料、植物性功能性饮料品牌，进一步明确水饮料产业重点扶持导向；二是成立水饮料产业发展引导基金，完善以水饮料产业发展为主的投资补助、贷款贴息、购买服务、以奖代补等扶持政策，支持组建科研智库，帮助水饮料企业对接科研院

① 王璐，邹艳丽．"飞地经济"空间生产的治理逻辑探析——以深汕特别合作区为例[J]．中国行政管理，2021（02）：76－83．

所，组建智库，为产业研发、营销提供技术及人才支持，支持龙头骨干企业扩张规模做大做强，不断扩大千岛湖水饮料企业和千岛湖水饮料特色产品在市场上的影响力；三是完善产业集聚公共服务平台，服务产业集聚发展，鼓励支持淳安县水饮料生产企业建设省级研发中心、技术中心、研究院等重大科技创新平台。

3. 试点生态产品价值实现机制

淳安县生态资源总量大，林木蓄积量 2621 万立方米，千岛湖蓄水量 178 亿立方米，水质常年保持 I 类。淳安县按照绿水青山就是金山银山理念积极探索生态产品价值转化路径，开展"两山银行"试点改革，但很多政策突破需要国家层面顶层设计，如水权交易、森林碳汇交易等。为此，应争取将淳安县乃至试验区纳入国家层面生态产品价值实现机制试点，进一步完善水文水资监测体系，研发水资源动态评价、多目标水量调配和水资源价值核算等水资源保障核心业务模型，健全自然资源资产产权制度、GEP 常态化核算体系以及绿色发展绩效考核奖补机制，开展水资源资产核算和水资源资产负债核算。通过价值核算、信息共享、渠道贯通，创新"绿水青山"保值增值制度和生态产品价值实现机制，促进千岛湖优质水资源价值转化。

另外，借助杭州亚运会东风，加快推进千岛湖旅游项目建设，发挥服务优势，利用徽州古城、黄山风景区旅游资源进行引流，做强生态服务业，实现产业链式联动。

四、点状开发，探索土地利用新模式

点状开发是省级层面支持淳安绿色共富的一条重要政策引导，目的在于解决淳安县在生态红线约束下的用地空间问题。为充分利用好"一县一策"点状开发政策红利，在现行条件下要创新思路，在实践层面回答好为什么点状开发、如何点状开发、点状开发如何规制等问题，用好用足"一县一策"点状开发政策，全力推进县域经济高质量发展。

1. 优化"点状开发"空间布局

支持淳安县在确保环境质量持续提升和生态景观持续优化的情况下，结合全省饮用水源勘界、定界，合理优化生态保护红线、水环境功能区及自然保护地边界。对于生态保护红线内闲置宅基地，在符合国土空间规划和确保生态不破坏的前提下，复林、复绿、垦造产生的指标允许入库利用。对通过农转用批准但未实施开发建设的地块，在恢复原土地利用状态的情形下，盘活用地指标。根据农村产业融合发展要求，考虑休闲观光产业业态特点，探索供地新方式，采取点状布局、点状开发。对山区生态景观敏感区域内有特殊建设要求、确有必要突破土地使用标准下限的，按充分论证的容积率供地。构建淳安与嘉兴市协作新模式，从省级层面统筹解决淳安"特色生态产业平台"新增规划空间指标问题。支持淳安县经济开发区、高铁新区区块参照滨富合作区模式，与城西科创大走廊探索"统一招商、合作运营、收益分享"产业协作，建立干部交流、人员互派机制。

2. 构建"点状开发"产业体系

建议杭州市加大与浙江省的对接，大力支持省市县乡四级联动对"点状开发"重难点问题予以会商解决。支持淳安县加快威坪镇"三产融合产业园试点项目"的推进，落实好《杭黄毗邻区块（淳安、歙县）生态文化旅游合作先行区建设方案》，积极推进杭黄毗邻区块生态文化旅游合作先行区建设。支持淳安县创建进入第三批国家级全域旅游示范区，推进文旅、农旅、体旅、工旅、学旅、会旅等绿色产业融合。以"淳安文化旅游地图"为载体，挖掘竹马、睦剧、八都麻绣、麦秆扇等文化遗产，发展淳安县特色文化创意产业。协调落实土地指标和绿色扶持资金，支持省属企业、大型民企、外资企业等到淳安投资、建设、运营国际会议会展中心项目，在淳安县开展各类培训、会议、党建等活动，聚力发展以健康体检、康复调养、高端医美为核心的健康医疗产业，建设以旅游、康养为重点的深绿致富产业体系。

3. 强化"点状开发"机制保障

健全"点状开发"政策的落实机制，对全县可用空间进行系统谋划，推动抽水蓄能电站、噢麦力亚洲生态工厂等点状开发项目精准落位。落实淳安特别生态功能区财政体制政策，通过省市县乡四级联动对"点状开发"面临的重大问题予以协调解决。充分发挥市场作用，建立一体化招商机制，细分全县十个区域特色产业定位，依托项目全生命周期数字化管理平台，"全县一盘棋"统筹招商，引导企业参与淳安县"点状开发"项目合作。

五、整体智治，健全绿色信用体系

1. 加强信用基础设施建设

注重发挥信用淳安建设领导小组作用，推动信用淳安平台与省、市公共信用信息平台及县各级业务系统的集成协同，纵深推进绿色信用数据自动归集，因地制宜开辟信用数据共享途径。强化信用基础设施保障，以现有基层治理四平台、村情通等为载体优化信用服务建设，将可上线的传统服务项目上线运行，扩大服务范围，降低市场交易成本，提升业务效率和便捷性。

2. 完善个人和企业等重点主体生态信用评价体系

对"散乱污"、擅自倾倒固危废、阻碍生态文明建设的个人，建立失信体系，纳入重点管控人群。同时，通过生态信用体系加分事项，充分调度群众参与生态环境保护的积极性。将企业基础信息、日常执法监管信息纳入环境信用记录并向社会公布，积极探索生态信用评价体系，并将结果应用于企业资金政策申请、评先评优、退税、污染防治等方面。

3. 强化信用信息共享应用，创新绿色信贷模式

结合企业公共信用评价、个体工商户信用评价，研究"信易贷"支持小微企业和个体工商户等小微市场主体创新创业模式。依托信用淳安平台，重点推动公共信用数据在金融信贷领域应用，通过"可用不可见"的方式将公共政务数据向金融机构开放，降低信息不对称，解决"不敢贷"问题，提高资金供给质量。

4. 加强生态信用制度建设

以环境信息依法披露制度改革为契机，健全信用数据归集、评价、监管、奖惩等运行机制。优化环境监管事项"双随机一公开"信用应用规则，推行高频证明事项和经营事项告知承诺制。针对不同应用领域使用有针对性的信用手段，规范绿色信用监管、完善绿色金融机制、优化生态领域信用修复等。

5. 创新诚信共富宣传

结合"诚信建设万里行""诚信点亮中国""诚信之星"等主题活动，选树诚信致富先进集体和先进个人。塑造绿色共富品牌为主要特征的

"共富企业""共富乡村""共富社区"等社会基本单元，增强社会共富意识、奉献意识和诚信意识。充分利用各类媒体开展绿色失信问题公开曝光，在政府网站及时公开通报，在重点群体中利用微视频、微电影等新方式开展诚信教育。

案例篇

案例篇按照淳安县坚持生态优先的生动案例、淳安县坚持绿色发展的生动案例、淳安县坚持绿色共富的生动案例三章介绍了淳安县生态文明建设中的 21 个典型案例，并对每个案例进行点评。从中可见，淳安县在坚持生态优先、绿色发展、绿色共富方面开展了艰苦卓绝和开拓创新的工作，本书收录的 21 个案例个个有故事，个个有成效，个个有经验。

第八章

淳安县坚持生态优先的生动案例

　　由于千岛湖的独特功能定位，淳安县的生态文明建设始终坚持"生态优先，绿色发展"。"生态优先"造就了千岛湖美景，更保障了杭州市和嘉兴市 1600 万人口的优质饮用水源。本章收录的"依靠生态拦截带构筑茶园生态保护'铜墙铁壁'""污水分级处理资源化再利用""废弃采砂场蜕变成'新鸟巢'""打造智慧化千岛湖'秀水卫士'""以绿色亚运为契机打造千岛鲁能胜地""从'九龙治水'到'一队治湖'""司法保障生态优先的淳安实践""杭黄共推千岛湖流域环境联保共治"等八个案例个个都是当地人民群众在党和政府的领导下实实在在干出来的，书写了可歌可泣的奋斗篇章。

第一节　依靠生态拦截带构筑茶园生态保护"铜墙铁壁"

一、实践举措

　　里商乡坐拥 32 千米原生态湖岸线、26 个沿湖港湾岛屿，淳杨线①湖岸区域是全县最长的滨湖景观带。同时里商乡茶产业资源丰富，"百里茶香，万亩茶海"，全乡拥有 1.8 万亩茶园，茶叶面积、产量和产值均居淳安县首位，而其中大部分茶园分布于沿湖港湾岛屿之上，温暖湿润的湖泊气候不仅让里商乡有了全国知名的"最美湖上茶园"景观，更赋予了里商茶香郁、味甘、形美的优势，让里商茶在各项茶叶评比中博得头筹。历届党委、政府充分聚焦里商茶"早、优、美"的特点，积极探索"茶+"一体化发展，让茶叶成为里商乡农文旅发展的核心。

然而，因茶园集中在湖岸岛屿之上，沿湖临水，受千岛湖水文等因素影响，生态问题较为明显：

1. 茶园水土流失严重

茶树种植的土壤大多数为酸性红壤，抗腐蚀性和抗冲击性较差，尤其在保持水土且保持其土壤肥力的能力较低。特别在雨季时，降水量整体较为集中，土壤受雨水冲刷易形成地表径流，很容易造成水土流失现象，使茶园土壤肥力下降，茶叶亩均产量和有机品质降低。同时，水土流失所导致的湖岸线山体裸露、塌方等现象使生态景观的协调性、统一性与完整性遭到破坏，不利形成良好的生态景观，影响里商乡农旅融合发展。

2. 临湖周边水质周期变动

因茶叶种植中需要使用氮、磷肥来保证正常生长，受水土流失以及茶园经营带来的影响，氮、磷等物质会随雨水直接汇入千岛湖水体，导致周边水质呈现季节性波动，区域范围内出现富营养化，水质遭到破坏。如按茶园单位面积计算，一年的施氮量约在 15 千克，施磷量约为 4 千克，全年里商茶叶的施氮量约为 200 吨，施磷量约为 70 吨，以元素径流损失 5% 的比例来计算，一年约有 13 吨氮磷元素总量排入千岛湖，可预见污染情况触目惊心。

因此，做好生态文章，让美丽山水和科学治理激情碰撞，努力构建临湖环境和产业共富的命运共同体，成为建设"文茗里商，乐活小镇"新里商的历史选择。在此背景下，里商乡在杭州市生态环境局淳安分局的指导和支持下，启动建设沿湖茶园生态拦截带项目，在源头污染上做"减法"，最大限度减少了氮磷等污染物入湖，也在茶园生态景观上做了"加

---

① 淳杨线即淳安县千岛湖镇（县城所在地）至汾口镇杨旗坦村的公路。因公路两旁景色秀美醉人，被誉为"最美淳杨线"。

法", 提高了里商乡沿湖茶园景观多层次性, 增添又一条"景观飘带"。

二、实践成效

1. 减少污染物入湖

通过"拦截沟＋沉淀池＋景观带"的组合生态拦截专利工艺, 对茶园内氮、磷元素流失有良好的改善作用。通过对原有农业灌溉沟渠进行改造, 利用多孔材料的高效吸附降解特性和沉水植物、挺水植物、草本植物等植物对区域内农业面源污染中的氮、磷等营养物质进行拦截、吸附、净化, 有效保护入湖水体的水质安全, 在沿湖茶园生态拦截带项目实施后, 茶园临湖水域水质常年稳定在Ⅰ类水质。与此同时, 构筑设施不另外占用土地, 无动力设备, 运行维护操作便捷, 不会造成二次污染。

2. 改善沿线景观

通过生态沟渠项目建设, 将生态修复与景观设计紧密结合, 可以重塑河湖生态, 建设生态小湿地, 在保证原有景观多样性的情况下, 有机串联沿湖沿线的特色村镇、休闲农场和自然景观, 构建集生态保护、休闲观光、绿色产业于一体的流域生态廊道。同时沟渠内种植樱花、桃花等生态植物, 有效提升茶园"颜值", 为最美淳杨线增添又一亮点。

3. 提升茶叶品质

遵循现代农旅发展规律, 通过创新要素融合发展方式和拓展产业驱动新渠道, 走出了一条农旅融合发展的可持续之路。通过生态拦截带退水循环利用模式, 将茶园、生态拦截沟渠水体组成一个水循环系统, 利用节水灌溉设施将系统内水体氮磷营养元素进行循环利用, 最小限度减少茶园养分流失, 切实提高产业效率和茶叶品质。

三、经验启示

里商乡茶园生态拦截带项目作为一项具有辨识度的生态治理标志性成果, 采用建筑工程技术、生物技术和管理技术相结合的污染物阻控措施, 在保证茶园正常管理和经营的基础上, 实现氮磷拦截、景观提升和生态修复。相比简易土质排水沟渠和混凝土板型沟渠, 更适宜在淳安农林生产中推广使用, 具体表现在以下三个方面：

1. 依托现有基础打造，省钱又省心

淳安县位于亚热带季风气候区，雨量集中，全县大部分农林生产都建有沟渠以满足泄洪需求。现建生态拦截带可以在原来已有泄洪沟渠结构的基础上进行改造，从实践结果来看，里商乡生态拦截带工程的实施，结合了我县本土的围垦文化，农田尾水可以直接在沟渠内完成净化，不需要再额外建造集中的净化池，相对来说节省成本，性价比也较高。同时里商乡生态拦截带建设在前期建设方案拟定过程中邀请专家团队赴茶园现场开展实地调研，并针对前期调研结果，按"截污＋融景"理念，分别针对岛屿茶园、临水茶园等各类地形制定特色方案。该方案涉及的几类地形已基本涵盖全县所有茶园果园地形地貌，在全县范围内可适用性强，推广面大。

2. 依托现有景观打造，环保又美观

坚持"在开发中保护，在保护中开发"的发展原则，依托茶园临湖临水区位优势，融合周边高山、绿水等自然景观，致力打造精致美丽的原生态拦截带。围绕淳安实际，例如农业采摘休闲园，在保证生态沟渠的功能基础上，融入景观生态学设计原理，在净化植物、人工湿地、造型等方面进行精心设置，能够实现农旅发展有效结合。同时在沿湖沿线风貌整治方面，能同步解决山体和黄土裸露等生态修复问题，打造美轮美奂的临湖风景带。

3. 依托专利工艺建设，省时又省力

对传统生态拦截带建设工艺进行"一个改进、三个增加"技术改良。通过改进传统生态拦截沟开挖方式，避免超挖和对周边环境造成破坏，同时有利于缩短工期，契合千岛湖水文特点。在拦截沟沟底和内侧沟壁坡面增设三块空心连锁砖，有利于水体渗透，保证茶叶品质。针对传统生态拦截带拦水坎选点不够科学、建设质量不高等情况，创新运用坡地茶园径流氮磷截留专利技术，杜绝枯水期植物因缺水而枯萎死亡现象发生。运用坡地茶园生态拦截带专利技术，解决植物品种单一、缺乏耐寒植物问题，提升生态拦截带在冬季拦截效果。

（供稿：淳安县里商乡）

沈满洪点评："百里茶香，万亩茶海"是里商乡的鲜明写照。但是，千岛湖的特殊功能定位决定了里商乡必须解决产业发展与环境保护的矛盾。办法总比困难多。里商乡茶园生态拦截带项目采用建筑工程技术、生物技术和管理技术相结合的污染物阻控措施，一方面，在源头污染上做了"减法"——最大程度减少氮磷等污染物入湖，另一方面，在茶园生态景观上做了"加法"——增添里商乡沿湖茶园的"景观飘带"。由此可见，生态科技创新、生态工程创新、生态管理创新是实现生态与经济协调发展的必由之路。

第二节　污水分级处理资源化再利用

富文乡深入贯彻落实尾水资源化再利用的"低零碳"发展理念，通过技术创新、景观改造、民生服务等有效手段，进一步提升农村治污综合水平，将"中水入田不入湖、资源循环再利用"思想落在实处。《淳安县富文乡：推进农村污水资源化利用，精心守护千岛湖》成功入选浙江省2022年度"节水行动十佳案例"。

一、实践举措

1. 技术革新，系统打造治污场景

全面升级农村治污基础设施，设计部署 6 个灌溉、滴灌、喷灌等多种不同处理方式的中水回用应用场景及一个资源化处理站点位，以"6＋1"的形式，全面提升富文乡农村治污综合水平。针对农村生活污水处理设施进行景观化提升改造。针对处理设施排出的臭气，采用土壤除臭的处理工艺，确保设施空气清新无异味；针对动力设施产生的噪声，采用隔音棉降噪的处理工艺，将噪声控制在机房之内；在污水处理终端旁设计建设生态氧化池，在池内种植睡莲、菖蒲等绿植，同时满足景观化提升、中水蓄水、生态补水等多种功能；增加污水处理终端绿植覆盖，种植麦冬、月季、美人蕉及多种灌木，让终端设施更加贴合绿色生态环保理念。结合未来乡村建设，将资源化再利用项目建设成为"未来乡村"九大板块之一的"未来生态环保"板块，将其打造成为一个可学、可看、颜值高、治污效果好的农村治污研学基地，并以此为立足点，不断推动农村治污改革探索。

2. 低碳节能，探索资源循环利用

积极探索"分级回用"治污模式，在项目中规划设计分级处理工艺流程。一级回用供农户自行取至田地、茶园用于堆肥，二级回用供水田旱地灌溉，三级回用水蓄于生态氧化池供林地农田喷灌及冲厕等。对污水处理过程中产生的可资源化利用物进行收集进行全面资源化再利用，采用"移动污泥脱水车+资源化处理站定点处理"的方式，将终端运维废弃物制肥处理。按照"污水全收集、雨污全分流、处理全达标、资源全利用、监管全智慧"的五全理念要求，在资源化处理站建设负压除臭系统，对运行过程中产生的异味进行净化处理。

3. 利民惠民，民生所需建设所向

在富文乡弓禾农场设计规划中水回用系统，将富文乡朱村自然村的7个污水处理终端出水通过重力流及加压的方式提升至弓禾农场高位水池，再通过高位水池管道输送至农场内的果园、田地及农业大棚中。回用采取喷灌、滴灌、漫灌等多种方式，在整个农场回用系统中加入智慧管家控制系统，实时检测土壤干湿度及氮磷钾等元素含量，做到精准尾水资源化利用。在资源化再利用项目建设初期，富文乡党委政府走进田间地头，与农户面对面交流，根据农户意见，进行项目设计变更。在每个中水回用系统污水处理终端点位周边选取一名农户作为志愿者，系统化培训操作流程，确保喷灌、滴灌系统建设田地农户主可满足系统常规运行喷、滴灌之外的个性化需求，将中水回用系统功能价值发挥最大化。

二、实践成效

2023年1月12日，杭州市农村生活污水治理现场推进会在该乡顺利召开，富文乡资源化再利用项目的处理方式及技术获得来自杭州各区县（市）领导、专家的高度评价。

1. 构建治污场景研学基地

"6+1"中水回用应用场景全面提升了富文乡农村治污综合水平。设施处理后的尾水采用智慧化的分级回用于灌溉林、田作物植被。改造建设农田生态沟渠，对农田径流中的氮、磷等元素进行拦截、吸附、沉积、转化及吸收利用，对农田流失的养分进行有效拦截，实现养分再利用，同时有效减少面源污染，达到净化水体提升综合水质的目的。景观提升使农村生活污水处理终端达到了景观化、花园化、公园化的目的，让其成为一个周边居民在茶余饭后可以散步、游玩、赏景的场所。一个可学、可看、颜值高、治污效果好的农村治污研学基地逐渐形成。

2. 打造资源循环利用模式

在资源化处理站建设负压除臭系统，将资源化处理站和垃圾中转站在运行过程中产生的异味进行净化处理，避免对空气质量造成影响。在资源化处理站及垃圾中转站周边进行景观化提升，部署加强绿植覆盖率及景观墙建设，将资源化处理站的出肥用于周边绿化带及农田、林地，助力富文乡"耕地茶桑果、山地果竹林"的农业发展，深度构建"资源化循环再利用"新模式。

3. 实现农业增效农民增收

根据群众需求将部分农田中挖沟渠铺设喷灌系统的设计变更为田埂边部署水龙头，供农户"自需自取"，并确保中水供水系统"时需时有"，根据群众意见个性化设计推进项目建设，将利民惠民落于实处。2022年干旱严重，经济作物受干旱影响减产明显，但弓禾农场在完善的中水回用系统保障下，经济作物效益仍持续增长，葡萄产量达60吨，桃李产量达10吨，直接经济效益超100万元，较之前一年增长10%。

三、经验启示

1. 因地制宜制定治理举措

对富文村资源化处理站进行提升改造，采用"移动式污泥脱水车＋资源化处理站处理"对剩余污泥和运维废弃物有效处置。富文村富文自然村1号污水处理设施，日处理量为100吨，因尾水回用用水量受天气影响较大，为确保终端有较好的调蓄能力，避免尾水二次污染，将常规水池模式调整为新建300平方米氧化池，用于调蓄净化终端尾水，保障灌溉用水。富文村石头埠村污水处理设施日处理量较小，终端紧邻公厕，尾水配备恒压系统，用于公厕日常冲水。

2. 科学施策确定回用模式

富文村临池村污水处理设施日处理量60吨，实际常驻人口偏少，终端设置 20 立方米中水回用池，采用喷灌结合预留给水点模式，实现尾水资源化利用。方家畈后积坪村 1 号污水处理设施日处理量 20 吨，实际水量更小，结合原标排口设计尾水回用池，采用水龙头控制的形式，用于农田灌溉。

3. 创新模式推进源头治理

漠川村已形成前端收集、中间过滤、终端处理、分级资源化利用、数字化管理、清洁能源利用结合的完整污水处理体系，全面贯彻农污治理集、纯、净、用、数、绿、美七字诀理念。达标出水进入氧化塘（原 70 平方米扩建至 200 平方米，调蓄功能更强，设施太阳能增氧系统，保障氧化塘内水质）、生态沟（周边原沟渠改造，长约 220 米，充分结合现有周边设施）进一步净化保障水质。

4. 服务产业促进协同发展

弓禾农场位于美丽的千岛湖畔富文乡富文村麻田畈，主要种植有机葡萄 40 亩、有机水蜜桃 150 亩、有机草莓 20 亩以及其他有机类蔬菜瓜果。针对集中规模化种植的模式，结合地形条件，采用高位水池蓄水，根据不同区块需求，采用自流和动力结合的灌溉方式，尾水主要来自富文村朱村自然村 1 号（50 吨）和富文村富文自然村 3 号（15 吨）污水处理设施。

（供稿：淳安县富文乡）

沈满洪点评：千岛湖成为杭州市、嘉兴市的饮用水源后，整个千岛湖流域和新安江流域均承担了治污水、保供水的任务。富文乡为了保护千岛湖"一湖秀水"，动足了脑筋，想尽了办法，使出了妙招。一是坚持一个理念——绿水青山就是金山银山。为了保障杭州市和嘉兴市 1600 万人口的饮用水源优质安全，始终坚持生态优先，始终坚持大局优先。二是采取一种模式——资源循环利用。水资源可以一水一用，也可以一水多用，前者就是线性经济，后者就是循环经济。富文乡采取了三级回用模式：一级回用供农户田地、茶园堆肥，二级回用供水田旱地灌溉，三级回用通过生态氧化池供林地农田喷灌及冲厕等。三是选择适用治水技术。灌溉、滴灌、喷灌需要不同技术，不同水质的回用水用于不同的功能也会产生不同的效果。该案例隐含的一个秘密便是水治理水利用的适用技术选择。富文乡找到了答案。

第三节　废弃采砂场蜕变成"新鸟巢"

为深入贯彻习近平生态文明思想，淳安县汾口镇党委政府紧紧围绕特别生态功能区建设要求，全面推进武强溪生态湿地建设，有效提升入湖水质，守好浙西入湖口最后一公里。生态湿地总投资 2.2 亿元，总用地面积 194 公顷，其中一期投资 4000 万元，规划用地 21.88 公顷，对入湖口 3000 多亩滩涂特色资源深入挖掘，打造成为集水质保障、生态修复、土地保护、景观营造、休闲观光于一体的千岛湖生态综合保护示范区，为千岛湖入湖口水质净化提供了借鉴和样板。

一、实践举措

1. 智慧管理，污水提标排放

高标准推进"污水零直排区"建设，创新"村＋公司＋政府"污水运维管理模式，实施管道 CCTV 机器人精密检测，提升管网清掏及维护工作效率。通过"水平衡"数字化管控平台，对生活小区内关键节点溢流、淤积、雨污合流等实时监测，真正实现智慧治污。

2. 精准处理，水质循环优化

改造提升污水处理厂并开展人工湿地修复，实现日均 7000 吨尾水湿地循环再处理。经过湿地循环后的农业退水、农业面源污染水源从一级 A 标提升至地表 II 类水。通过前后对比，汾口污水处理厂晴天污水平均 COD 浓度由 199.61mg/L 减少至 192.64mg/L，污水收集量每日增加 500 吨；雨天污水平均 COD 浓度由 190.4mg/L 提升至 191.83mg/L，污水收集量每日减少 800 吨。

3. 联动治理，流域齐抓共管

联动浙皖两省三县五乡镇建立跨区联防联治保护机制，成立"呵护武强溪、关爱母亲河"先遣队，并依托智慧河道管理平台及县、乡、村三级河长管理体系，实时监控污水直排、河道污染情况。联动各地开展污染应急处置演习，提升生态环境监管能力和应急处置能力，形成齐抓共管的强大合力。并定期开展增殖放流、植树造林活动，累计植树面积已达1000余亩。

4. 科学改造，展现田园风貌

对武强溪入湖口荒芜滩涂、废弃采砂厂开展生态景观营造，通过借土改质、植被补植等手段，科学调整景观带布局，建成"仙里花溪、秋芦飞雪、霞波花海"等景观节点，营造鸟语花香的镇域环境。先后举办"西湖—千岛湖"两湖花展、"汾情万种"乡村旅游节等大型活动，展示特色田园风貌。

5. 长效管控，巩固整治成果

全速推进临湖地带综合整治工作，分类制定整治总方案和专项管控方案，按期关停10个项目，常态化管控32个项目。对镇域内各区块林业苗木规格不达标、成活率和保存率不高等问题开展专项整治，开展定期督查，推进整改进度。

6. 升级配套，优化产业布局

遵循"生态优先、科学规划、展现特色、注重文化、以人为本、可持续发展"六大原则，优化湿地水上森林公园的产业布局，统筹开发"田园汾口"农事体验项目，加工周边附属商品，并通过道路铺装、驳岸工程、水生态工程、配套小品等，全面升级整体配套。成功吸引"渡文化研学基地""马小奇驿站""仁里美宿""开元名庭酒店"等优质机构、民宿、酒店入驻。

二、实践成效

1. 生态净化提水质

经修复后的湿地生态由一级A标提升到国家地表Ⅱ类以上水标准，从而营造以水质保障、生态修复、土地保护为主的千岛湖综合保护示范区。

2. 景观风貌焕新颜

建成后的武强溪生态湿地公园，观景台、漫步道等代替了废弃采砂场，彻底改变了原来的脏乱差现象。

3. 惠民利民促发展

生态湿地景观对外免费开放，成为村民健身的最佳场所，同时生态湿地景观带有效串联书画梓桐、乐水姜家、蚕意浪川、红色中洲等乡镇旅游资源，累计接待游客 20 余万人次，成功带动汾口镇及周边村庄旅游业发展。

三、经验启示

1. 实现人与自然和谐共生

人类是自然界的一个部分，不是自然界的主宰。因此，人类必须尊重自然、顺应自然、保护自然，走人与自然和谐共生的现代化道路。武强溪流域入湖口生态湿地建设项目实施后，植被覆盖率提升95%，区域生态大幅提升。与杭州市鸟类与生态研究会合作，开展为期 3 年的全镇境内鸟类系统性调查研究，共记录到鸟类 13 目 43 科 130 种，其中列入国家二级重点保护野生动物的鸟类有 9 种，丰富的鸟类资源正不断吸引着人文博主和拍客前来摄影、调研。

2. 推进文化与环境保护双赢

生态文明建设需要生态文化理念的引领。生态文化理念的形成需要特定的载体。打造湿地特色生态科普基地，与渡文化研学基地、杭州市文化创意街区等结合，融入省级非物质文化遗产汾口草龙等特色文化项目，组成独具特色的湿地观光休闲环线，累计接待游客 20 余万人次，在带动集镇及周边村庄旅游业发展的同时，不断推进社会文化与环境保护双赢。

3. 打造共治与共享全新篇章

生态文明建设不仅是政府的事情，也是企业和公众的共同责任。因此，需要构建共治共享的机制。汾口镇建立了多线组合的投诉受理机制，通过电话、线下专员、短视频拍摄问题上传和留言板匿名留言等受理形式，实现多方监管，同步治理。同时，百姓享受了宜居的生活环境，获得感、幸福感得到提升，转而进一步投入共治共建共享中来。

（供稿：淳安县汾口镇）

沈满洪点评：千岛湖的生态环境保护涉及各个乡镇、各个流域和家家户户。武强溪生态湿地建设是淳安县举全县之力保护千岛湖的一个缩影。该案例的突出特征：一是实现废弃采砂场的循环利用。为了保护千岛湖生态环境，淳安县关停了千岛湖流域的所有采砂场。汾口镇不是一关了之，而是变废为宝，把"废弃矿山"变成"生态湿地"。二是污水的多级治理直至"零直排"。汾口镇是淳安县的中心镇之一，污水治理任务繁重。但是通过企业治理——园区治理——污水处理厂治理——湿地治理等多级治理实现入湖污水"零直排"。三是生态环境治理与生态景观打造相结合。武强溪生态湿地不仅是污水处理地，而且是具有生物多样性功能的生态湿地，是公众可以自由出入的鸟语花香的生态公园。

第四节　打造智慧化千岛湖"秀水卫士"

随着 2019 年 9 月 29 日千岛湖配供水工程的正式通水启用，千岛湖已成为杭州市及嘉兴市 1600 万人口的饮用水源地。习近平总书记曾指出"千岛湖是我国极为难得的优质水资源，加强千岛湖水资源保护意义重大"。为进一步提高千岛湖饮用水安全保障的智慧化水平，淳安生态环境分局以数字化改革为契机，打造千岛湖"秀水卫士"场景，全省率先探索运用数字化手段保障水库型水源地水质安全的新路径。

一、实践举措

1. 全面感知
（1）构建全域高频自动感知体系
建设了国内首创的藻类细分剖面浮标、省内首个覆盖所有乡镇交接断面的自动监测系统、6 个国控站点等数据，成为省内水质自动感知层覆盖范围最广、类型最多、指标最全的区县，真正实现了"视频站岗、鼠标巡查"。
（2）归集各职能部门涉水数据
共承接国家、省市回流数据 84 项、多跨协同县级公共数据 100 余项，涵盖生态环境、公安、水利、农业、住建、综合行政执法、气象、五水共治等多部门。通过数据统一汇聚和分析建模，实现千岛湖流域来水污染物情况的一屏统览。

（3）实现水环境全时空掌控

通过现有自动感知体系数据和历史手工数据建立现在和过去的水环境数据库，同时系统集成千岛湖水质水华预测预警系统像天气预报一样预测未来3—7天的水环境质量状况，实现从"过去"到"现在"到"未来"全时空尺度的全面感知。

2. 全程闭环

针对现有感知数据建立了四个管理闭环。分别是流域水质管理闭环、饮用水源地藻类防控管理闭环、重点污染源管理闭环、农村生活污水设施管理闭环。依托自动感知体系实时监控并添加相应算法，一旦出现异常，系统自动将通过浙政钉将问题信息直接推送给属地乡镇和相关职能部门，限期整改落实，并将整改结果反馈上传，实现全流程的闭环管理。

3. 全维督评

一是针对水环境问题整改的时效性，将秀水卫士闭环处置信息接入县纪委"清廉淳安"智慧监管平台，若处置超过规定时限，由县纪委启动相关督导程序。

二是建立乡镇交接断面水质赋旗制度，动态晾晒各乡镇水质变化情况。创新县域乡镇生态环境质量横向考核办法，安排1000万元专项资金用于乡镇横向补偿，提升乡镇源头保护积极性。

三是通过定期分析研判赋码处置信息归纳形成面上问题，其中4项纳入省市"七张问题"清单库并全部完成整改销号，同时指导确定研究课题3个，将重点开展相关研究。

二、实践成效

1. 强化赋码管理，做好预测预警

构建水环境质量感知层，对全县26个入湖断面和3个重要饮用水源地（即县自来水厂、威坪镇自来水厂和杭州配水工程取水口）应用"水源安全码"，进行水质安全状态"红黄绿"亮灯管理，绿灯表示安全、黄灯表示水质异常、红灯表示水质严重异常。针对黄灯和红灯情况，系统将自动通过"浙政钉"推送预警信息给相应处置人员。

2. 强化精准溯源，突出问题排查

当发现水质异常情况，首先从源头排查问题，分析点源污染和面源污染。依托平台监测县域内重点污染源（企业、污水处理厂）的运行状态、各个指标实时数据、农村生活污水处理设施运行、湖区污水上岸等情况。

3. 强化综合分析，助力科学决策

通过"秀水卫士"平台应用的智能算法，各类数据报告将自动生成，供业务部门科学决策，每日生成的"今日态势"报告可直观展示当前全域水环境态势和短期水质水安全的预测预警，并对未来3—7天千岛湖水质水华概率情况进行预测。此外，通过接入静态千岛湖长时间尺度下的水环境监测数据，运用数据分析模型将数据可视化，从时间和空间维度跟踪研究千岛湖水质长期演变过程，形成千岛湖每月水质综合分析报告，提高长时间跨度下的水环境预测分析能力。

三、经验启示

1. 创新技术手段，预测预警藻类动态

以往的藻类防控主要依赖于人工巡测，需要监测人员乘船前往目标水域进行采样后送至实验室进行分析，整套流程往往需要一周以上的时间，存在监测范围小、监测频次低、数据时效滞后等弊端。"秀水卫士"场景创新性采用基于三维水动力水质—水生态模型的水质水华预测预警系统和藻类细分原位实时监测系统双轮驱动下的数字化技术手段，具备预测未来和实时感知藻类成长情况的能力。在水质水华预测预警方面，通过水质浮标数据、流域水文、气象作为初始条件输入，利用数字孪生、大数据模型分析等先进技术手段，建立水质水华预测预警模型，实现水源地未来3—7天的水质和藻类的生长情况的预测和预警；并创新研发全球首套藻类细分原位实时监测浮标，组建千岛湖"水质—藻类"浮标感知网，可对至少0—20米水深开展0.5米步长的定深和自容式垂向监测，监测频次3小时/次，通过数据计算和分析，实时掌握千岛湖藻类垂向分布及迁移，并提供大量千岛湖浮游植物群落演变及其同环境要素关系的科学信息，建立了藻类预警预报、科学研究、饮用水安全保障等知识体系。

2. 强化流域管理，协同合作降低污染

藻类的生长从生态学角度主要受控与上下行效应共同调控，物理和营养盐水平的上行效应对生物量起决定作用，下行食物网调控对种群结构起重要作用。从水库环境管理角度，主要是要降低水体的营养化水平，从流域管理和库内生态调控着手，根本出路在流域管理，尽可能减少流域入库氮磷营养物。从数字化改革角度，我们需要取得流域物理过程（降水、光照、气候）数据、入库河流营养水平数据、流域内点源排放情况及库内渔业活动数据。一是构建全流域高频自动感知体系。在全县主要入湖溪流建设 26 座水质自动监测站，全省率先实现全县乡镇交接断面水质自动监测全覆盖，第一时间感知流域来水污染状况。二是归集各职能部门涉水数据。主要涉及生态环境部门的重点污染源排放数据、住建部门的城镇和农村污水处理数据，交通部门的船舶污水上岸数据，公安部门的危化品运输数据、农业农村部门的肥药双控数据，气象部门的降雨量数据等，通过数据统一汇聚和分析建模，实现千岛湖流域来水的污染物情况的一屏掌控，强化入库污染物管控精度，缓解千岛湖水体富营养化风险。三是探索新监测技术手段应用。探索运用遥感监测等新监测技术手段，构建"天—地—湖"一体化高频自动监测网络，反演千岛湖历史水环境质量状况，提高流域管理综合决策水平。

3. 加强系统整合，合力形成闭环处置

一是以技术融合、业务融合和数据融合为基础，通过流程再造，实现跨系统、跨部门、跨层级、跨业务、跨区域的业务协同，建立"全域感知—预警研判—指挥调度—快速处置—督查督办"五位一体的全周期、全域一体化护水智治体系；二是驾驶舱报警后根据初步锁定的异常问题，系统按照责任主体将处置任务通过浙政钉系统进行智能分拨，直达部门或乡镇，湖区藻类生长异常报警信息直达原水公司，启动应急响应处置；三是所有问题处置或应急响应处置的情况，依托数字化手段实现线上实时反馈，能立即整改的反馈整改结果，不能马上整改完成的，总结形成面上问题，列入"七张问题"清单库，利用课题研究、管控策略实施等方式限时完成整改销号。

（供稿：杭州市生态环境局淳安分局）

沈满洪点评：千岛湖水资源、水生态、水环境保护事关饮用水安全，丝毫马虎不得。淳安县在"护水"问题上责任重大、使命光荣。为了确保千岛湖水源"不留万一"，杭州市生态环境局淳安分局打造智慧化千岛湖"秀水卫士"。"秀水卫士"的可圈可点之处在于：一是构建了全封闭的水资源水环境水生态监测体系，实现动态即时掌握千岛湖水状况。二是以数字化改革推进水数据的运用，打破了千岛湖"数字壁垒"。三是根据千岛湖的水监测和水数据的处理可以迅速做出应急反应。智慧化"秀水卫士"体系的建设在水源地水安全保障上具有普遍推广价值。

第五节　以绿色亚运为契机打造千岛鲁能胜地

以 2023 年杭州市承办亚运会为契机，淳安县谋划建设千岛鲁能胜地（淳安亚运分村），着力构建集生物多样性调查保护、文化展示、科普宣教、度假休闲为一体的全新生态旅游体系，实现了旅游产业快速发展和生态环境持续改善的"双赢"。

一、实践举措

1. 项目规划初心

千岛鲁能胜地是淳安县 2016 年重点招商引资项目，位于千岛湖旅游度假区界首区块，项目总规划范围约 12600 亩，其中建设用地约 1600 亩、租赁用地约 4700 亩、水域面积 6300 亩，规划建面约 53 万平米，项目总投资额约为 80 亿元，以"两核两带七区"大盘规划格局，打造集亚运赛事、运动康养、休闲度假、生态体验、文创艺术于一体的国际生态旅游度假区。

2. 亚运落位赋能

2018 年，经批准确定亚运项目落位千岛鲁能胜地东部板块。2019 年 4 月，项目场地自行车馆开工，杭州亚运会淳安亚运分村正式进入施工建设阶段，包含 1 个新建场馆、5 个临建场馆和亚运分村，涉及场地自行车、小轮车、山地自行车、公路自行车、铁人三项和公开水域游泳六项赛事，将产生 25 块金牌。同时，承担亚残运会场地自行车和公路自行车 2 项赛事，将产生 28 块金牌。淳安亚运分村作为杭州亚运会唯一在非市区建设的亚运分村，由绿发集团投资建设，总投资约 20 亿元。

3. 打造生态工程

将亚运场馆周边的景观提升工程纳入政府投资计划中，2023年启动沿线景观提升工作，已投资500万元，确保项目范围内生物的多样性和山林的多彩化；应用智能化技术，在场地自行车馆建设方案中创新增加绿色智能设计，合理运用太阳能景观照明、景观灌溉、雨水储蓄系统等技术，有机融合室外景观工程与地形地貌；全面推进绿色建筑认证和生态园区建设，将山、水、林、路、村等配套做到精致和谐，努力将亚运赛道打造成景观大道、旅游大道、生态大道。同时将"海绵"理念植入项目雨水工程设计，通过以生态草沟代替混凝土明沟，借用生物滞留、雨水花园、湿地等生态措施及透水地面设计，减少泥沙污水入湖，确保千岛湖核心区水体的水质安全；在施工现场采用一体化污水处理设备对施工产生废水进行预处理，合格达标后再排入市政管道，实现了"废水不残留、产生即处理"的治污目标。

4. 运用生态技术

研究制定项目生态保护提升实施方案，在场馆建设中推广应用节能门窗、新型墙体材料等新材料、新技术。如场馆供电采用太阳能光伏发电系统，建成后预计每年可节约能耗折合标准煤43.7吨。同时将界首区块原金山坪村落打造成集多功能于一体的亚运生态体育公园，并荣获第五届REARD全球地产设计建筑旅游类金奖。

二、实践成效

1. 生态越来越好

积极研究探索基于自然的保护方案，严守生态保护红线，运用提出"种子计划""色彩计划""生态互联计划""海绵计划""生境统建计划""动物恢复与保育计划""生态运营计划"七大生态提升计划开展绿色低碳建设，带着生物多样性保护的成果和故事，向世界展示生物多样性保护经验，大力度推进全系列产品绿色认证、积极打造生态健康田园社区，通过参与生物多样性红外相机监测及调查、开展生物调查直播、规划特色湖岛游线开展动植物观察等多种形式，在绿色亚运的践行中与生物多样性保护有机融和，开展生物多样性实地考察8次，在调查区域内布设相机9台，拍摄红外影像资料数千份，在工作中记录生境、动植物影像、工作照等数百张，其中国家二级重点保护动物11种、浙江省重点保护动物7种。2021年成功入选联合国"生物多样性100+全球典型推荐案例"，成为中国面向世界的国际第一生态名片。同时始终坚定抓保护、强治理、促发展的理念，积极擦亮生态底色，助力美丽浙江大花园样板地建设，以推动新阶段水土保持高质量发展为抓手，生态赋能杭州亚运会淳安亚运分村建设，坚持生态优先的理念，升级打造千岛鲁能胜地水土保持科技示范园，以水土保持成效展现亚运生态之美。2022年被水利部评为国家级水土保持科技示范园。

2. 产业越来越旺

一是探索形成了具有千岛湖特色的体育产业发展道路新模式。依托亚运赛场，全面升级建设为极限运动、山地越野运动、户外品牌文化集合的活力运动引擎，以顶级的运动产业配套，引入国际赛事，创建自有"环湖160"赛事IP，形成千岛湖鲁能胜地赛事活动全产业链矩阵，已连续成功举办两届千岛鲁能胜地"环湖160"人车接力赛。

二是强化千岛湖国家级旅游度假区核心竞争力。紧紧围绕"品牌+度假"主线，精心谋篇布局，加快补链强链工作，引进Club Med、瑞吉等国际高端度假品牌，形成"一价全包"、个性定制化等特色服务，2022年Club Med Joyview千岛湖度假村、郝力克酒店、格林7号乐园等旅游新业态成功运营，进一步增强了千岛湖国家级旅游度假区核心产品竞争力，也填补了我县高端旅游度假产品集聚空白。

三是营造浓厚的商业氛围，增强游客体验。以体育生态公园及金山坪小镇为商业核心区，保留了独具原乡特色的建筑符号，又植入了现代生活的审美元素，引入大乐之野民宿、安珀文化文创、空集青年公园、樊登读书、洛嘉儿童、哈啰单车、逐浪者、环湖骑野等商家品牌，为游客提供游娱购多维深度休闲度假体验。

3. 百姓越来越富

以共同富裕示范区建设为契机，深入联动乡村资源，以企带乡，以旅促农，以乡村旅游培育为淳安全域旅游产业新的增长点。

一是优化整合周边乡村劳务资源，旅游度假区与界首乡政府等单位联合，成立界首乡村集体劳务公司，依托本地劳动资源，及时衔接亚运项目用工需要，带动周边村民就业360人，实现村集体经济增收102余万元。

二是强化人才引领发展理念，实施"人才+"战略，成立千岛鲁能胜地乡村振兴专项工作组及浙江首个乡村共富学院，为当地村民提供民宿经营、亚运接待、生态保护等方面的培训，提升村民产业经营管理水平，致力实现乡村人才、产业、文化、生态、组织五方面全面振兴，已开展餐饮、民宿等各类专项培训 15 次，培训人次达到 390 人次。

三是启动区域共富发展计划，积极响应淳西南联合党委号召，对接亚运分村中 Club Med Joyview 千岛湖度假村、郝力克酒店、格林 7 号乐园等企业用工需求，在周边乡村举办专场招聘会 9 次，解决农民就业 82 人，带动返乡就业 52 人。迄今，绿发集团已累计完成固定资产投资 22 亿元，创造就业岗位 500 余个，助力周边乡村采摘体验、农产品等增收 600 余万元。

三、经验启示

1. 创新模式合作共赢

充分发挥"政府主导、企业主体"开发优势，利用好亚运机遇，在产业结构优化、产品品质提升、人文环境接轨上创新作为，积极引导企业推进高端旅游、休闲度假品牌合作，寻求差异化经营定位，有效破解亚运会后场馆的运营难题。如项目建设单位绿发集团与法国地中海俱乐部、钓鱼台酒店集团签订品牌合作协议，突出运动特色，助力亚运赛事，共同擦亮千岛湖亚运场馆项目的金字招牌。

2. 坚持生态产业融合

推进产业项目与生态环境有机融合，通过建立生态负面清单、严把项目准入关，鼓励企业因地制宜，利用现有自然资源打造特色旅游产品，实现全域旅游景区化。同时将节约资源、可持续发展、保护和改善生态环境的理念贯穿于项目建设全过程，采用环保绿色材料、植入"海绵"理念、融合人文记忆等，始终把最高标准、最严要求落实到项目规划设计、建设施工的每个环节。

3. 积极融入乡村振兴

通过因地制宜引导乡村特色化、差异化发展，构建乡村发展的全景产业链，推动乡村产业转型升级，打造活力魅力新农村，实现片区整体乡村振兴，重点围绕农业、康养、度假旅居等多种产业经济要素，引入外部优势资源开展战略合作，实现农业三产融合发展，同时强化共富示范引领力，提供就业岗位，带动周边景区、民宿农家乐、农特产品等协同发展，真正惠及周边群众，将界首区块打造成乡村振兴样板、旅游特色名镇、养生度假圣地。

（供稿：淳安千岛湖旅游度假区管理委员会）

沈满洪点评：生态保护和经济建设往往都有规律可循，但有些项目的建设往往离不开机遇。千岛鲁能胜地就是利用杭州市承办亚运会的机遇乘机而上的绿色运动旅游项目。该项目建设和运营的突出感受如下：第一，基于一湖秀水亚运会组委会选择了淳安县。亚运会承办地的选址往往有生态环境的特定要求，由于淳安县长期的生态环境保护，亚运会选择了千岛湖。这是"有准备之战"。第二，亚运会的举办需要传递生态文明理念。无论是亚运会场馆的建设还是亚运会举行的赛事，都要传递生态文明理念。本次的突出主题是日益严峻的生物多样性保护。第三，利用绿色亚运契机发展绿色亚运经济。一个80亿元人民币的投资项目没有回报是难以想象的。千岛鲁能胜地充分运用亚运与生态的结合、亚运与旅游的结合、亚运与文化的结合等，实现绿色亚运的绿色经济。

第六节　从"九龙治水"到"一队治湖"

长期以来，千岛湖的综合保护面临"九龙治水"难题，"看得见、管不着""看不见、管不着""多头管、管不好"以及执法与监管"不衔接、难闭环"等问题突出。为破解上述难题，2022年，淳安县创新探索"一支队伍管千岛湖"的生态保护模式，通过体制变革、系统重塑、数字赋能，实现了从"九龙治水"到"一队治湖"的转变。

一、实践举措

1. 聚焦体制变革，加快推进"人、事、权"整合融合

（1）梳理合并千岛湖涉湖执法监管事项

厘清职责边界。突出"水上生态保护、湖区交通安全、渔业资源管

理、旅游秩序安全"等执法监管重点，划定执法范围，梳理形成涉湖执法监管事项清单。优化职能配置。通过"划转、联合、法定、统筹、赋权"等方式，重塑涉湖部门乡镇监管职责，形成相对集中执法监管事权。

（2）优化配置千岛湖涉湖执法监管资源

整合执法队伍。组建千岛湖水上综合行政执法队，以综合执法、渔业执法力量为基础，融入港航、生态环境、文化市场等部门的派驻力量176人，统筹协辅、网格等力量410余人。治理"神经末梢"。将渔业行政处罚事项赋权给除千岛湖镇以外的22个乡镇，从而实现湖面、沿岸线、溪流、滩涂的千岛湖全水域监管执法覆盖。

（3）精简下沉千岛湖涉湖执法监管队伍

创新千岛湖湖区网格化管理。将千岛湖水域划分为五大湖区，18个网格，合理配置执法力量，建立"1名执法队员+1名巡查力量+2名辅助力量+若干网格力量"的联勤模式，打造"响应短、扁平化、处置快"的最小作战单元。

2. 聚焦系统重塑，着力破解难点堵点问题

（1）建立统筹处理机制

强化协调配合机制。明确业务主管部门与水上综合行政执法队在信息共享、执法协助、业务培训、技术支持、举报受理、案件移送等方面的协作配合责任。构建争议处理机制。明确水上综合行政执法队与相关部门因部门间、领域间、层级间职责交叉、边界不清发生争议处理办法。建立府际协调机制。与上游安徽歙县统一执法规范，并联合开展浙皖交界处网箱整治、钱塘江流域全面禁渔、新安江流域渔民退捕等联合执法。

（2）构建执法监管闭环系统

实施信息化流程管理。依托"大综合一体化"行政执法监管数字应用平台，将审批、监管、执法办案信息及案件交办、移送、抄告、反馈、跟踪等情况实行信息化流程管理，实现执法信息可追溯、有留痕的闭环监督。强化场景牵引。开发"全域监测、全协执法、全维督评"三大应用场景，实施案件全周期管理和监督形成案源接入、分析研判、受理交办、事件处置、结果反馈、评价分析的全流程闭环管理机制。

（3）强化执法监管的深入融合

推动执法队伍一体联动。构建千岛湖水上"综合执法+专业执法+联合执法"联动执法体系。成立千岛湖水上综合执法指挥中心，形成巡

查、监管、执法"三位一体"融合。完善执法监管管理运行体制。实施"六统一"标准运行管理，即统一选配标准、统一集中办公、统一制服标识、统一勤务安排、统一指挥调度和统一考核奖惩。

3. 聚焦数字赋能，有力提升执法监管实战实效

（1）建立统一的数字化综合指挥平台，实现湖区监管"一屏掌控、一屏指挥"

按照"大场景、小切口"原则，开发上线"数字第一湖·一支队伍管千岛湖"数字化综合指挥平台，形成数据驾驶舱、"监测、指挥、督评"三大场景、N个算法中心的"1＋3＋N"总体架构，归集全部涉湖管理部门的相关资源和力量，实现湖域监管一屏集成、力量统一调度、案件集中处置、紧急情况实时响应。

（2）推行"综合查一次"，提高精准智治能力

积极打造了"一巡多功能"智慧巡查平台，对千岛湖沿湖沿线进行数字化管控、智慧化巡查，切实减少执法扰企、执法扰民现象。根据千岛湖管理实际，建立水上交通安全、水上污染防治、水上渔业管理等富有千岛湖特色"监管一件事"场景，建立电子化执法检查事项清单，提升监管、执法效能。拓展运用"综合飞一次"。综合运用大数据、移动互联网、无人机等技术手段、组建覆盖千岛湖水域的"空中巡检网络"，推动感知、分析、服务、指挥、监管一体化管理。

（3）构建数据集成平台，加快不同体系纵深贯通

依托现有数字监管平台，对千岛湖的水质、污染防控数据、渔船、经营性船（艇）、农林船（艇）、水上设施、水上从业人员等基础信息数据进行集成应用，并通过日常巡检实现实时更新，确保基础数据准确、可靠、完善，为开展千岛湖治理提供基础数据支撑。

二、工作成效

1. 形成整体智治、高效协同的水上综合行政执法格局，保障千岛湖水域治理的长治久安

千岛湖生态综合保护面临"看得见、管不着""看不见、管不着""多头管、管不好"以及执法与监管"不衔接、难闭环"等机制性瓶颈。淳安县积极探索"一支队伍管千岛湖"行政执法模式，建立一支统一管

理、整体有序、覆盖全面、响应快速，能在第一时间调动资源、处置到位、消除影响的水上执法队伍，实现"力量全面整合、管理统筹到位、效能充分体现"，彻底解决治理"碎片化"问题。

2. 促进千岛湖综合保护的提质增效，助力实现生态质量争当全国示范

通过"一支队伍管千岛湖"改革，有效防范生态环境污染，有效保障了渔业和水资源安全。迄今，淳安县已经出动执法人员 3447 人次，摩托艇行驶时间 1416 小时，共发现问题 3363 件，问题解决率达 99.38%，办理非法捕捞涉渔案件 1421 件，其他水上违法载客等案件 56 件，千岛湖出境断面水质始终保持 I 类。

3. 推进旅游业高质量发展，助力建设高质发展、生态富民新淳安

旅游业是淳安县的支柱产业，推进旅游业高质量发展是实现淳安县生态富民的重要途径。保护环境是保护旅游发展最强的生命线、旅游可持续发展的根基。"一支队伍管千岛湖"持续提高执法效率，提升市民游客的获得感、幸福感、安全感，促进了旅游业的高质量发展。

三、经验启示

1. 坚持统筹治理

没有整体性视野，就没有统筹之治。统筹之治要求通过事物的整体筹谋布局来认知和处理问题，按照整体的效益功能来推动治理。首先，统筹之治明确系统整体之大于构成要素的统领地位。淳安"一支队伍管千岛湖"改革就是要把治理"碎片化"转为一个整体，实现"1+1>2"的效果。其次，统筹之治要求厘清关键要素之于系统整体的不可或缺地位。淳安"一支队伍管千岛湖"关键就是建立统筹处理机制，破解特大型湖泊治理的难点堵点问题。

2. 坚持科技治理

首先，要坚持数据治理的理念。"十三五"时期，杭州数字治理的一个重要理念就是利用好保护好城市数据，让城市更加聪慧。科技治理的一个重要理念就是：将数据资源最大化地转化为城市治理可利用的资源，让城市学会思考，建设智慧城市。湖泊治理也是如此。淳安"一支队伍管千岛湖"模式治湖的经验就是要集成基础数据，打破数据的部门壁垒，

让数据成为治湖的重要资源。

3. 坚持网格治理

网格治理是社区治理的重要经验，将网格治理经验复制到湖泊治理是千岛湖湖泊治理的重要经验。湖泊不同于河流，没有自然分界线，难以进行线性分段管理。借助数字化技术，参考社区网格化管理经验，将湖面分为若干水上网格，作为最小作战单元，以网格为单位设置站点、配置资源，从而实现广袤湖域的精细化治理。

（供稿：中共淳安县委党校、淳安县综合行政执法局）

沈满洪点评："九龙治水"是我国相当长一段时期的体制性问题。如何坚持系统观念、掌握系统思维、运用系统方法是中国式现代化建设的重要课题，千岛湖这样的大湖治理尤其如此。淳安县通过体制改革、系统重塑、数字赋能，实现了从"九龙治水"到"一队治湖"的转变。这是方法论的变革，完成了从局部分治到整体智治的转变，形成了"1+1>2"的系统集成的效果。这是数字化的变革，完成了从依靠"人脑"排版到利用"电脑"决策的转变，形成了智慧化治理，既确保杭州市和嘉兴市1600万人口的饮用水安全，又保障淳安县自身的"生态优先，绿色发展和共同富裕"。

第七节　司法保障"生态优先，绿色发展"

淳安县人民法院坚持生态优先理念，不断加强环境资源审判专业化建设，妥善审理环境资源案件，为守护生态环境、促进绿色高质量发展提供了有力的司法服务和保障。

一、实践举措

1. 下好"先行棋"，不断推进专业化组织建设

2018年10月，淳安县率先在杭州市成立环境资源审判合议庭，集中

管辖辖区内环境资源案件，实行环境资源刑事、民事和行政案件"三审合一"的审判模式。2019 年 9 月，经中共浙江省委机构编制委员会办公室批复，同意新设淳安县人民法院千岛湖环境资源法庭。2020 年 12 月 16 日，浙江省首家以人民法庭建制的千岛湖环境资源法庭正式挂牌运行。

2. 树好"专业牌"，充分发挥环境资源审判职能

积极参与"五水共治""千岛湖临湖地带综合整治"等重点项目和重大政策的法律风险论证，主动为县委县政府中心工作提供针对性司法意见的同时，依法审结一批涉环境资源的刑事、民事、行政案件，切实维护人民群众生态环境权益。依法严厉惩处破坏资源、污染环境的犯罪行为，促进自然资源合理开发利用，实现当事人权利救济和生态环境保护的有机统一，为"两山银行"生态产品价值实现提供及时有效的司法支撑，依法引导社会公众有序参与生态环境保护，进一步维护社会公共利益。

3. 用好"新理念"，努力践行生态恢复性司法

"生态环境没有替代品，用之不觉，失之难存。"淳安县人民法院在环境资源审判工作中始终贯彻修复性司法理念，切实把握惩罚与修复、预防与治理等协同共生的辩证关系，积极探索增殖放流、补植复绿、定期履行、劳务代偿等多元修复责任承担方式。

4. 打好"组合拳"，建立健全多元共治机制

立足特别生态功能区定位，出台《关于进一步加强环境资源审判工作为特别生态功能区建设提供有力司法保障的意见》，积极构建"法护生态"体系。建立刑事司法与行政执法的办案衔接机制和信息共享、情况互通的办案协作机制，不断完善"行政执法 + 刑事司法 + 生态修复"三位一体办案模式。

5. 当好"宣传员"，积极打造精准普法新模式

紧紧围绕"预防为主，保护优先"工作宗旨，不断加大环境资源司法公开和宣传教育力度。充分利用"生态共享法庭"平台组织开展普法宣传活动。2022 年 5 月，在"生物多样性日"邀请生态共享法庭林业局服务站工作人员根据野生兰花热点问题，利用共享法庭开展"野生兰花知多少"为主题的科普宣传活动；2022 年 7 月在千岛湖季节性休渔期结束前夕，邀请生态共享法庭农业农村局服务站渔政工作人员通过共享法庭 1.0 平台直播"开渔第一课"，依托 23 个乡镇及 353 个村社共享法庭面向全县有捕捞证的捕捞户、渔政专（兼）管员开展关于开渔前渔业资源保

护、渔业生产安全及渔业政策法律法规等普法宣讲，相关资讯在学习强国浙江学习平台发布；2022 年 11 月，在威坪镇洞源村千年银杏树下，开展生态共享法庭现场普法宣讲古树名木保护。

6. 抓好"创新点"，深入探索跨区域协作机制

2022 年 7 月，淳安县人民法院与歙县人民法院签订《友好法院框架协议》，建立法院之间常态化司法协作及法庭之间"山湖协作"机制，迈出跨省司法协作的第一步。2022 年 11 月 29 日，在淳安县召开首届新安江—千岛湖流域环境资源司法协作会议，浙、皖两地三级法院开展相关领域的研讨会，并正式启用"长三角跨域一体化办案平台"。

二、实践成效

自 2018 年以来共审结环境资源类案件 510 件，其中刑事案件 111 件，民事案件 307 件、行政案件 92 件。近三年先后有非法捕捞水产品等 5 起案件入选全省、全市法院环境资源审判典型案例。

联合检察机关、公安局、渔政局建立小金山公益诉讼增殖放流示范基地后，组织多起非法捕捞水产品刑事附带民事公益诉讼案件当事人按要求进行增殖放流，目前已累计投放鱼苗 13 万余尾；联合上述机关在临岐镇建立公益诉讼补植复绿示范基地，累计补植苗木万余株，补植复绿面积 100 余亩。

2020 年 3 月，联合检察机关、公安局、市场监管局、林业局及农业农村局共同出台《关于加强野生动物保护执法、司法衔接的会议纪要》。在 2021 年 12 月联合出台《关于建立林长制法官工作室的实施意见》，成立全省首个"林长制法官工作室"后，目前已经指导诉前涉林纠纷 9 起，为指导诉前涉林纠纷化解起到积极作用。2022 年 4 月，在生态环境分局、规划资源局、农业农村局、林业局、生态综保局等机关特设五家生态"共享法庭"服务站后，进一步凝聚生态环境保护合力。

2022 年 11 月 8 日，与县林业局联合召开"生态司法＋森林碳汇"专题联席会议后，签订《"生态司法＋森林碳汇"高质量发展的合作备忘录》，建立四项机制，为生态价值转化提供司法智力支持。

2023 年 3 月，淳安县人民法院深入贯彻党的二十大精神、落实浙江省高级人民法院《关于为浙江高质量发展建设共同富裕示范区提供司法

服务和保障的意见》，充分发挥千岛湖环境资源法庭专业审判职能，以淳安县作为 2023 年全省首批林业共富试点县（全省三家之一、全市唯一）为契机，出台《淳安县人民法院关于助力林业推进共同富裕示范县建设专项司法保障意见》，为促进辖区普惠林业产业发展、推进林业共同富裕县域示范建设保驾护航。

自环境资源案件"三审合一"以来，淳安县人民法院环资审判合议庭先后通过公众开放日活动邀请人大代表、政协委员、社会群众 1300 余人旁听庭审、参加座谈，推动形成环境资源保护共识。结合办案实际，开展巡回审判 9 次，将法庭搬进田间地头、乡村文化礼堂，通过"以案说法"的方式，起到"审理一案、教育一片、警示一方"的效果。在全国放鱼日，通过组织近三年涉鱼类犯罪缓刑矫正人员、渔民代表参加增殖放流活动，进行现场普法。加强对环境资源典型案例的收集、评析、发布工作，主动适应"互联网＋"趋势，利用人民法院官网、微信公众号、微博等平台，向社会讲述生态司法保护好故事，传播生态司法保护好声音，提升社会公众参与度、知晓率。

三、经验启示

1. 固本强基，做优做强千岛湖环境资源审判品牌

健全环境资源专业化审判模式，打造环资审判金名片，助力特别生态功能区建设。落实与检察机关、公安机关、环境资源行政执法部门之间的协调联动机制，推动建立生态环境共建共享共治平台，促进形成环境资源司法保护合力。强化典型案件的总结提炼，深入挖掘案件价值，将总结提炼典型案例作为推进专业化、精品化审判的重要载体；重视环境资源保护刑事审判统计调研工作，编制环境资源审判白皮书。通过共享法庭或其他在线平台，考虑不同主题在全县范围内组织开展"法护生态系列访谈"活动，打造具有淳安辨识度的环资宣传品牌。

2. 延伸半径，完善落实新安江—千岛湖流域司法协作机制

2022 年底新安江—千岛湖环境资源司法协作第一次会议顺利举办。2023 年，淳安县人民法院继续坚持服务大局、共建共享、高效务实为原则，围绕类案统一裁判、协作联动对接、信息互通共享等方面谋划部署司法协作重点工作。同时做好即将举行的第二届司法协作论坛准备工作，调

研司法协作新问题、新困难，不断推进理论研讨与实践探索创新，进一步增强司法协作实效。

3. 数字赋能，实现现代科技与环资审判深度融合

紧紧围绕全域数字法院改革目标，统筹推进环境资源审判从无纸化向智能化转型发展。深化电子诉讼应用，积极引导当事人通过"共享法庭"、人民法院在线服务平台等开展网上立案、参加庭审等各项诉讼服务，让人民群众在掌心里、指尖上办成事、办好事。依托"共享法庭"、环保机关数字舱等平台，充分发挥大数据统计分析、培训指导功能，培育一批涉环保纠纷基层治理"法治带头人"，不断提升千岛湖环境资源法庭建设现代化水平。

（供稿：淳安县人民法院）

沈满洪点评：坚持"生态优先，绿色发展"，既要教育引导，更要刚性约束。淳安县人民法院在司法保障生态优先方面，真正下好"先行棋"、树好"专业牌"、用好"新理念"、打好"组合拳"、当好"宣传员"，从而抓好"创新点"。生态文明建设的司法保护是取信于民、让人民拥有稳定预期的重要方面。淳安县人民法院致力于"让人民在每一个司法案例中感受到公平正义"，既有严格执行相关制度的做法，又有结合淳安实际的创新。在区域和区域、部门与部门的司法协作，在现代科技与司法实践的融合等方面尤其可圈可点。

第八节　杭黄共推千岛湖流域环境联保共治

新安江地跨浙皖两省。淳安县境内的千岛湖，处于新安江流域的中上游，总库容量178亿立方米，是长三角地区重要的生态屏障。21世纪以来，黄山市的工业化加速发展威胁千岛湖水质安全。习近平总书记高度重视新安江流域的生态环境保护，多次作出重要指示和批示。早在2011年，时任中央政治局常委、国家副主席的习近平同志就作出重要批示："千岛湖是我国极为难得的优质水资源……浙江、安徽两省要着眼大局，从源头

控制污染，走互利共赢之路。"习近平总书记的指示批示拉开了全国首个跨省水环境生态补偿试点的大幕，为保护一江清水由皖入浙，两地联合开展新安江—千岛湖流域联保共治，形成了"新安江模式"。

一、实践举措

1. 高起点谋划流域共保联治

杭州市和黄山市人民政府共同成立新安江流域上下游水环境联防共保协调工作组，联合印发《新安江流域上下游水环境联防共保协调工作组组成成员和主要工作职责》，由杭州市和黄山市分管副市长任组长，各相关部门为成员，明确工作职责，强化组织保障。两市生态环境局签订了《关于打造杭州都市圈生态环保合作示范区的战略合作协议》，进一步加强区域生态环境保护合作，全力实施联保联防，推进新安江流域生态环境上下游共同保护。

2. 先行探索生态补偿机制试点

2012 年，由财政部、原环保部等有关部委牵头，浙皖两省签署《关于新安江流域上下游横向生态补偿的协议》，启动全国首个跨省流域生态补偿机制试点。迄今已实施三轮试点，2012—2020 年安徽省共获得中央和浙江省生态补偿资金 30 余亿元。自生态补偿工作启动以来，安徽省实施了沿江综合治理、城乡污水治理、养殖污染整治、面源污染整治等行动，2022 年千岛湖 35 条主要入湖溪流水质优秀率达 100%。

3. 多措并举开展流域共保共治

（1）联合垃圾打捞

淳安县与黄山市歙县共同制定湖面垃圾联合打捞实施意见，完善垃圾打捞常态化机制，实施上下游联合垃圾打捞作业。2020 年以来，累计开展联合打捞 36 次，打捞湖面垃圾 3.3 万余立方米。

（2）联合水质监测

自 2012 年起，淳安县环境保护监测站和黄山市环境监测中心站建立每月水质联合采样监测机制。2019 年升级联合监测模式，由两市监测站进行联合监测，监测频次也由每月一次提升为每月两次。在水质敏感期两地环境监测党员先锋队不定期组织开展联合藻类巡测，研判联合水域水体藻类生长状况。

（3）联合环境执法

淳安县与歙县共同制定了《新安江流域跨界环境污染纠纷处置和应急联动工作实施意见》，建立两地联动执法机制，完善边界突发环境污染事件防控体系。近两年来，两省共计开展新安江流域治水活动15次，联合执法15次，解决跨境环境问题19起。

4. 全方位深化合作交流

（1）党建引领

2020年，淳安县、歙县两地探索实施"党建+环保"合作模式，进一步深化流域共保。两地组建成立党建联盟，成立水面联合打捞、水质联合监测、环境联合执法、基层河长、生态建设保障、生态文明宣传六支党员环保先锋队，每年轮流组织召开联席会议，实现党建与业务合作良性互动。

（2）区域抱团

2020年，淳安县、歙县两地人大常委会签订《关于新安江—千岛湖生态保护绿色发展合作备忘录》，建立了由两县人大常委会牵头、政府有关部门共同参与的"一年一主题、一年一活动、一年一建议"合作交流机制。2022年6月，淳安县人民政府与县人民政府签订了"共护一江水 同筑共富路"战略合作框架协议。

（3）调研交流

围绕新安江—千岛湖保护工作，淳安县、歙县两地积极开展联合视察建言，2020年5月，淳安县人大常委会、歙县人大常委会首次组织两地人大代表开展联合视察活动，为新安江流域保护工作建言献策。2022年6月，淳安县与歙县共同组织开展"共护一江水 同筑共富路"庆祝2022年"六五环境日"暨浙皖交界水质自动监测超级站启动仪式活动。

二、实践成效

2012年新安江—千岛湖流域生态补偿试点启动实施，分处新安江上、下游的安徽、浙江两省着眼大局，从源头控制污染，走互利共赢之路：构建以生态补偿为核心，以生态环境保护为根本，以绿色发展为路径，以互利共赢为目标，以体制机制建设为保障的生态文明建设新安江模式。10余年来，两省交接断面安徽来水达到地表水Ⅱ类水质标准，部分指标达到

Ⅰ类标准，千岛湖湖体水质总体保持优良，城乡生活垃圾无害化处理率达100%，森林覆盖率由77.4%提高到80%以上，位居全国前列。新安江流域生态补偿模式被写入全国生态文明体制改革总体方案，试点经验在全国13个流域、18个省份推开，入选中国改革十大案例、中组部"攻坚克难案例"。

三、经验启示

1. 政府共建制度保障

杭、黄两市人民政府共同成立新安江流域上下游水环境联防共保协调工作组；淳安县、歙县两地组建成立党建联盟，每年轮流组织召开联席会议，政府层面寻求共识的探索创新为新安江流域上下游"共护一江水"提供了有力的制度保障。

2. 协同共绘环保蓝图

杭、黄两市共同组织编制《新安江流域水生态环境共同保护规划（2021—2025年）》，提升流域水生态环境综合治理、系统治理、源头治理水平，绘就两岸发展绿色环保新蓝图，努力打造共建共享的生态文明示范新样板，为跨省流域生态环境保护和高质量协同发展积累先进经验。

3. 联合执法高效有序

淳安县和歙县通过定期联合打捞、联合培训、联合协商研判等，进一步畅通联合执法通道，切实提高了联合执法频次及效率，整治了边界区域环境污染，使沿江垃圾在源头第一时间得到处置，推动流域共治落地见效，让毗邻人民群众共享生态红利、分享绿色福利。

（供稿：淳安县发展和改革局）

沈满洪点评：跨界流域生态环境保护必须建立共保共治共享的机制。新安江流域是浙江省和安徽省的跨界流域，流域范围主要涉及杭州市和黄山市。千岛湖60%的集雨面积在黄山市。新安江流域建立联保共治机制，首先要归功于习近平总书记的高度重视。习近平同志无论是担任中共浙江省委书记、还是担任政治局常委、还是担任总书记均高度重视千岛湖和新安江流域的生态环境保护。习近平总书记的重要指示和批示成为全流域干部群众的重要遵循。新安江流域建立联保共治机制的建立，也是杭州市和黄山市干部群众制度创新的重要成果。淳安县作为千岛湖的所在地、作为新安江跨界流域的交界县，在新安江流域建立联保共治机制建设中发挥了重要作用，值得充分肯定。

| 第九章 |

淳安县坚持绿色发展的生动案例

　　淳安县在严苛的水生态保护面前不是卧倒躺平,不是裹足不前,而是以奋进者的姿态推进绿色发展,取得可喜业绩。本章选取"千岛湖大水面生态渔业创新发展""绿色富民的林下经济发展""以经营理念实现生态产品价值""打响'有机千岛湖'金名片促进绿色共富""百亿水饮料产业是如何形成的""依托生态底色打造港湾运动小镇"六个案例,并逐个进行点评。从中可见,只要忠实践行绿水青山就是金山银山理念,绿色发展之路一定会越走越宽广。

第一节　千岛湖大水面生态渔业创新发展

一、实践举措

　　20 世纪 90 年代中后期,千岛湖局部水域出现因藻类季节性暴发影响水质的情况,中共淳安县委、县人民政府对此高度重视,委托专家开展专题调查研究。得出的结论是，水质的变化与水库中的渔业资源，特别是鲢鳙鱼资源的急剧下降有直接的关系。

县委、县人民政府果断决策，从 1999 年开始，千岛湖的部分湖区实施封库禁渔，并且明确由千发集团每年向千岛湖投放鲢鳙鱼种，保护渔业资源和水资源。利用鲢鳙鱼每生长 1 千克，就可以消耗近 40 千克蓝绿藻的生态习性，滤食水中的藻类等浮游生物，鲢鳙鱼自然生长后，水中的氮、磷等营养物质转化为鱼体蛋白质，再通过科学合理的捕捞，间接带出水体，促进和改善水质。

为加强千岛湖渔业资源保护，公司专门组建新安江渔政分站，司职大库的护渔工作，同时大力整合渔业资源保护力量，形成以渔政为主体、以护渔为主力、以公安为后盾、以乡镇为支撑，执法与护渔、专管与群管、分片管理与资源专管、水面管理与市场监管、日常管理与快速反应、目标考核与监督检查六结合的渔业资源管理新模式。此外，还恢复了淳安县水产科学研究所，并与上海海洋大学开展产学研合作，组成"千岛湖保水渔业工程研究"课题组，开展研究工作。经过 20 多年的持续研究，"养鱼护水"模式被总结为全国生态渔业经营的千岛湖模式，千岛湖保水渔业理论被写入了中央党校的案例，走进中组部组干学院和清华大学经济管理学院 MBA 课堂，并出版了《绿水青山就是金山银山——以千岛湖保水渔业为案例》专著。特别是在纪念绿水青山就是金山银山理念提出 15 周年之际，中央广播电视总台、央视新闻客户端直播千岛湖巨网捕鱼和增殖放流，千岛湖保水渔业成为绿色发展的鲜活案例。2019年农业农村部在千岛湖召开大水面生态渔业现场会向全国推广，引领了全国大水面生态渔业可持续发展，成为大水面渔业生态文明建设的典范。

二、实践成效

1. 从"放水养鱼"到"放鱼养水"，实现鱼丰水清

据科学研究表明，鱼体中一般含氮 2.5%—3.5%、含磷 0.3%—0.9%。也就是说每从水体中捕捞出 1000 克鱼，可带走水中 25—35 克氮、3—9 克磷。按照年均从千岛湖中捕捞 8000 吨鲢鳙鱼计算，可带出水体中200—280 吨氮、24—72 吨磷，极大地减轻了千岛湖水体富营养化的压力。

保水渔业是一种生物治水模式，能变害为宝、变废为宝，将污染水体的藻类转化为鱼体蛋白质，化腐朽为神奇，是一种可持续的绿色发展模式。保护渔业资源就是保护水资源，保护水资源就必须保护渔业资源的理念已经深入人心。通过全面持续的环保措施，控制面源污染，自千岛湖保水渔业实施以来，再也没有爆发过蓝藻。

2. 从普通的鲢鳙鱼到千岛湖有机鱼，实现高水平两山转化

千岛湖有机鲢鳙鱼有着较高的品质。这是因为，千岛湖周围森林覆盖率达95%，每年春季，大量松花粉飘落，成了鱼儿最好的天然饵料。千岛湖有机鱼是喝农夫山泉、吃松花粉、呼吸着森林氧气长大的，成就其高贵品质：纯生态、无污染、无泥腥味、味道鲜美、蛋白质含量高。过去，千岛湖的鲢鳙鱼没有商标、不标产地、没有技术标准，更没有销售渠道，等着批发商上门。随着全国池塘养鱼、网箱养鱼、稻田养鱼的蓬勃发展，鳜鱼、鲈鱼、银鱼等名优品种异军突起，千岛湖鲢鳙鱼因为没有品牌和渠道，价格低廉，销售不畅。通过引入有机生产标准，突出了千岛湖的鱼的品质特征。千发集团率先在农业行业中注册了"淳"牌商标，寓意着"纯——一流的环境、醇——一流的品质、淳——一流的服务"等含义。同时，又首家通过了有机认证，成为我国第一条有机鱼。通过品牌经营，将一条普通的鲢鳙鱼打造成全国第一条有机鱼、将一个地方农产品打造成中国首批名牌农产品、将一个区域品牌打造成全国第一个活鱼类驰名商标。

3. 从"一湖秀水"到"百湖共进"，助力促进共同富裕

千岛湖有机鱼产业化模式有效解决了我国大水面渔业可持续发展问题，深受欢迎和推崇，全国各地的湖泊水库纷纷组团前来考察学习，要求开展合作。对此，千发集团积极推进千岛湖模式的复制和推广，让更多的湖泊水库早日走上绿水青山就是金山银山的生态发展之路。主动举办全国大水面生态渔业发展培训班，毫不保留地介绍千岛湖模式。同时以股权合作、技术转让、产业加盟等方式合作，实质性推进千岛湖模式在全国各地蓬勃发展。与江西阳明湖和大坳水库达成技术输出服务合作协议；投资设立淮南千发保水渔业公司，在高塘湖复制推广千岛湖保水渔业，还与江西万安湖、湖北丹江口水库、贵州水投集团、云南洱海和星云湖等湖泊达成初步合作意向，越来越多的湖泊水库正走在绿水青山就是金山银山的生态渔业发展大道上。

三、经验启示

1. 产业延伸，打造一条鱼的完整产业链

将渔业产业向餐饮、加工、旅游等产业环节延伸，实现了千岛湖有机鱼"养殖、管护、捕捞、加工、销售、科研、烹饪、旅游、文创、推广"的"动车组式"全产业链融合发展。以千岛湖鱼味馆为大本营，开发和推广鱼头菜肴，创新鱼头烹饪技术，将过去没人吃的鱼头开发成美食。连续举办四届全国淡水鱼烹饪比赛，带动当地2000多家酒店烧鱼头，形成了几处初具规模的"吃鱼一条街"。一条鱼带动一方经济，形成独特的鱼头旅游经济，淳安千岛湖的鱼头餐饮经济年收达20亿元，产生了良好的社会效益，并引领全国吃鱼头的餐饮时尚。

2. 低成本创意营销，成就千岛湖大鱼头好名声

首家通过有机鱼认证，并抓住有机鱼、保水渔业、巨网捕鱼等一批当时市场上刚出现的新颖概念，在杭州、上海、北京等地召开有机鱼新闻发布会，吸引各媒体争相以社会市场新闻的形式进行报道和宣传。同时还吸引了央视《致富经》《每日农经》《走遍中国》《讲述》《财富故事会》等栏目来公司拍摄制作专题节目。此后，又通过举办全国淡水鱼烹饪大赛、国际鱼拓大赛、国际环保钓鱼大赛、千岛湖有机鱼文化节、千岛湖放鱼节、千岛湖渔业科技展、千岛湖有机鱼客户寻根探源等活动和赛事，让消费者、客户和媒体真实感受到了有机鱼的生产过程，增进了社会各界对有机鱼的了解，成功地将一条鲢鳙鱼打造成了市场炙手可热的品牌鱼，实现千岛湖有机鱼优质优价，不仅直接带动了千岛湖其他鱼类和生态农产品价格的提升，也带动了全国鲢鳙鱼等淡水鱼的价值提升。

3. 文化赋能，让"有形的鱼"成为"无形的鱼"

积极向文化渔业、创意渔业转型升级，将"吃的鱼"转化成"文化的鱼"，把千岛湖"有形的鱼"变为"创意的鱼"，让鱼文化为"淳鱼"产业赋能。发掘了鱼拓技艺，并提升到艺术品的高度，使千岛湖成为全国鱼拓艺术的发祥地和人才资源的集散中心。率先成立了千岛湖鱼文化协会，牵头设立了全国首家鱼拓社——千岛湖鱼拓社，招揽民间一流的鱼拓传人入社，创作了千岛湖《青鱼王》《鳜鱼王》《九鲤朝阳》等鱼拓作品。举办的千岛湖首届国际鱼拓大赛，吸引了日本、韩国等国际一流鱼拓高手现场比拼，增进了国际间的鱼拓艺术交流，使千岛湖成为国际鱼拓艺术交流和展示的集散中心。与美院等创作团队合作开发鱼筷、青花鱼头、桃木鱼等鱼主题的文创产品。吸引了法国鱼头艺术家安娜来千岛湖体验和创作鱼头人艺术作品，进一步扩大国际影响力。建成的千岛湖鱼博馆成为千岛湖最具特色的鱼文化景点，有力推动了千岛湖鱼文化产业的发展。

（供稿：杭州千岛湖发展集团有限公司、淳安县农业农村局）

沈满洪点评：杭州千岛湖发展集团有限公司按照"经营千岛湖"的理念，不断推进科技创新、营销创新和文化创新。一是依靠科技创新，打造了鱼与水相得益彰的"有机鱼"，实现了千岛湖水质的改善，确保千岛湖主体湖区保持Ⅰ类水质；二是依靠营销创新，"淳"牌商标涵盖的"纯""醇""淳"意蕴大大提高千岛湖鱼的附加值，"品牌鱼"实现供给者和需求者的双赢；三是依靠文化创新，打造了千岛湖《青鱼王》《鳜鱼王》《九鲤朝阳》等鱼拓作品，"有机鱼""品牌鱼"又成为"文化鱼"。

第二节　绿色富民的林下经济发展

淳安县林业局紧紧围绕"以湖兴县，以山富民"战略，立足省林业局"千村万元"林下经济帮扶增收工程，创新林下经济发展模式和增收模式，促进农村共富体制机制新集成，实现山区农民增收、村集体经济壮大、林下经济高质量发展目标。

一、实践举措

1. 强化引导，为发展林下经济提供正确方向

淳安县枫树岭镇周家桥村淳安县群聚家庭农场的香榧高效生态栽培基地总共有140亩。县林业部门技术人员考虑到香榧投产时间长、产出慢、资金回笼难等实际问题，建议利用香榧林下空间套种多花黄精，增加土地复种指数，同时节约香榧林除草、施肥、松土等管理成本。每亩香榧林套种了约 2000 株黄精。经过 5 年培管，特别经过近两年"大下姜"省级林下经济示范基地建设后，采挖最大块的黄精超过了 4000 克，每亩产量达到 1500 千克，每亩产值达 3 万元。

2. 夯实基础，为发展林下经济提供技术支撑

与省林科院、中国林科院亚林所和浙江农林大学等单位建立院县合作机制，聘请相关专家作为技术顾问，指导林下经济项目建设、管理和实施。多次开展林下经济技术培训，系统推介了育苗、栽培管理、资源综合利用等关键技术。为了更好地把知识留给林农，浙江农林大学黄精专家斯金平教授把自己撰写的《黄精》发放给参与培训人员。此外，还邀请浙江农林大学香榧专家喻卫武教授、省市林业部门的相关专家进行现场指导。

3. 深化典型，使多元林下经济得到有效推广

该基地于 2021 年被省林业局评为首批"一亩山万元钱"科技推广高质量示范基地。在政策和领头示范的双轮驱动下，已发展成为多元林下经济全县标杆。群聚家庭农场香榧林基地从原来的 140 亩扩增到 2022 年的 700 亩。与省林科院、浙江农林大学、杭州市林科院建立合作，引进新品种、新技术，除了套种大叶黄精、滇黄精 30 亩，还林下套种藤茶 100 亩。香榧林智慧化栽培技术及丰产技术推广项目也落户此地，为乡村振兴和林农共富带来了实实在在的好处。

二、工作成效

1. 用活"林"空间

淳安县现有森林面积 516 万亩，适合发展林下经济的林地面积 150 万亩，是耕地面积的 6.5 倍，是园地面积的 2.7 倍。作为全省林下经济产业示范县，县林业局通过强化部门联动、要素保障、资源共享，以"千村万元"林下经济增收帮扶工程为重要抓手，有效打开林下增收空间。

2. 做强"林"经济

自 2017 年县政府出台林下经济扶持补助政策以来，淳安县林下经济发展进入了快车道。新发展林下中药材规模 7.6 万亩，全县中药材种植面积已超 15 万亩，年产值近 5 亿元，惠及农户 2.3 万余户。林下种植"淳六味"道地药材中，山茱萸、掌叶覆盆子、白花前胡三味中药材入选新

"浙八味"，淳前胡、淳半夏等五味药材通过国家地理商标认证。建成浙西最大的中药材交易市场，年均交易额3.5亿元，成为浙西、赣北、皖南等地重要的中药材供销集散地。2022年，淳安县实现林业总产值99.74亿元，实现森林旅游经济总收入51.43亿元。

3. 提升"林"效益

淳安县先后获得全国第四届林业产业突出贡献奖、全国森林旅游示范市县、中国最美森林旅游景区、国家级森林康养基地、全省首个林下经济产业示范县，首批浙江省林业共同富裕试点县等荣誉称号，林下经济已然成为淳安县实现共同富裕的新动能。

三、经验启示

1. 股份合作全覆盖

为解决村集体在发展产业中资金短缺、培管跟不上、管理水平不足问题，以"万企兴万村"活动为契机，积极搭桥引线，引导国有企业、新乡贤等社会工商资本，以先垫资形式参与"千村万元"林下经济项目发展合作。建立企业负责建设，村集体负责监管，形成既分工又协同的共管共享机制，14个项目村全部签订股份合作协议，合作期限10年以上，用项目资金840万元撬动社会工商资本投资2000余万元。

2. "飞地"合作有突破

从交通区位、面积体量、立地条件等资源禀赋出发，选定枫树岭镇上江村和千岛湖林场珍珠半岛林区两处3000亩林地为"千村万元"合作"飞地"，把枫树岭镇鲁家田村、瑶山乡共坑村等4个资源禀赋差的"千村万元项目"放到"飞地"上开展建设，形成村集体+企业、村集体+林场合股联营的"林业飞地"新模式。同时，对标国家林下经济示范基地建设标准，由国有企业和国有林场同比例资金配套，共同开展林下高质量中药材、食用菌基地建设。

3. 预期收益有保障

县乡两级全程参与协调指导股份比例、收益分成、飞地选择、基地建设等重点环节，确定首批14个村基本以林下种植黄精为主，按市场行情，每个村项目收益180万元以上。考虑到林下种植投入与产出有4—5年的周期，从2022年起，在未产出前，由合作企业每年出资2万—3万元作为固定预期分红金支付给村集体作为收入，待投产销售后从收益中扣除，既实现预期收益有保障又提高村集体参与发展的积极性。

4. 订单模式有成效

把推行订单发展作为林下经济增收模式创新的重要内容，实行"购销稳定、利益共享、风险共担"的产业共富联结机制。引导本地龙头企业与村集体、专业合作社、种植大户签订产品订单合同，14个"千村万元"项目全部签订产品包销协议，与10余家200亩以上基地农户签订购销协议，协议面积近8000亩。借助"招大引强"产业链招商工作，引进龙头药企修正药业落地建厂，签订中药材发展合作框架协议，每年定价定向收购前胡、黄精、重楼、栀子等药材300余吨，收购资金近900万元。创新推出统一规划、统一购苗、统一技术、分户管理的"三统一分"林下经营模式，进一步深化"村场合作"，为订单林业发展夯实基础。

5. 科技帮扶有力量

围绕传统产业提升和新兴产业培育，起草制定淳安县山核桃、油茶、毛竹低产林改造技术规程3个地方标准，推广林下道地中药材和珍贵食用菌生态种植、野生抚育和仿生栽培技术，为产业提质增效做好技术支撑。加大院县合作力度，加强科研院所对接，建设浙江省林业科技推广淳安工作实验室，推动更多林业科技成果在淳安县落地转化与应用。编制县级"四联"手册，开展政策宣传、科技培训、技术答疑等精准服务。

（供稿：淳安县林业局）

沈满洪点评：淳安县因新安江水电站建设淹没了29万亩农田，形成"八山半田分半水"的格局。"向森林要食物、向森林要收入"是淳安县林业局孜孜不倦的追求。在浙江省林科院、浙江农林大学等单位科技人员的指导下，通过发展香榧林并套种黄精、林下套种中药材等各种新技术和新模式，实现"一亩山万元钱"的效果。农民缺钱，就采取股份制形式筹措资金；中药材采收需要周期，就采取预分红机制；有些乡镇缺乏适宜林下套种的林地，就利用国有林场的独特优势采取"飞地"模式。以技术推广和制度创新促进农民增收致富就是淳安县委县政府的使命担当。这种境界值得学习，这种经验值得推广。

第三节　以经营理念实现生态产品价值转化

天坪村位于瑶山乡西北部，是淳安县海拔最高的行政村，全村256户，826人，10个村民小组，村域面积20.89平方千米，老庵基自然村平均海拔在900米以上，每年都是全县最早下雪，也是下雪最多的地方，风光旖旎，海拔最高处牵牛岗1400余米，有着最美的雾凇、云海和星空，成为许多摄影人打卡的网红点。但受困于交通滞后、农产品销售难等因素，村民和村集体一直陷入发展困局，是省级重点扶贫村。得益于一流的生态环境，近年来天坪村围绕"卖风景、卖产品、卖体验"，大力推进农旅融合发展，把淳安最高的小山村打造成远近闻名的网红村，"天坪银装"被推选为千岛湖"新十景"。

一、实践举措

1. 盘活特色资源，打造高山农品

围绕高山特色农产品石笋干，创新经营理念，带领村民成立合作社，成功推出"天坪石笋干"品牌，目前天坪村2500多亩石笋林已形成规模化、基地化、科学化的格局，每年生产石笋干3万千克，销售产值200余万元，产品深受市场喜爱，每年都销售一空，不仅成为舌尖上的美味，还成为村民增收的重要来源；此外，2018年以来天坪村又利用地理优势建立了1200亩的集观赏和食用于一体的"天坪红花山茶油"基地，2023年继续新建改建1000亩油茶基地，通过产业发展，带动全村农户增收。

2. 激活乡贤动力，打造精品民宿

按照建设"示范带动、以点带面"的思路，依托政府资源引流，立足企业、村集体、农户"三位一体"的发展模式，利用天坪村得天独厚的自然生态优势，引入16名乡贤以"公益众筹"模式投资600余万元创办杭州千岛湖山顶云旅游服务有限公司，盘活闲置房屋建设"云山天平民宿"一期，与半云居、雾凇居等民宿相互协作，共同打造高山网红精品民宿群，2022 年天坪村共接待游客 5 万余人次，农户通过向游客售卖农产品户均增收 1000 余元，4 年前村集体经济经营性收入几乎为零的天坪村，2022 年 5 月份就完成了 80/50 的消薄目标。

3. 用活抱团理念，打造共富模式

2022 年天坪村与瑶山乡其他三个村一起，共同投资 180 万元完成新建云上天平民宿二期，并投入使用，实现年经营性收入 10.8 万元。同时在天坪村老庵基自然村引进澜海生态农业（杭州）有限公司、杭州市农科院共同建设 20 亩高山蔬菜基地，采用游客参与种植、采摘等体验活动的模式，突出高山精品蔬菜理念，进一步推进农旅融合发展。2023 年，天坪村还计划实施子皮源生态沟绿道建设项目，持续丰富乡村旅游内涵，充分发挥旅游资源优势，完善让游客可玩、可吃、可住、可体验的全方位乡村旅游模式，不断探索天坪村共富之路。

二、实践成效

1. 围绕"卖风景"抱团发展民宿，激发片域发展新活力

持续盘活得天独厚的生态资源优势，依托民宿产业发展，四年前村集体经济经营性收入几乎为零的天坪村，如今已提前还清了村公益林抵押贷款，今年一季度村集体经营性收入已完成 36 万元。但是一花独放不是春，百花齐放春满园。在云上天坪民宿一期项目取得良好成效后，按照"地域相邻，优势互补，资源共享"的思路，持续动员乡贤、本地村民、其他各村等共同做大民宿这块"蛋糕"，增设共富农产品展销柜、红色教育阵地等，同时修筑露营基地，打造万亩红花山茶油景观，拓展民宿产业链，进一步丰富农旅融合的共富工坊内涵。

2. 围绕"卖产品"创新销售模式，提升特色产业附加值

围绕高山特色农产品石笋干，创新经营理念，把传统产业打造成优势产业，通过整合村内石笋干大户成立合作社，对石笋干进行统一制作标准、统一品牌包装、统一价格销售，利用网络直播带货等方式，推动石笋干销售，打造"天坪石笋干"金字招牌。目前天坪村 2500 多亩石笋林已初步形成规模化、基地化、标准化的经营格局，每年生产石笋干 6 万余斤，销售产值达 200 余万元，成为村民增收致富的一大帮手，也是天坪村独有的伴手礼。2023 年，通过前期对接，已与帮扶单位中宙集团建立了

天坪农品供销合作，大大激发了村民发展信心，自觉加强了石笋的培育管理。

3. 围绕"卖体验"探索村庄经营理念，打造山间向往新标地

整合生态、生产、品牌等元素后，充分发挥澜海生态农业有限公司、杭州市农科院等合作单位，在老庵基自然村流转百余亩土地开展高山共富菜园基地建设，开辟一块区域用于发展"认养田园"项目，以村民流转土地，村级合作社运营，游客租赁的形式"认领"地块，村内安排村民变身"田园管家"指导帮助种植，到了收获期，认领者可以将自己种出的无公害蔬菜采摘回家，打造"休闲、观光、田园采摘"乡村旅游线路，擦亮天坪旅游新名片，人气指数不断攀升。2023年，天坪村正实施子皮源生态沟绿道建设项目，持续开拓天坪村旅游项目，丰富乡村旅游内涵，充分发挥旅游资源优势，让游客可玩、可吃、可住、可体验的全方位乡村旅游模式。

三、经验启示

1. 聚焦高山资源优势，赋能特色农品

充分发挥高山乡村特色景观、石笋干、红花油茶的资源优势，突出打造"石笋干"特色品牌产品，在都市快报"23道淳味"系列宣传中获得良好传播效果，进一步形成市场影响力，每年石笋干成为供不应求的特色农品，同时进一步完善高山露营基地建设，服务高山旅游、摄影等体验活动，形成人气集聚效应。

2. 聚焦共富发展理念，凝聚发展合力

围绕民宿发展，进一步凝聚乡贤、各村的发展合力，做足民宿文章，打造乡村旅游精品民宿，让游客能留下来，能消费的起来，逐步带动农户餐饮、住宿等进一步壮大，已有多家农户利用自建房改造民宿，进一步增加乡村旅游承载能力，同时为村民带来更多增收致富的方式。

3. 聚焦农旅融合业态，探索精优模式

在农产特品竞争激烈的市场环境中，主动把握特色资源优势，盘活闲置资产再生"金"，探索发展新途径，持续围绕天坪"小而精，小而优，小而特，小而富"的特点，打造偏远山区的乡村共富示范样板地。

（供稿：淳安县瑶山乡）

沈满洪点评：生态产品价值实现是一个难题。缺乏好的思路和机制就会守着"金饭碗讨饭"，找到好的模式和办法就会实现绿色共富。相对高海拔的天枰村的主要招数：一是经营公司化。乡村生态产品的突出问题是分散化，如何把分散的资源组织起来？天坪村的做法是引入 16 名乡贤以"公益众筹"模式投资 600 余万元创办杭州千岛湖山顶云旅游服务有限公司特色化，按照公司的理念进行经营。二是产品特色化。把原来山高路远的高海拔劣势变成"高山石笋""高山油茶""高山民宿"等"高山""生态"特色优势。三是营销品牌化。如果没有品牌，生态产品的附加值就低，农民就难以致富；如果没有品牌，消费者的满足感就会大打折扣。正是基于此，天坪村打造了"天坪石笋干""云上天平民宿"等品牌，不仅增加了附加值，而且做大了市场。

第四节　打响"有机千岛湖"金名片促进绿色共富

一、实践举措

淳安县是农业大县，农产品品类丰富，生态品质一流。但是，长期存在品牌效应不足、致富效果不佳的问题。绿水青山就是金山银山理念成为全党的指导思想以来，淳安县以全省唯一的特别生态功能区建设为抓手，加快推动"高标准保护、高质量发展、高品质生活、高水平创新"，促进"生态美富、深绿兴富、民生安富、改革增富"，积极推进有机产业全域发展，打响"有机千岛湖"生态品牌。

淳安县市场监督管理局联合相关职能部门不断强化有机生产企业全环节服务及监管，及时掌握企业需求，主动对接认证机构、有机投入品生产企业，有效解决有机生产技术难题。同时开展定期巡查和随机执法抽查，重点核查有机投入品的采购、使用环节，督促有机企业诚信生产，保障有机产品的认证质量，切实维护有机产品"金字招牌"。

2016 年成功创建国家有机产品认证示范区，2018 年列为全国茶叶有机肥替代化肥试点县。"国字号"的示范和试点成效显著，截至 2022 年底，淳安县有机认证企业 84 家（浙江省第三位）、认证证书 114 张（其中国外有机认证证书 10 张）、有机基地总面积约 63 万亩（浙江省第一位），有机产业产值超 10 亿元，形成了淡水鱼、茶叶、食用菌、水果、中药材等有机特色产业，已成为杭州市有机产业产值最高、产业最全、规模最大的县（市、区），也走在全省有机产业前列。2022 年，淳安县市场监督管理局"大力发展有机产业打响'有机千岛湖'全域生态品牌"案例入选国家认监委有机产品认证优良实践案例。淳安县成功入选 2022 年浙江省绿色认证先行示范区建设公示名单（首批）、认证全国第一条有机鲢鳙鱼的杭州千岛湖发展集团有限公司入选 2022 年浙江省绿色产品（服务）认证"领跑者"名单（首批）。

二、实践成效

围绕"一镇一产业、一乡一品牌"，制定全域有机产业发展战略规划，构建以千岛湖水资源为核心的有机水产养殖带，发展以有机茶叶、有机林果、有机蔬菜、有机中药材为重点的有机食品基地。至 2022 年底，淳安县共有千岛湖镇、威坪镇、临岐镇等 23 个乡镇大力发展有机产业，并成功打响千岛湖有机鱼、鸠坑茶叶、富文铁皮石斛、汾口甲鱼、临岐中药材等 10 余个乡镇有机品牌。鼓励相关有机企业实行"企业（合作社）＋基地＋农户"经营发展模式，积极推动传统农业种养殖向高端有机产品生产发展，提高产品附加值，促进生态农产品从"物美价廉"到"优质优价"转变。

创新推出区域公用品牌，推动认证赋能。2021 年，淳安县委县政府结合地方生态环境、人文资源和各产业元素，推出"千岛农品"全品类区域公用品牌，塑造"绿色、有机、健康"的精品定位，助力乡村振兴、共同富裕。2021 年，盒马鲜生平台累计销售"千岛农品"系列产品超亿元，千岛湖品牌农产品馆实现自身销售及带动本地农产品销售 4016 万元。沿着 150 千米的千岛湖环湖绿道周围，已经建立起来 20 余个有机产业基地或园区，他们与农旅、骑行、驿站、科普、民宿、餐饮等不同业态深度融合，串珠成链，构建了一条条有机产业体验线路图。

三、经验启示

1. 标准为先，促进有机产业规范发展

对照有机产品国家标准，组织编制了具有淳安地方特色的有机产品生产技术规范，助推有机生产标准化建设。淳安县已发布《有机鲢鳙鱼生产技术规程》《有机铁皮石斛种植技术规程》等10项有机生产技术规范，从有机产品种植环境、基地选择、生产技术、病虫害防治、农事记录等环节规范有机产品生产。同时，在杭州千岛湖发展集团有限公司等8家标杆企业，开展有机企业标准化示范活动，促进有机生产标准落地实施。

2. 协同推进，坚守有机产业有序发展

2018年起每年安排20万元专项经费，在全省率先开展有机产品检验报告行政部门、认证机构、检验单位三方合作机制，平均每家企业缩短认证所需时间三分之一，节省企业认证成本20%。以有机企业为主体，组建全省首家县级有机行业协会—千岛湖有机农业产业协会，通过协会引导有机产业科学发展，进行统一推广，着力把千岛湖打造成有机农产品基地。

3. 保护至上，推动有机产业生态发展

以有机产业为抓手，积极推广使用有机肥，通过农业废弃物资源化利用，桑枝条、废弃菌棒、秸秆、畜禽粪便等本地农业生产废弃物实现循环利用、变废为宝，从源头减少排入千岛湖的污染物总量。在全国率先提出"保水渔业"概念，通过人工投放鲢、鳙等适当鱼类，降低水体藻类和有机物质数量，有效预防藻类水华发生，实现既保护水域生态环境，又发展渔业产业的双赢目标。

4. 产业融合，深挖有机产业文化内涵

挖掘有机产品文化内涵，推进有机与文创产业、农业与旅游产业的深度融合。每年我县"有机茶叶小镇"——鸠坑乡都推出以"鸠坑种·母亲茶"为主题举办茶博会，推出"千年茶树王献祭仪式""鸠坑茶种族谱发布仪式"等系列活动。杭州千岛湖发展集团有限公司在成功打造有机鱼品牌基础上，相继开发出巨网捕鱼、鱼拓艺术品等衍生产品，每年有机渔业经济综合收入逾10亿元，直接带动地方相关产业产值逾50亿元，随着千岛湖有机鱼的名声越来越大，千岛湖也成为国内许多大中型湖泊水库学习的对象。这条从千岛湖 573 平方公里碧水里游出的"鱼",已衍生出一种可复制可推广的"千岛湖模式",帮助江西阳明湖、大坳水库,安徽高塘湖,山东东平湖等湖泊走上绿色发展的新路子。

5. 政策引导,助推有机产业助力共富

先后出台《淳安县创建"国家有机产品认证示范区"实施方案》《关于进一步促进生态农业产业发展的实施意见》等一系列扶持有机产业发展相关政策,累计下拨资金 1300 余万元用于有机产品认证补助,下拨资金 3000 余万元用于有机肥施用补助,推动现代优势产业的链条化、聚集化、园区化经营。同时,建设有机液肥配送体系,构建生态循环有机农业新模式,有效地控制化肥使用量,提高农产品品质,协同推进有机产业发展。淳安千岛湖桑都食用菌专业合作社作为浙江省有机桑黄产业重点企业,通过建立标准、政策补助等引导措施,研发实力不断增强,已逐步将桑黄产业打造成为淳安县新的亿元产业和富民产业。

（供稿：淳安县市场监督管理局）

沈满洪点评：千岛湖的特殊功能定位要求特殊严格的生态环境保护,特殊严格的生态环境保护倒逼了"有机""生态""绿色"等千岛湖特质。截至 2022 年底,淳安县共有有机认证企业 84 家、认证证书 114 张,形成响亮的打响"有机千岛湖"生态品牌。而且,国外有机认证证书达到 10 张,位列浙江省第三位。这一成绩的取得,既是长期来生态环境保护的结果,也是积极抢抓机遇推进有机产业全域发展的结果。"有机千岛湖"品牌的打造,一方面让消费者吃得放心、喝得放心、用得放心；另一方面让生产者增加收入、加快致富,尽早进入现代化。以人民为中心、以发展为第一要务的政府才能够追求并实现供需双方双赢。

第五节 百亿水饮料产业是如何形成的?

淳安县始终坚持在最严格环境保护的前提下,发挥"一湖秀水"的比较优势,做大做强水饮料产业,推进产业集聚发展,实现百亿水饮料产业向多元化、高端化、品牌化、个性化发展。

一、实践举措

千岛湖的"一湖秀水"是淳安县最具时代特征的战略资源、最为突出的比较优势、最为宝贵的核心竞争力。作为浙江省唯一的特别生态功能区，淳安县 87.73% 的面积是一级、二级饮用水源保护区，80.13% 的面积是生态红线，工业项目的准入门槛极高。淳安县现有水资源总量约 45 亿平方米，可利用量约 12.6 亿平方米。如何将淳安县丰富的水资源优势转化为实际的产业优势是历届县委县政府思考的一大课题。水饮料产业不仅符合淳安县发展导向，也极具发展潜力。

1. 探索阶段

1996 年，淳安县成立第一家饮用水生产企业——浙江千岛湖水资源开发有限公司。1999 年，农夫山泉签约落地淳安县。虽然 2000 年以前，淳安县水饮料年产量只有 4 万吨，但是，在绿水青山就是金山银山理念的指引下，农夫山泉开启了淳安县水饮料产业发展新阶段，红遍大江南北的"农夫山泉有点甜"，使千岛湖成为饮用水行业的金字招牌。

2. 产业聚焦

2015 年，千岛湖成功入选首批"中国好水"水源地。来自上海证券金融圈的静淼企业管理中心敏感地抢占了商机，在大墅镇创办了杭州谦美实业小分子水，主要生产中高端的茶道用水和母婴用水。20 元 1 瓶的瓶装水，一投入市场就供不应求。这家公司的投产，标志着千岛湖水产业从普通饮用水向高端水发展的态势。2016 年，修正健康产业园、康诺邦、华麟生物等一批水饮料产业重大项目落地，水饮料变身淳安县最具特色的产业，当年便实现主营业务收入 42.06 亿元。2017 年，淳安县委托专业机构对全县的山涧、溪流开展了水质勘察。经权威部门检测，大墅、威坪、安阳、中洲、王阜、姜家、屏门 7 个乡镇的源头活水属全国稀缺性的优质水源，具有显著的低钠、弱碱性特性，同时含钙、镁、锰、锶、偏硅酸、锌、硒等微量元素，特别适合开发婴幼儿用水、茶道用水等个性化高端水。

3. 政策发力

2018 年，淳安县出台了《关于加快推进水饮料产业的发展的若干意见》，为淳安县水饮料产业的发展按下了"快进键"，进一步明确了产业发展的目标，以"护强、活中、抓特、招新"为工作重点，积极鼓励一批大企业做优做强，加快推进一批重点项目落地，清理淘汰一批低端落后产能，招引一批完善淳安水饮料产业结构的新企业，打造一批淳安特色的个性化水。2019 年，浙江省政府批复同意将淳安设为浙江省唯一的特别生态功能区，支持淳安水饮料产业"一县一策"特色化发展。以此为契机，淳安编制《淳安县水饮料产业发展规划（2020—2025）》，改变过去靠随机式引进项目、被动式接受产业形成的形态，加快建设可以集中容纳水饮料整体产业链的独立平台，规划产业功能区，为不同层次需求企业引进预留出发展空间。同时，淳安县还出台了水饮料产品研发补助、企业物流补助、品牌建设补助等一揽子政策，并创设水饮料重大项目"一事一议"等举措。2021 年，淳安新签约噢麦力亚洲生态工厂、焕睿饮料、天润果蔬饮料等多个亿元项目，力争实现引进一个好项目，带出一整条产业链。

二、实践成效

1. 水饮料产业集聚发展

淳安县提出"打造长三角地区最大的水饮产业集群"的目标。20 年前，"农夫山泉有点甜"这一家喻户晓的广告语让千岛湖一流的水源地声名远播，千岛湖生产的天然饮用水在行业中成了金字招牌。20 多年来，以"农夫山泉""千岛湖啤酒"为代表的水饮料产业不断发展壮大，随着修正健康产业园、文昌康诺邦、噢麦力亚洲生态工厂等一批亿元级水饮料产业项目落地，水饮料产业已初具规模。2022 年，淳安县已有水饮料企业 30 余家。此外，淳安水饮料产业注重科技创新，农夫山泉、千岛湖啤酒、千草素、康诺邦等水饮料企业被评为国家高新技术企业，成为细分领域的"小巨人"。千岛湖啤酒的个性化定制、丹然饮用水提高工业化水平、康诺邦设立浙江省博士后工作站，都为淳安水饮料产业更高质量发展蓄能。

2. 水饮料产业助力经济发展

至 2017 年底，全县水饮料企业实现主营业务收入 79.87 亿元，同比增幅 26.11%；入库税金 7.01 亿元，同比增幅 30%。2018 年后，在《关于加快推进水饮料产业的发展的若干意见》和《淳安县水饮料产业发展规划（2020—2025）》的指导下，水饮料产业实现了质的发展，水饮料行业主营业务收入年均增幅 10% 以上，税收年增幅 10% 以上。2021 年，实现主营业务收入 100.97 亿元，首次突破百亿元大关。2022 年，实现主营业务收入 109.67 亿元，同比增长 8.62%，税收收入 8.34 亿元，同比增长 11.65%。力争到 2025 年，实现全县水饮产业销售收入 200 亿元以上。

3. 产业政策持续发力

淳安县政府聚焦产业服务和基础设施完善，设立"淳安县两山生态产业基金""绿色转化财政专项激励资金"，配套 2.6 亿元资金，主要用于大地至坪山取水管网及隧道、丰家山至坪山交通连接线等水饮料产业配套设施建设，全面保障产业项目用水、物流等基础所需。2018 年至今，淳安县已累计兑现水饮料产业扶持资金 4570 万元。

三、经验启示

1. 在发挥比较优势中找出路

比较优势理论认为，每个地区在不同产业中具有不同的比较优势，因此，当外来产业在该地区建立时，应该侧重于那些该地区具有比较优势的产业。这样可以使外来投资更有效地利用当地的资源和技能。淳安县为浙江省唯一的特别生态功能区，是杭州市饮用水水源保护区之一，水资源丰富，水质优良，这为淳安县的水饮料产业提供了独特的地理优势，促进了产业集群的形成。

2. 促进产业集群中得胜势

产业集群理论认为，在某些特定的地理位置上，同一产业的企业可能会聚集在一起，形成一个产业集群。这种集群可以促进企业之间的协作和共享资源，提高整个集群的效率和竞争力。具体而言，有如下几个方面的优势：

（1）供应链

产业集群中的企业通常位于相近的地理位置上，这使企业可以更方便地相互合作，并建立更紧密的供应链关系。例如，修正健康集团以淳安县临岐镇中药材产业为依托，研发 37 种草本饮品。

（2）技术创新

由于在产业集群中聚集了大量的相关企业和人才，因此这些企业可以共享技术创新和最佳实践，从而加速技术进步和产品开发。此外，集群中的企业还可以共同投入研发和开发新技术，从而提高整个集群的竞争力。如千岛湖啤酒结合淳安水饮料产业特色，开发出白啤、黑啤等系列啤酒优质饮品。淳安不断推动茶、天然果汁等高端饮料发展，实现水饮料配套产业集群赋能。

（3）品牌效应

产业集群中的企业通常都在同一行业中运作，并且他们的声誉和品牌可以互相加强。这种品牌效应可以帮助企业在市场上获得更好的认可度和竞争力。淳安走品牌战略，以"农夫山泉有点甜"为代表的品牌战略让"千岛湖"地域品牌优势得到真正发挥和利用。

3. 营建环境设施中迎机遇

基础设施的建设、产业政策的完善、营商环境的改善，可以提供更好的商业环境和更高的生产效率，从而增强该地区的竞争力，吸引更多的外来投资。在水饮料产业的发展中，政府起到了引导作用，出台产业政策，做好配套保障，提高服务水平，从工业用水、物流、产业数智平台等多方面满足产业发展所需。此外，杭黄铁路正式开通，千黄高速加速建设，淳安与长三角城市群的时空距离进一步缩短，有助于水饮料产业在人才、资金、技术上加快融入长三角。

（供稿：中共淳安县委党校、淳安县经济开发区管委会、
淳安县生态产业和商务局）

沈满洪点评：千岛湖是淳安县的突出品牌。千岛湖"一湖秀水"是千岛湖极为重要的资源。千岛湖除了赏心悦目的景观功能外，还具有令人身心健康的饮用功能。如何做大千岛湖水文章是淳安县的重大课题。经过多年的打造，2021年淳安县实现水产业主营业务收入超百亿元人民币，有望进一步实现五年翻番的目标。淳安县水产业发展的重要启示是：一要利用比较优势。在不影响生态环境的前提下要充分开发千岛湖水的潜在价值。二要创新驱动发展。虽然广告说"我们不生产水，我们只是大自然的搬运工"，实际上"农夫山泉"是生产出来的，生产就需要技术支撑，就需要创新驱动。三要大力打造品牌。水产业、饮料产业、食品行业等均是垄断竞争市场，除了价格竞争就是广告竞争，就是品牌竞争。

第六节　依托生态底色打造港湾运动小镇

石林镇紧紧围绕县委"坚定秀水富民路，建设康美千岛湖"战略部署，以"建设港湾运动小镇，争当全域旅游示范"为总目标，积极践行绿水青山就是金山银山理念，夯实生态底本，加快生态产品价值实现，走出了一条独具特色的运动振兴乡村之路。

一、实践举措

1. 全面提升运动石林生态底本

投资 1000 余万元对全镇管网错接漏接等问题进行整改，生活污水及工业污水处理率达 100%，成为我县首个污水零直排乡镇。投资 1500 万元启动 800T/D 的集镇污水处理站建设，为未来发展腾出绿色空间。创新农村治污运维"九宫格"工作法，以精细化管理实现治污设施"三分建、七分管"目标。先后投入 3000 余万元，通过滨湖景观提升、运动街区改造、休闲游步道建设、路灯景观灯改造等工程。统筹镇村干部，开展环境清洁大行动，完成 1000 余个整治点位，清理 50 余吨陈年垃圾。先后完成所有行政村"一村一品"建设，全镇 7 个行政村全部获得景区村称号，小镇全域呈现出村村如画、处处有景美丽景致。

2. 全面推进运动石林品牌建设

一是立足石林的"仙"景和运动的"活"力，聘请专业团队完成"仙活石林"镇域品牌创建工作。开发雨伞、手机壳等特色伴手礼，踩点设计"仙活石林，运动港湾"研学课程，精心设计"仙活石林"系列农特产品，"仙活石林"品牌深入人心。二是成功举办尾波冲浪挑战赛、中国桨板俱乐部联赛、爬坡王自行车赛等赛事，吸引了 20 余个地区的上百名选手参赛，进一步打响"仙活石林"赛事品牌。三是通过将小镇广告打到纽约时代广场、营销活动扩大到北京等地，不断激活小镇团建游、亲子游和休闲游市场，不断扩大"仙活石林"运动休闲品牌影响力。

3. 全面推动运动石林产业发展

（1）做大运动产业

石林镇于 2017 年入选全国运动休闲特色小镇试点，2018 年成功与北京泛华达成运动小镇开发全面合作协议，迄今已建成石林水上运动中心，引进桨板、皮划艇、摩托艇、尾波冲浪等多个运动休闲项目，同时促成上海驴妈妈与石林景区合作开发，新增松鼠玻璃栈道、高空秋千、悬崖飞拉达等网红山地运动项目。

（2）做强水业基地

石林镇辖区内的农夫山泉茶园厂是农夫山泉首家也是最大的水厂，2018 年小镇又引进投资 2 亿元的亲亲山水项目，实现当年开工当年投产，已经通过转型升级重新投入生产，有望成为小镇税源龙头企业。2021 年小镇通过腾笼换鸟引进云上天泉饮用水项目，一期预计投资 7000 万元，进一步增强石林镇水产业力量。

（3）做强农特产品

全面加快石林非遗特产——日晒面生产发展，2023 年日晒面加工户已有 20 余家，年产值 5000 万元，通过厂房改造提升、SC 认证、品牌提升等，有望成为亿元富民产业。依托石林体育旅游市场，建设农品馆，使用"仙活石林"品牌统一包装农产品，将农特产品变为旅游商品，进一步带动农民增收，助力共同富裕。

二、实践成效

1. 生态环境持续向好

石林镇争取到 1000 万元省级绿色转化财政专项激励资金，集中推进集镇运动休闲街区提升、集镇港湾配套提升工程建设。以全国文明城市创建、国卫复评、省级健康村创建为契机，重点抓好背街小巷、两路两侧、湖面岸边等重点部位的整治力度，全面提升镇域整体风貌。2022 年石林镇空气优良率为 93%，PM2.5 均值达到 15 微克/立方米，交接断面水质始终保持在 I 类，成功入选"2020 年度杭州市'乐水小镇'"名单。实现市级垃圾分类示范村全覆盖（全县唯一），创 3A 级景区村 3 个。

2. 体旅产业蓬勃发展

石林镇于 2016 开启运动小镇建设，2017 年入选国家运动休闲特色小镇试点，为杭州市唯一。2022 年在疫情常态下，全镇运动旅游实现逆风翻盘，共接待游客 71.8 万人次，实现旅游收入 11168 万元，同比分别增长 3.4% 和 12.7%。成功创建"2020 年浙江省 4A 景区镇""淳安白小线（自行车）—石林港湾（皮划艇）—富溪线（漂流）—石林景区（定向）"，并成功入选"浙江省运动休闲旅游精品线路"名单。

3. 奏响共富交响乐

成立七村联营日晒面共富联盟，通过"公司 + 基地 + 农民"的订单合同模式，实施资源共享、组织联建的专业化运营，已与联华、物美超市、杭州师范大学、岛予直营店等 60 家单位达成合作意向，实现日晒面年产值近亿元。投资 1000 余万元新建富德云上康萃、双西、千岛湖村共富工坊，推动日晒面产业高质量发展。目前，日晒面共富工坊已覆盖全镇 6 个行政村，带动 200 余户村民就业，年发放加工费 1000 余万元。

三、经验启示

1. 生态为先，走高质量发展之路

石林港湾运动小镇发展依靠的基础是优越的生态环境，但是生态环境的承载能力往往是有限的，在有限的生态承载能力之下，按照省市"临湖做减法、内陆做加法"的总体思路，推进生态工业、运动休闲、文化旅游等产业融合发展，以水上运动为根基，多元打造以赛事旅游、运动训练、研学体育、体育娱乐、运动康养等为特色的体育产业发展格局，做精品民宿、做高端运动、做特色农品，提升产业和产品的质量，走出了一条具有地方鲜明特色的高质量发展之路。

2. 项目为王，走产业强镇之路

镇域经济要发展，关键还是要引进重要的税源项目，以项目落地为目标，带动税收增长，带动村民就业，实现生态保护和经济发展的双赢局面。不断创新发展理念，琢磨打造"精"字品牌，通过整体的风貌提升上精益求精、资源的科学利用上精打细算、服务的产品设计上精雕细琢，逐渐探索凝练发展特色，将发展限制转化为资源禀赋优势，打造品质化、个性化、多元化的"新晋"旅游目的地，为未来可持续发展找准方向、开好先局。

3. 品牌为引，走共同富裕之路

建立公共的镇域品牌，使用镇域品牌包装农特产品，将农特产品变为旅游商品，通过线下商超、直播平台、农品馆等载体，进行销售，带动村民增收。从专业化的竞技体育到普适性的群众体育，石林镇在探索从体育"运动"到产业"联动"，从赛事赛艇"引流"到游客四季"长留"的转型发展之路。一方面，充分发挥当地村民水上运动的特长，成功打造"港湾运动小镇"之后，新业态新经济给百姓创造了安全员、教练员、民宿主等多种"新职业"，拓宽了增收致富的新路径。另一方面，通过7个行政村的"七村联营"，盘活市场机制，发挥休闲运动产业乘数效应带动作用，把当地优质农副产品转化为旅游商品，完善产业结构，并不断带动周边乡镇迈向共同富裕。

（供稿：淳安县石林镇）

沈满洪点评："生态"和"健康"是天然伴侣。没有生态就没有健康，有了生态可以更加健康。生命在于运动，健康在于运动。到哪里运动？到生态优越的地方运动。千岛湖是运动的绝佳之地。因此，石林镇以"建设港湾运动小镇，争当全域旅游示范"为总目标，走出了一条独具特色的运动振兴乡村之路。该案例的三条经验提炼得很好：一是生态优先——只有生态作为底色才有可能运动者向往之；二是项目为王——只有招引优质项目才有可能形成运动集聚区；三是打造品牌——只有形成品牌才有足够的附加值，把绿水青山真正转化成金山银山。

| 第十章 |

淳安县坚持绿色共富的生动案例

　　中国式现代化是全体人民共同富裕的现代化，是人与自然和谐共生的现代化。中共淳安县委、县人民政府始终按照中央、省委和市委的部署，积极推进绿色共富。本章选取了"大下姜乡村振兴联合体的共富之路""'稻蛙共生'奏响共富乐章""生态富民的枫林港幸福河湖建设""唱响乡村振兴'椒响曲'""直播产业助农增收'云'共富""依托生态底色打造艺术小镇""'百村万亩亿元'产销共同体共富模式"七个典型案例做了介绍并做出了点评。阅读这些案例，可以获益匪浅。

第一节　大下姜乡村振兴联合体的共富之路

　　如何打开"绿水青山就是金山银山"的转化通道是亟待解决的问题。从下姜村到大下姜联合体，从单村闯关到抱团发展，下姜村周边干部群众从未停止过绿色共富的求索。20年来，下姜村及大下姜加快推动生态优势向发展优势转化，持续推进生态惠民、绿色富民，不断护美绿水青山、做大金山银山，走出一条保护与发展协同共进、人与自然和谐共生、观景与致富共享共有的生态之路。

一、实践举措

1. 坚持生态引领，守护绿水青山，保护与发展协同共进

（1）以红色党建为统领，锻造美善队伍

把"环境美、水质好、百姓富"作为工作的出发点和落脚点，把环境保护作为绿色指标纳入对村集体、村干部和党员的综合评价，同时也作为党员发展的重要考察指标。同时依托"四个平台"，实施环境保护网格化管理制度，深入开展生态问题"找、寻、查、挖"工作。建立以县政府为责任主体、以乡镇政府为管理主体、以村组织为落实主体、以农户为收益主体、以专业机构为服务主体的"五位一体"污水运维、湖面垃圾打捞管护体系。

（2）以惠民利民为核心，打造美好民生

依托"美丽杭州"创建暨"'迎亚运'城市环境大整治、城市面貌大提升"工作，常态化推进垃圾、污水、厕所"三大革命"。全面推行垃圾分类投放、分类收集、分类运输、分类处理和定时上门、定人收集、定车清运、定位处置"四分四定"，建立起"户集、村收、镇运、县处理"的生活垃圾收集处理体系；制定实施公共厕所改厕管理规范，编印农村改厕项目工作指南、技术指导手册、参考图集等；做好畜禽养殖业规范化改造提升、小微水体综合整治，全区域河流水质持续保持Ⅰ类。

2. 坚持生态提升，营造美丽环境，人与自然和谐共生

（1）创先争优开展美丽创建

坚持标准引领，制定大下姜乡村旅游服务准则，确立"一村一品"创建定位，成功创建下姜国家 4A 级景区，获评全国乡村旅游重点村落，源塘村、桃源凌家村等 7 个村被确定为省级 3A 级景区村庄，源塘村和孙家畈村被评为浙江省美丽乡村特色精品村。构建美丽乡村风景带，先后推进下姜——白马红色旅游精品线路、红色下姜风情小镇、下姜——汪村源产业带建设。推进美丽庭院创建，建立庭院建设网格化管理体系，探索"政府＋农户""美丽庭院＋乡贤""美丽庭院＋民宿"等模式，汇聚美丽庭院创建合力。

（2）常抓不懈健全长效机制

建立人居环境长效投入保障机制，加强要素的综合保障，整合涉农资

金，建立村级公益事业建设财政奖补机制，推动国企参与农村安全饮水、污水运维、垃圾分类等管护工作。

3. 坚持生态优先，发展深绿产业，观景与致富共享共有

（1）腾笼换鸟

开展拯救老屋行动，对原有 9 幢老房子、老厂房，进行系统的"改头换面"修复，将其打造成集特色民宿、文化大礼堂、传统酿酒坊、红色文化教育、研学基地等于一体的文化旅游项目；推进土地流转，提质增效农林产业，创建省级现代农业园区，由大下姜 22 个村组建大下姜振兴公司，推动毛竹、山茶油 2 个万亩基地改造和中药材、红高粱等 9 个千亩基地建设；聚力招商引资，丰富大下姜业态，签约落地"筑梦伊川"乡村旅游项目、山海协作淳安—西湖生态旅游文化产业园等项目，开发磨心尖登山、白马乳洞探险、凤凰庙古树群寻幽等旅游产品，新增乡村酒吧、猪栏餐厅等食尚业态。

（2）凤凰涅槃

以品牌共建共享实现生态产品价值，开展了"下姜村""大下姜""下姜红"等 320 余件品牌商标注册；引进农业龙头企业成立杭州千岛湖下姜瑶记农业科技有限公司，提升"大下姜"品牌影响力；制定"大下姜"系列农产品基地生产标准，带动小农户按标准种植产业。以科技赋能实现生态修复与产业发展共赢，将废弃多年的铜山铁矿打造打造成为科技感十足的"智蜂小镇"。以资本加持实现废弃资产变生态产品，将废弃的枫树岭水电站引进社会资本，建成了集皮划艇、垂钓、射箭、山地自行车、电子竞技、农事体验、餐饮等十余种体验功能于一体的凤林港生态旅游综合体。

二、实践成效

1. 综合实力更为强劲

2022 年下姜村、大下姜农村常住居民人均可支配收入分别达到 48818 元、36757 元；下姜村、大下姜低收入农户人均可支配收入分别达到 25318 元、19626 元。2018—2022 年，大下姜农村常驻居民可支配收入增幅为 47.13%，低收入农户人均可支配收入增幅为 87.29%。

2. 乡村面貌更具魅力

开展 9 个核心村美丽庭院创建，实施 22 个村环境提升"千人整治行

动"，推进垃圾、污水、厕所"三大革命"，全面实施村庄洁化、净化、美化、序化工程，使得水更清、山更绿、天更蓝、村庄更美成为大下姜常态。2019 年，枫树岭镇被评为浙江省美丽乡村示范乡镇，下姜村被评为"全国乡村旅游重点村落"，源塘村和孙家畈村被评为浙江省美丽乡村特色精品村。成功创建下姜国家 4A 级景区。累计创建源塘村、桃源凌家村等 7 个浙江省 3A 级景区村庄。另外，大下姜联合体在联合各村广泛开展群众性精神文明创建，每年都通过评选好媳妇、新乡贤、星级民宿，道德模范，立起道德标杆，营造诚信风气，使善风善道的传习机制不断激活，向善、扬善的文化指数不断提升，村民之间矛盾持续减少，关系更加和谐。

3. 产业发展更加兴旺

实施"129"农林产业振兴工程，省级现代农业园区顺利推进，竹林、油茶 2 个万亩产业基地和红薯、红高粱、葛根、中药材、水果、水稻、茶叶、蜂蜜等 9 个千亩产业基地初步建成，产业进一步丰富，增收渠道进一步拓展。2019 年新增杭州书房、姜小馆、咖啡屋、新凯旋、下姜人家等时尚业态，开办"下姜红"纪念品展示馆、大下姜瑶记农特产品体验中心等购物点，招引落户莫之岛生物科技有限公司、下姜妙方农业开发有限公司等规上产业项目类企业 4 家，新增工商资本投资近 4 亿元。

4. 特色品牌更有亮点

持续推进"四种人"首提地建设，建立党建消薄基地。积极开展"下姜感恩日"主题活动，形成"心怀感恩、励志奋进"的"大下姜精神"。继续举办"书记进城卖山货"系列活动，探索建设"书记进城卖山货"品牌馆。成立杭州千岛湖大下姜振兴发展有限公司，开展了"下姜村""大下姜""下姜红"等 320 余件商标注册。此外，招聘职业经理人、入股联营等创新做法在县内外得到推广。

三、经验启示

1. 加强党对乡村振兴的全面领导

2019 年 6 月 25 日，大下姜乡村振兴联合体正式成立，成为我县深化下姜村及周边地区乡村振兴发展的创新载体。大下姜乡村振兴联合体成立同时，淳安县配套成立大下姜联合体党委和理事会，由县人大常委会副主任兼任党委书记和理事长，并建立起一系列工作制度，如党委办公室（工作组）周例会制、大党委（理事会）月度工作交流制、工作督查交办制、专题研究协调机制、列席指导机制，主要负责大下姜乡村振兴的统筹、协调、督查和落实工作，使其成为了乡村振兴的"主心骨"。

2. 发挥市场机制的资源配置作用

充分发挥市场对资源配置的决定性作用，探索了职业经理人制度，建立下姜实业发展公司，在全国率先招聘职业经理人；探索了村庄和企业入股联营机制，为推动大下姜产业发展，大下姜在2020年3月初成立了大下姜振兴发展公司，该公司由枫树岭镇18个行政村合股成立的杭州千岛湖凤林港农业科技有限公司变更而来，同时新公司股东增加大墅镇大墅村、孙家畈村、桃源凌家村、洞坞村四个村，以及大墅镇的杭州千岛湖洞溪农产品有限公司，在助力大下姜联合体在低收入农户消薄及各行政村增收上发挥更大作用。打通"绿水青山就是金山银山"转化通道，牢牢抓住发展生态经济这个牛鼻子，大力推进生态农业、绿色工业、生态旅游业、生态文化产业发展，走出一条附加值高、资源消耗低、环境污染少的绿色发展新路子。

3. 促进乡村振兴成果共治共享

为提高群众参与生态建设的积极性，大下姜强化党建引领，念好支部"堡垒经"和党员"先锋经"。大下姜党员带头发展民宿、农家乐，带头签约撬动500亩农产园，带头入股经营……带头"吃螃蟹"，率先"啃骨头"，党员责任区、党员包干户、党员整治日、产业发展、项目落地、土地流转、纠纷调解等成为党员先锋里的"试金石""练兵场"，用实际行动引领群众自觉参与大下姜生态共治共享。大下姜创新村民入股联营的市场资源共享，让村民的利益与大下姜的利益紧密结合成为一个整体，心往一处想，劲往一处使，实现"你中有我""我中有你"甚至"你就是我"，为大下姜长远发展打下坚实基础。

（供稿：中共淳安县委党校、大下姜乡村振兴联合体）

沈满洪点评：一家富不算富，大家富才是富；一村富不算富，村村富才是富。共同富裕是社会主义的本质特征，乡村共富是实现共同富裕的重点和难点。七任省委书记接续联系的下姜村，率先实现了"小下姜"的共同富裕。是继续一马当先，还是带动周边乡村共同富裕？淳安县委和下姜村党组织做出了明确的选择——成立大下姜联合体，促进区域共同富裕。大下姜联合体是党组织的联合体，原有党组织的功能不变，增设了大下姜党委，进一步加强党对农村基层党组织的领导；大下姜联合体是村组织的联合体，大下姜联合体设立了理事会，进一步加强村级集体经济的功能；大下姜联合体是各村共同富裕的联合体，通过统筹推进经济建设、生态建设、文化建设等实现共同富裕。

第二节　浪川"稻蛙共生"奏响共富乐章

浪川乡素有"淳西平原"之称，土地开阔、一马平川，在以山区县闻名的淳安来说，是难得的沃野良田。优良的基本条件自然也使其成为全县重要的粮食功能区。在非粮化整治前，浪川乡农户多以桑、茶作为主要收入来源，土地的经济效益远高于种植粮食作物。在非粮化和即可恢复耕地整治的背景下，对村集体和农户的土地收益产生较大冲击。转种水稻后如何保证收入不减，是摆在当地政府面前最重要的课题。而面对这一难题，稻蛙共养成了他们最主要的突破方向。

一、实践举措

1. 调研考察，试点种养形成示范效应

2022 年浪川乡一支由村书记、乡干部组成的考察队伍，先后奔赴海宁市斜桥镇、湖州长兴县洪桥镇等地考察"稻＋"生态种养项目。在分析可行性并充分沟通后，在占家村、桃源村和杨家村 3 个村开展"稻蛙共生"项目，试点 30 亩。这三个村的粮功区土地在非粮化整治后，田地由村集体自主流转，面积较大，适合实施"稻蛙共生"项目。

2. 氛围营造，立体培训带来新生活力

（1）紧扣品牌宣传，推动示范传播取得新成效

浪川乡尝试"稻蛙共生"项目，通过乡级微信公众号、淳安新闻、杭州日报、杭加新闻、学习强国等多个媒体平台发布相关信息 20 余篇。

在对外宣传方面创新内容、创新形式、创新方法、创新手段，积极营造"处处可以学、时时能感受"的浓厚氛围，汇聚广泛力量、凝聚巨大共识形成上下互通、横向联合、齐抓共管的"稻蛙共生"大宣传工作格局。

（2）聚焦精准培训，推动种养水平获得新提升

浪川乡以理论学习、实践学习双轨道立体培训机制推动各行政村学习"稻蛙共生"项目技术要点，多次举办"稻蛙共生"示范种养经验分享会，强化技能培训；同时组织辖区内具有种养条件的行政村赴杭州农业推广中心学习理论知识。通过理论实践培养一批领悟种养要点，具备技术能力的"新农人"。

3. 招商引资，扩面养殖形成共富效应

坚持生态优先、绿色发展导向，积极引进杭州千岛湖千选生态食品有限公司、杭州千岛湖稻蛙农业科技有限公司，提高"稻蛙共生"项目"含绿量""含新量""含金量"，持续提升地方经济社会发展的综合质量效益。2023年，浪川乡"稻蛙共生"项目进行扩面养殖，扩面至7个村206亩。截至2023年4月，已经完成建设及投苗工作。

二、实践成效

浪川乡利用农业生态学原理构建稻田蛙、稻生态系统，实现水稻和稻田蛙的生态综合种养，形成"一田双收"的典型生态农业发展模式，实现"1＋1＝5"的良好效果，即"水稻＋水产＝粮食安全＋食品安全＋生态安全＋农业增效＋农民增收"。

1. 巩固提升产能，增产增收

2022年实施稻蛙共养的村集体，黑斑蛙加上有机米的销售，每亩效益能达到11600元，真正实现了"一亩田，千斤粮，万元钱"效益目标，不仅保障粮食安全稳定，还能较好地解决传统农业产业的效益低下问题，实现农民增收、农业增效，助力乡村振兴，实现共同富裕。稻蛙共养的模式，既能在有机稻的种植上保证品质，又能将生态蛙的收益最大化，在循环生态农业发展、保障农民收入、促进乡村产业振兴、保障粮食安全等方面都具有重要的价值和意义。

2. 推进农旅融合，提效增收

打造稻蛙公园农旅融合品牌。利用我乡鲍家村50亩农田发展稻蛙共

养农业，黑斑蛙加上生态米的销售，每亩收入达近 3 万元。同时为了推进农田冬季效益提升，通过打造农业景观点创造旅游观赏带，发展农业景观，促进农旅融合，吸引游客，增加产业附加值，打造浪川稻蛙品牌。深度推进农旅融合，打造"吃住游学"一体的农业农事体验旅游品牌，开发农特产品。建成后，全年带动旅游观光 2 万人次，实现旅游经济收入150 万元。

3. 提高生态效能，拓绿增收

生态振兴是乡村振兴的重要支撑，要走好绿色发展之路，让良好生态资源变成经济发展动能，浪川乡推动"稻蛙共生"，蛙护稻，稻养蛙，"稻蛙共生"是一种循环生态种养模式，蛙通过吃虫，达到防治农作物虫害的目的，它们的排泄物又是天然的有机肥，能够提升土壤肥力。同时，田间生长的水稻又能为蛙生长提供遮阴休息的场所，既提升了农作物品质，又减少了农业面源污染，同时还弥补了传统种植业的单一性，提高了土地的产出收入。

三、经验启示

1. 选址调查工作多方考量

2022 年"稻蛙共生"先行先试的三个村，发展"稻蛙共生"的共性特点：第一，粮功区的土地在非粮化整治后由村集体自主流转，面积较大；第二，基础条件好，流转的土地地势平坦，进水有水源，排水有出路，有利于项目高起点建设；第三，收益较好，干部与群众热情高涨，有利于项目高质量推进。

2. 技术保障工作精益求精

提高综合效益的压力主要来自技术保障，项目前期的技术要求落实落细。

（1）田埂加高加固

田埂加高到 40 厘米以上，捶打结实、不塌不漏。黑斑蛙有跳跃的习性，有时就会跳越田埂。另外稻田时常有黄鳝、田鼠、水蛇打洞穿埂引起漏水跑蛙。因此，必须将田埂加高增宽，夯实打牢，保证坚固牢实。

（2）开挖蛙沟、食台梗、排洪沟

为了满足水稻生产及养蛙生产的需要，或遇干旱缺水时，使蛙有比较安全的躲避场所，必须开挖蛙沟、食台梗、排洪沟。蛙沟、食台梗、排洪沟要在插秧前挖好。

（3）架设围网及天网

为了防止黑斑蛙逃走、鸟类啄食及外物进入，稻蛙养殖场地需要架设围网及天网。围网高度在 1 米左右，分内外两层；天网桩柱需用钢管筑牢，防止台风刮倒，其高度在 2.8 米，方便生产操作。

3. 降本提销工作提前谋划

（1）留种控制蛙苗成本

2022 年引进蛙苗成本为 7000 元每亩，为解决蛙苗成本高难题，浪川乡政府鼓励试点种养村进行留种，2023 年通过前期留种孵化，成本降至 3000 元每亩。

（2）合力助推成蛙销售

成功引进湖北稻蛙养殖技术管理企业，成立了杭州千岛湖稻蛙农业科技有限公司。在 2023 年采用"政府＋企业＋村集体＋N"的模式进行大规模养殖，企业进行技术指导，同时与村集体签订包销协议（不低于 26 元/千克），解决成蛙销售的后顾之忧。村集体为主体，进行种养管理，并探索低收入农户协议入股，从而达到降低成本、保障技术指导、兜底成蛙销售的目的，有利于项目高效率、高标准完成。

（供稿：淳安县浪川乡）

沈满洪点评："人多地少"是中国的基本国情。在百年未有之大变局的背景下，中国的饭碗要牢牢端在自己手中，中国的饭碗要装自己的粮。在解决耕地"非农化""非粮化"过程中，急需突破的是种粮农民的收入问题。淳安县浪川乡实践的"稻蛙共养"形成"一田双收"的典型生态农业发展模式，实现"1＋1＝5"的良好效果，即"水稻＋水产＝粮食安全＋食品安全＋生态安全＋农业增效＋农民增收"。2022 年实施稻蛙共养的村集体，黑斑蛙加上有机米的销售，每亩效益能达到 11600 元，真正实现了"一亩田，千斤粮，万元钱"效益目标。虽然浪川乡的"稻蛙共生"模式尚在进一步探索之中，但是，这种一田多用、循环种养的模式代表的是一个方向。这种探索，值得鼓励、值得肯定、值得推广。

第三节　生态富民的枫林港幸福河湖建设

枫林港枫林港位于淳安县西南，属钱塘江水系，发源于海拔 1525 米的淳安第一高峰千里岗磨心尖，流域总面积 284 平方千米。其中枫树岭镇境内主流长 7.25 千米，河道平均宽 63 米，流经枫树岭、大墅两镇，止于大墅镇栗月坪村入湖口。枫林港流域未整治前，流域水利建设基础薄弱、低收入与坏生态的恶性循环，当地农民生活水平低，无心也无力更无意识去保护水体，生活垃圾等污染物乱丢乱扔，加上家家户户都建有露天厕所，一下大雨，粪便满溢，流入港中，港面上白色、黑色污染物覆盖着，臭气冲天。因此，当时的枫林港又被称作一条污水港、苦难港。

枫林港属淳安县四大流域之一，河水汇入千岛湖，其水体好坏对于千岛湖水质保持具有重要影响。历史上枫林港因其独特地理条件和治理基础薄弱，长期存在水患频发、污染不止、民生穷困的窘境。在人民群众对于幸福生活和良好绿色生态逐渐有更高的追求向往的同时，枫林港沿岸广大干部群众乃至淳安水利人以"两山"理论为指导，开启了迄今长达 20 年的枫林港深度治理之路，以科学规划态度、励精图治恒心和以人为本理念，逐步修筑成今日民众福祉得以维系之幸福港。

一、实践举措

1. 领导重视，科学规划

自 2001 年开始，先后七任浙江省委书记张德江、习近平、赵洪祝、夏宝龙、车俊、袁家军、易炼红先后到枫树岭镇下姜村蹲点联系，他们对枫林港的环境治理、水利建设、生产发展等进行了全面的指导和帮助。县委、县人民政府以及枫树岭、大墅两镇及水利、林业、环保、农业等部门高度重视和密切配合，全面科学地制定了建设治理枫林港的方案和举措。

2. 大兴水利，凸显成效

为确保人们群众生命财产安全和农田保收，淳安县生态综合保护局

（淳安县水利水电局）会同枫树岭、大墅两镇经过深入调研和科学规划，将沿岸土地较少、植被较好的共计40千米长的河段进行原生态保护，严禁开发和建设；对其余河段则从2001年秋冬开始，全面铺开水利基础设施建设，通过十余年的奋力拼搏，已建成4—5米高的防洪堤，总长达56千米。与此同时，通过枫树岭镇建设生态水电工程，建造17座梯级水力发电站，总装机容量达57510千瓦，发电量占全县49％。使水资源充分得到开发利用，产生了效益最大化，而且调节丰水期和枯水期的水量分配，起到了防洪抗旱的重要作用。

建成水利设施和水电站之前，枫树岭、大墅两镇每年都有道路、农田、房屋被洪水冲毁，老百姓遇大暴雨就要逃洪。枫林港水利设施和小水电站建成后，洪水造成灾害逐年减少，从2010年起两镇再未出现道路田屋被冲毁或人员因涝伤亡事件。

在确保枫林港两岸群众生命财产安全基础上，勇于开拓、一心为民的淳安水利人又想方设法把枫林港的水变得更清更美。近年来，县政府先后投入5.6亿元，会同枫树岭、大墅两镇对枫林港生态水利进行了再建设、再升级，建成了景观堰坝一座，56千米的河岸绿化，亲水平台66处，为水电站增设了生态流量机组，并投放了各类鱼苗，使枫林港的水始终清澈见底，看水玩水成为枫林港一道靓丽的风景线。

3. 绿化造林，保护生态

自2012年春季开始，枫林港开始连年大规模绿化造林、封山育林、退耕还林活动，迄今总面积达25万亩，在严禁乱砍乱伐的同时，农民生活用火从烧木柴全部改成用煤气。自此，原来的荒山秃岭迅速变绿变美，长成郁郁葱葱的林木。茂盛的森林植被不但减少水土流失、涵养水体，而且净化空气、美化环境。造林护生态的工程至今仍在进行，2022年又投入约500万元在水土保持项目上，以保持枫林港流域水土面积在高水平范围。

4. 全面治污，净化水质

为长久保持枫林港良好的生态，县、镇、村三级下大决心治理污水，群策群力，对枫林港流域1万余座露天厕所全部拆除，改造成标准卫生间。两镇先后关停重污染的采沙场、纺织厂等十几家企业，同时流域内农户生活污水统一进行截污纳管集中处理，经过200余座终端污水处理设施净化后才允许排入港中。仅截污纳管这一工程，两镇累计投入达到了1.5

亿余元。

5. 长效治理，高效管护

枫林港已建立起三级河长制强化管理措施，落实责任，由于枫林港水质对千岛湖水体有重要影响，由县委书记亲自担任枫林港的河长，经常到枫林港来巡查、督查，县委书记亲任河长的模范行动，使得镇村两级分段的河长管理检查的更加到位。为将"短期治水"转变为"常态治水"在制定常规河长考核时，已明确河长巡河符合要求，问题处理及时，河长牌信息更新及时，河长电话畅通等职责；同时编制有具指导性和可操作性"一河（湖）一档""一河（湖）一策"。专项检查、日常保洁、水政执法等河湖日常管护机制已建立并落实到位。在此基础上枫林港流域建立具有针对性的考核机制，通过周期性联动考核，跨区域流域共同治理，数字化监测等方式对枫林港进行长效治理。

二、实践成效

如今的枫林港找不到一个污染企业，没有一处污水直排，既无白色污染，又无黑色污染。枫林港的水质检测常年达到Ⅰ级水体标准，为千岛湖保持Ⅰ级水体发挥了重要作用，枫林港也先后在 2017 年获得最美家乡河荣誉，成功创建 2021 年度下姜小流域国家水土保持示范工程（生态清洁小流域）。

1. 生态农业迅速发展

枫林港通过建设整治，已拥有一流的生态环境，枫树岭、大墅两镇抢抓机遇，借助绿水青山做好生态文章，迅速建成既有观赏性又实惠高效的生态农业，如成片规模种植白茶、油菜、菊花、桃树等农作物，三个"一千亩"的彩色生态高效农业基地造美了沿途景观，造就了农民致富，形成了四季有花、四季有果的农业大景观，建设了多姿多彩的田园大风光。地处枫林港流域枫树岭、大墅两镇农民人均纯收入从 2001年的 2000 元左右，分别增加到 2022 年的 36757 元和 32381 元，其中下姜村农民年人均可支配收入从 2001 年的 2154 元提高到 2022 年的 48818元。

2. 乡村旅游迅速兴起

枫林港流域美丽的田园风光和乡村气息连成一线，吸引了众多国内外游客到来体验绿道骑行、垂钓、果园采摘等。下姜村 2015 年成功创建国家 3A 级景区，2020 年顺利通过国家 4A 级景区验收，此外当地还有枫树岭村、薛家源村、桃源凌家村等 7 个村也已成功挂牌浙江省 3A 级景区村庄。2022 年，大下姜区域接待游客 72.75 万人次，其中仅下姜村就接待游客 40.95 万人次，实现旅游收入 6565 万元。随着枫林港乡村旅游业的兴起，民宿民居、农家乐如雨后春笋般的建起，截至 2022 年仅下姜村就办起 40 家民宿民居、农家乐，床位达 760 张。

3. 招商引资迅速推进

多地客商都被枫林港流域一流的生态环境和两镇优越的软环境所吸引，纷纷到这里来投资建设。当地先后建成了兰纳农业、品夫农业、丸薪柴本、青林科技等农业园区、农场和农业专业合作社等 71 家，招商引资达 20 多亿元。这些高效生态农业的发展，使两镇近两万亩土地流转，进行规模高效经营，当地农民被流转的土地不但每年可以拿到 800—1250 元的租金，而且每月到农场工作还可以领到 3000—4000 元的工资，比农民自己经营收入要高出 1 倍多，而且这些高效农场的年亩产值达到 1 万余元，实现了投资商和当地农民双富双赢的格局。

4. 水生态文化迅速掀起

枫林港的干部群众已走出一条保护生态环境的致富经，随着生活水平的不断提高，文化的氛围也不断浓厚。近年来，节庆活动一个接一个，下姜民俗文化节、红高粱丰收节、"墅上花开"田园音乐节、艾草文化节等都颇有乡土气息文化氛围，充分展现了枫林港水文化的独特魅力。凭借优异的水环境，枫树岭镇 2022 年获得杭州市水美乡镇的荣誉。

三、经验启示

1. 坚持流域共治是河湖治理的重要保障

幸福河湖建设是一个系统的工程，其流域往往涉及众多地域、涵盖多个行政层级。以枫林港为例，这里位于对千岛湖整体水质有重要影响的重要区位，跨越枫树岭镇和大墅镇两个乡镇和数十个行政村，倘若没有各级政府领导的高度重视和协调、没有两个乡镇之间通力协作、没有县、镇、村三级护水护林人员们合理分工并相互配合，难以取得今日枫林港绿水青山的治理成效。

2. 贯彻以人为本是生态综保的重要原则

枫林港幸福河湖的建设中坚持以人为本、改善民生的原则，以流域生态资源的合理配置所产生的人居环境改善等来调动群众保护生态、治理污染的积极性，以生态文明建设为切入点，改善生产条件，充分发挥各类生态资源综合利用效率，从而实现农村经济持续协调发展，提高农村生产力和生活水平。

3. 推进绿色发展是共同富裕的必由之路

枫树岭镇和大墅镇并没有止步于把枫林港创建成幸福河湖，而是以绿色为底色，大力推进绿色发展，扎实做好生态农业和乡村旅游等文章，并积极探索大下姜乡村振兴联合体共富模式。环境好起来，腰包也鼓起来，老百姓从综合保护中得到更多的获得感，枫林港才真正打造成为让河岸百姓们都认可的幸福港。

（供稿：淳安县千岛湖生态综合保护局、枫树岭镇、大墅镇）

沈满洪点评："幸福河湖"四个字就充分说明了下列几点：第一，党是领导一切的，各级党委和历届党的领导坚持"一任接着一任干"的接力棒精神，持续推进幸福河湖建设，尤其是七任省委书记联系下姜村，二十多年如一日，终于梦想成真。第二，党的根本宗旨是为人民服务，为人民服务的目的是让人民幸福安康。枫林港幸福河湖建设，以流域综合治理和生态环境治理为手段，以生态环境安全和生态环境审美为基础，以生态产品价值实现和生态产业健康发展为目标，真正实现了以绿色为底色的高质量发展。第三，由于党的领导的坚强有力，该流域不仅让群众共同享受到绿色福利，而且通过大下姜党组织建设，积极探索共同富裕的新模式并取得成效。

第四节　唱响乡村振兴"椒响曲"

威坪镇地处浙江省杭州市淳安县西北部，地域面积 201 平方千米，辖 35 个行政村，曾先后获"浙江省特色农业强镇""浙江省农产品安全卫士先进单位"等称号。随着"共富工坊"模式由单纯的共享农场式向农旅融合式转型,威坪镇本土资源"高山辣椒"生产的"威酱"广销海内外,不仅让当地村民实现了就地增收,还带动了其他农产品的连带销售,乡村振兴、产业共富的"椒响曲"随之奏响。

一、实践举措

1. 立足本土,瞄准特色

威坪酱是威坪镇本地的特色农产品之一,一直以来都是当地最有历史文化、最有乡愁、最有群众基础的乡土食品。为突出当地特色农产品的品质优势、发扬当地文化,打造适合自身的、有显著特色的、有高附加值并且被市场认可的乡村产品,2021年以来,威坪镇深入推进"民呼我为"主题活动,与党员、村民代表深入交谈,共商共谋,积极寻找解决办法和发展出路。最终,创新性地提出了"1+1+1+X"威酱产业发展思路。

2. 多措并举,打造品牌

2021年5月,威坪镇积极推动"威酱坊"与威坪镇洞源村签订辣椒种植收购保底协议、签订原料酱采购协议,即由村集体或农户主体进行辣椒种植,待辣椒成熟后,村集体集中按照市场价和保底价出售给企业形成利润。在此期间,威酱坊提供全方位种植技术,确保辣椒种植质量和产量。同时,镇政府配套辣椒种植补助政策,按照0.6元/千克标准补助奖励兑现给村集体,大力支持、推广高山辣椒种植。同时,为统一标准,推动品牌化发展,该镇统一采用"威牌"标识,借力"千岛农品"大品牌,融入千岛湖得天独厚的生态和文化价值当中,提升辨识度、吸引力以及影响力。利用"乡镇酱产业品牌+酱观光工坊+新媒体网红直播"融合方式,利用线下展销+线上直播平台、小程序销售,快速打响了品牌市场,远销省内外。

3. 共富联营,融合三产

走共创共富路线,不仅需要带动威酱产业连村连片发展,还需做好"辣椒+"文章,农旅结合,带动威坪老百姓致富。威坪镇结合威酱坊产地、辣椒园、威坪镇桑果演义农产品展示馆,打造了一处"红色研学基地",发布参观"威酱"源头生产链、品尝原酱、体验农事活动的观光路线,利用火红的辣椒、辣椒酱产业,让游客们接受传统农耕文化的熏陶。

同时，大力推动洞源村"美丽乡村精品村"的打造，将村庄沿途的蓬里瀑布、松林涛声、方腊洞、青溪龙砚原址等自然人文景观串联成 10 千米长的银杏主题景观带，同时积极开发峡谷探险基地，让游客始于"威酱"，终于美景。2022 年以来，洞源村接待游客 1 万余人，销售农特产品 5 万余元，民宿收入 20 余万元，村集体经营性收入突破 40 万元。

二、实践成效

1. 村民种植意愿明显提升

"威酱"产业的发展，破除了高山土地闲置、抛荒、低产，各村农业规模小而散、发展缺特色、创新无思路等难题。同时，相比山核桃、蚕桑等传统农业产业而言，大大降低了劳动强度，安全性高、周期短，收益可观、土地利用机动性强、可持续性强，让村民的种植意愿得到了明显提升。

2. 农品产值明显提升

为提高辣椒产量产值，威坪镇通过盘活闲置土地，"腾笼换鸟"扩大种植面积，以洞源村的红火发展吸引西山村等周边村庄加入规模化种植队伍，并推进生姜、大蒜、黄豆等制酱原材料的联动种植，促进村集体、农户增收。主动寻求大墅镇党委政府和淳安县农业农村局帮助，经多次试验后确定种植"美人椒"等高产品种，使亩产提高了 30%，并在全镇逐步进行推广。以洞源村为例，2021 年，该村整合低产高山耕地，改种辣椒 100 余亩，共售卖辣椒 8 万余斤，为村集体增收 32 万元、农户增收 25 万元。2022 年，该村又与"威酱坊"签订合作协议，每年供应高山辣椒不少于 10 万斤。

3. 品牌价值明显提升

产业的发展需要塑造品牌，品牌的核心重在塑造价值。作为一款地方特色产品，地域性是重要的识别标签。说起威坪镇，大家经常会强调"威"字。因此，酱的品牌被命名为"威酱"，并围绕"威"这个字大做文章。一是在产品的包装和物料上，将"威"字放大成最核心的符号，形成了超强识别，让消费者一眼记得住、记住忘不了、下回还好找。二是为增强品牌的文创与互动性，根据威酱坊掌柜的形象，创作出"酱小哥"IP 形象，带活品牌特征，也为打造"酱小哥"网红形象做铺垫。三是打造创意酱坊，采用"前店后坊"的形式，后面的作坊用于生产，前面的大厅用于产品销售、顾客体验、文化展示等，让消费者不仅可以看到酱坊真材实料的熬制过程，还能参观和了解酱坊的态度与文化，更大程度上促成购买。四是除在本地深加工，定位中高端市场之外，"威酱"目前已经和宁夏、内蒙古、江西等多地企业谈成合作，输出本地特色原酱，运到当地，结合当地食材进行"深加工"，实现了威酱品牌的输出。

三、经验启示

1. 创新模式，可复制、能推广

"1 + 1 + 1 + X"威酱产业发展新模式，有效整合了政府、村社、村民、企业的资源优势。第一个"1"即由镇政府牵头，联合第二、第三个"1"即行政村＋企业"威酱坊"共同推进村企合作，成立相关公司（主体）。政府出政策、提供品牌和技术支持；企业出标准、工艺和市场渠道；行政村组织"X"即土地、农民工人参与辣椒种植、原酱制作。"1 + 1 + 1 + X"威酱发展新模式已复制到与洞源村、河村、贤茂等13个具有相关条件的村，为新增辣椒种植面积、新增原酱产值提供了一定的基础，也为下一阶段在全镇各村及浙皖产业联盟十乡镇推广积累了工作经验和群众基础。

2. 产品联动，有规模、多渠道

借助威酱产业发展的经验模式和销售渠道，鱼干、火腿、笋干等多种"不起眼的"当地特色农产品也随之"身价倍增"，联合"威酱"一起，组成"特色年味礼盒"进行销售。迄今，已上线"威牌"农特产品60种，涉及手工零食、家禽肉类、山野果蔬、粮油谷物、健康茶品等多个品类，形成了较好的规模效应。

3. 专业团队，能谋划、会营销

"新型"威酱这棵"梧桐树"的栽下，离不开专业人才团队的智力支持。秉持着"只有将本地人才培训出来，乡村人才振兴才能获取持续源动力"的理念，威坪镇联合威酱坊对本地人才开展了多方面培训。在生产制造上，培训村民按全新的口味、配方和质量要求，标准化种植、生产和制造威酱。在营销模式上，瞄准流量带销量的网红直播带货模式，搭建乡村网红培训基地和直播平台，为威酱坊员工和当地村民提供专业培训，培育出多批懂经营、会营销的新农人，助力销量上涨。

（供稿：淳安县威坪镇）

沈满洪点评： 如果仅仅生产和销售初级农副产品，农民获得的只是微薄利润；如果把生态农副产品进行深加工并形成品牌，则可能形成共富效应。威坪镇利用本土资源"高山辣椒"生产的"威酱"广销海内外，形成乡村振兴、农民共富的"椒响曲"。该案例的三条经验均弥足珍贵：一是模式创新，发明了"1+1+1+X"威酱发展新模式，有效整合了政府、村社、村民、企业的资源优势。二是产业联动，以"威酱"为龙头带动手工零食、家禽肉类、山野果蔬、粮油谷物、健康茶品等"威牌"农特产品60余种，形成显著的品牌规模经济效应。三是专业化分工。分工导致专业化，专业化可以大大提高效率。威坪镇采取"让专业的人做专业的事"，产生的"小辣椒""大威力"的"威酱"声誉。

第五节　直播产业助农增收"云"共富

2017年以来，淳安千岛湖旅游集团有限公司（简称"千旅集团"）立足于集团自身产业优势，通过农旅融合产品的打造提升，不断为乡村、企业、农户搭建平台、输送资源、创设品牌，构建专业电商公共服务平台，截至2022年底总计交易额达到9650万元，带动景区、民宿、乡村游收益突破800万元，全力以赴扛起"建设生态共富，展现国企担当"的政治使命。

一、实践举措

1. 整合资源，持续深化农旅融合

创新推出"周游千岛湖，踏青去百源"系列旅游活动，立足本土乡村旅游，以主题新、路程短、收客精为特点，结合每个村镇特色和时令节气，每周推出一个"乡村游"主题如"浪川荷塘寻夏游""姜家采茶寻宝游"等，带动周边农家乐人气提升的同时，也激活了景区景点旅游活力，帮助农户、企业增收。

策划推广研学游、红色游、观光游、休闲游等，与浪川、姜家、枫树岭等乡镇开展合作，具体对接服务特色乡村游景点，策划推出了"当一年农民，交一户农民朋友"的主题活动，以"游客＋农户"的认亲结对模式，建立起客商之间的良好沟通平台，为乡村旅游搭建新的发展之路和增收平台，也对如何"将绿道经济进行到底"做更深层次的实践。

搭建电子商务公共服务平台，对接淳安各大景区景点、乡村民宿、村集体合作社等，以"云游千岛湖"官方频道为载体，"云直播"体验旅游，传递各个景区景点以及乡村的自然景观和风土人情。此外，开设"吃喝玩乐在淳安"抖音号等新媒体账号，用生动有趣且富有吸引力的短视频吸引游客打卡体验，打造本土网红景点项目。

2. 借势 MCN，打造本土网红直播间

2020 年以来，千旅集团积极与杭州 MCN 公司开展合作，尝试培育网红直播地，大力发展"线上带货、网红直播、网红孵化"业务，已初步打造形成淳安县电子商务公共服务直播平台。

（1）建立共享直播间

根据直播场景及直播业务版块区别，目前已完成水之灵网红直播间、流动直播间以及"寻味千岛湖"共享直播间三大直播间的搭建并常态化运营，直播内容囊括了千岛湖旅游景点、线路推介，特色农家乐、民宿、酒店推广，千岛湖睦剧、竹马等非遗文化传承以及农特产品销售等。

（2）打造网红直播队伍

通过举办网络直播千岛湖旅游讲解、最强营销员等竞赛，挖掘集团内部直播专业人才，打造一支有爆点、带流量的直播队伍，形成传帮带风气，不断增强直播营销队伍战斗力。孵化集团达人营销矩阵，培育拥有万人级粉丝的员工抖音达人 13 人、千人级粉丝的员工抖音达人 101 人，开展抖音直播 510 余场、达人探店 4300 余人次，累计浏览量达 9000 余万人次，销售订单 48000 单，助企增盈 730 余万元。

（3）开设直播培训课程

通过与杭州 MCN 平台机构的顶流媒体数字公司进行战略合作，由其安排专业培训老师开展网红直播培训，免费培训全县有意愿参与电商直播的各行业从业人员，储备一批人才，以此打造集旅游推介、农特产品推广等于一体的网红直播培训平台。

3. 把脉问诊，电商培训送教下乡

主动对接有电商培训需求的乡镇，制定每年电商知识助农行动计划。将当下最火热、最新潮的互联网营销方法带给返乡从事电商创业人员、有从事电商意向的农户等，并给予一对一的精准指导，问诊把脉电商难题，确保电商下乡培训可操作、有成果、出实效。

（1）直播助企问诊纾困

自 2017 年以来，千旅集团已为全县大中小型企业提供免费直播平台和直播服务 1200 余场次，以"强互动、刷体验、提热度"的直播模式，挖掘特色亮点，以爆款突破销路，增大流量，减轻企业库存压力，帮助企业应对因新冠疫情带来的经济下行等影响。

（2）直播助农振兴乡村

通过"造节"来带动消费热潮，帮助农户消薄增收。每年通过开展新春年货节、春季枇杷节、夏季黄桃节及玉米节等特色农特产品节，紧跟网络直播带货热潮，进行多个专场直播帮助农民销售农特产品，并做好后续物流、售后、咨询等服务保障，确保农特产品上行的"最后一公里"。

二、实践成效

1. 农旅融合开设旅游新业态

深化"农旅融合"以来，以电商公共服务平台为载体，致力于整合千岛湖当地的农业和旅游业相关资源，运用新媒体运营方式，实现资源方和渠道方的信息无缝对接，并通过全集团 1600 余名"全员营销员"的推广营销，由此唱响了一曲"农旅融合"之歌。据统计，自 2017 年至今各项经营性指标都取得了较大幅度的增长。其中，电商公共服务平台交易额9650 万元，平台已入驻供应商 215 家，分销商 160 家。2020 年以来"周游"等系列游活动带动景区、民宿、乡村游收益突破 800 万元。

2. 直播带货开创流量新亮点

2020 年，水之灵网红直播间、流动直播间以及寻味千岛湖共享直播间三大共享直播间已经建成并投入使用。截至目前，共计直播带货服务的农特产品种类超过 200 种，景区景点、民宿酒店等旅游产品超 90 余家，各类企业特色产品 60 余种，带动收益突破 3000 万元。其中值得一提的是农产品销售取得多个大捷，单日销售农产品白枇杷约 2500 千克、黄桃 15000 千克、汾口大米 10000 千克等突出成果，形成"公司搭台、果农唱戏、助农增收"的良好局面，也在市场上赢得了口碑。同时，旗下多名主播荣获"杭州·浙西文旅首席推荐官"；"建行杯"浙江省首届巾帼村播人赛优秀奖等荣誉。

3. 电商培训开启创业新模式

自 2017 年开始，千旅集团不定期组织党员青年送电商知识下乡，为农户讲解线上直播操作技能，协助开展保鲜、打包、物流等环节指导培训，协助对接县外客商，共计开展服务 100 余次，服务农户 6000 余户，培训 80 余次，受训农民 16000 余人，成功培育像"鱼妈妈"等互联网农产品销售达人 100 余人。

三、经验启示

1. 坚定以市场为导向

无论是旅游市场还是农产品销售市场，发展和变化均十分迅速。传统的卖方市场占主导的模式已经一去不复返，取而代之的是买方市场，重视顾客反馈和体验的要求越来越高。

（1）转变传统营销思路和模式

"授人以鱼不如授人以渔"，助农策略也应以市场为主导，要为农户搭建好可持续发展的供销平台。及时应对市场变化，线上、线下营销灵活切换。

（2）实现行业联动和合作

以旅游业为主脉络，串联带动农业、农村、农户，发动全员营销，盘活零散资源，实现"N + N = N²"，并采用线上线上双渠道，运用"直播带货"新模式，实现流量变现。

（3）形成统一对外官方形象

进一步规范千岛湖直播平台运营，通过官方代言、主要领导打卡等方式，树立千岛湖乡村旅游、农特产品等良好优质的品质形象。

2. 坚持以产品为中心

产品是企业的核心竞争力，是发展的根基命脉。把握好产品的质量安全、定位好产品的消费群体，有利于扩大产品的影响力和竞争力。

（1）丰富产品目录

立足企业实际，紧跟市场需求，推出如"周游"系列等多种旅游产品。帮助乡镇提炼产品特色，丰富产品类目，打造具有乡镇个性特色的品牌产品。

（2）挖掘产品二次消费动力

以集团旅游产品＋其他县域旅游产品＋农特产品的带动模式，提高不同景区景点及特色农产品的销售量。

3. 坚决以人才为保障

人才是第一资源，是发展的第一要素。把握好人才队伍的建设是开始一切工作的重要出发点。经过引进直播人才，建立直播培养机制，开展直播人才梯度职业规划等，建设了一批以直播助农助企为使命的专业直播队伍，不仅为企业经营创造了更多的流量转化，还为乡村振兴贡献了国企智慧和力量。

（供稿：淳安千岛湖旅游集团有限公司）

沈满洪点评：农民的比较优势是农产品的"种"，比较劣势是农产品的"卖"。淳安千岛湖旅游集团有限公司通过农旅融合产品的打造提升，不断为乡村、企业、农户构建专业电商公共服务平台，自觉扛起"建设生态共富，展现国企担当"的政治使命。该公司以"云游千岛湖"官方频道为载体，实现"云直播"体验旅游。而且，与杭州MCN公司合作，尝试培育网红直播地，大力发展"线上带货、网红直播、网红孵化"业务，实现了农民、平台、公司共同增收致富的效果。该案例的宝贵经验有二：一是国有企业承担共同富裕社会责任，但仍然坚持市场在资源配置中发挥决定性作用；二是创新营销方式，开展"直播带货"业务，而本底是依靠淳安县优质的生态环境。

第六节 依托生态底色打造艺术小镇

梓桐镇位于淳安县中西部，素有"书香梓源、文佳故里"之称，是淳安县唯一的杭州市"市级民间书画之乡"。近年来，梓桐镇党委政府深入贯彻习近平生态文明思想，紧紧围绕淳安县特别生态功能区建设目标，坚持"绿水青山就是金山银山"发展理念，统筹推进山水林田湖草沙综合治理，不断夯实生态本底，争创人与自然和谐共生示范。全镇森林覆盖率达87.02%，乡镇断面水质保持Ⅱ类及以上水质。完善产业布局，大力发展书画研学艺术产业，每年吸引大学生等群体1万余人开展写生研学活动，年均带动村集体和村民增收1600余万元，助推艺术小镇高质量发展。

一、实践举措

1. 造浓氛围，环保理念不断提升

通过"线上+线下"方式全方位打造环保宣传矩阵。承办2022年淳安县"保护母亲河日"主题活动，联合姜家镇、界首乡开展龙泉溪"流域共治"活动，开展垃圾分类"八进"活动、"世界水日、中国水周"、植树造林和保护生物多样性等环境保护主题宣传活动，发动党员干部、民间河长和护水志愿者等持续开展"全民护水"行动。相关活动获得浙江卫视、浙江新闻、杭州电视台、都市快报等省内主流媒体报道。结合艺术小镇特色，邀请本地农民画家绘制垃圾分类、五水共治等特色墙绘，营造保护环境全民知晓全员参与的良好氛围。

2. 完善设施，保护能力不断增强

完成集镇零直排示范街、叶家庄村污水零直排村创建、24个沿湖沿溪污水终端提升改造和未受益农户"两黑三灰"治理项目。开展梓桐源流域综合治理项目，投资1600余万元完成流域治理总长3.92千米，重建河堤护岸3.4千米，新建水泥仿木栏杆830米以及下河台阶等其他配套设施。完成梓桐源入湖口生态浮岛建设，与浙江理工大学等高校开展合作，在湖面内湾浮岛种植水芹菜等农作物，不使用任何化肥农药，只吸收水体中氮磷来支持农作物生长，从而达到净化水质目的。启动亚运沿线垃圾分类集中投放点提升改造，打造"景观式"投放点。完成垃圾中转站、资源化处理站设备更换和标准化建设。

3. 建章立制，监管体制不断完善

构建镇村站三级运维管理制度，探索乡镇治污运维高效模式，乡镇运维站负责全镇治污运维清理、问题整改及设备维护等，镇村负责治污运维

日常监管、问题交办整改及运维公司考核，确保农村治污设备能用管用、运维体系高效运转。今年污水终端出水水质达标率达94%以上。建立镇村两级巡河制度，推出巡河问题处置流程，明确巡河次数保证频率，监督河长制履职到位。2023年1—5月，镇村两级河长开展巡河200余次，处理河道垃圾等问题100余起。

二、实践成效

1. 坚持生态优先

招引杭州文佳农业观光有限公司，全速推进"万头羊场"项目。该羊场采用全程机械化数字化技术，实现环境调控、自动饲喂、粪污处理和臭气消除等环节自动化、智能化，同时收购周边村民秸秆用来喂养湖羊缓解秸秆焚烧问题，用羊粪发酵生产沼气与温泉酒店形成互补，打造以羊文化为主题的喜羊洋温泉酒店。启动梓桐源入湖口生态缓冲带建设，划定梓溪村慈溪自然村108米高程线以下为生态缓冲带，总面积约为178.5亩，新建界碑界桩、隔离带3.8千米，通过生态护坡和水生植物种植方式修复生态面积53.27亩，打造集生态价值和社会效益于一体的生态湿地。

2. 加快绿色发展

通过改建利用闲置物业楼、闲置农房、废弃牛栏猪棚等区域，盘活土地668亩，建成府前街书画院、梓桐艺术馆、蚁巢艺术馆、黄村写生基地、汽车主题公园等场馆在内的"两院两馆两园两地"艺术阵地，建成"我们的日子"百姓艺术IP，并招引发展书画写生、研学培训、婚纱旅拍等一批艺创产业。盘活沿溪老街等一批闲置资源，用于建设推进斫琴工坊、新安文化陈列馆、梓桐文创街区项目，加快推动多类型文旅基地落地，形成"文创＋旅居＋运动"三位一体产业发展，年均带动村集体增收110余万元、带动村民增收1500余万元。"汽车运动村"梓溪村、"汉字水墨村"黄村村成功列入2022年杭州市首批共富村，梓桐镇书画产业共富带获得2022年杭州市首批共富带。

3. 实现和谐共生

积极推进小微水体整治，通过引入活水、种植水生植物和养鱼等多种方式提升小微水体水质，同时建设游步道、廊桥、凉亭等景观设施，打造村民亲水休闲胜地。分批实施沿湖沿溪终端提升改造，开展中水回用项目，引导广大居民做好垃圾分类工作，减少入河污染，实现乡镇断面水质自动监测，全年保持Ⅱ类及以上水质。试点生态浮岛脱氮除磷项目，通过种植水芹菜吸收水体中氮磷元素，同时还能为鱼类繁殖、鸟类栖息等提供场所，保护生物多样性，实现人与自然和谐共生。

三、经验启示

1. 组建生态环保管家队伍

整合村级事务员组建镇级环保督导员队伍，通过"自主报名+各村推荐"方式产生队员，优先选用工作能力强、有责任心、懂电脑手机基本操作人员，负责各村生态环保工作。每月定时组织各村环保督导员开展知识讲座、外出学习、经验交流等多种形式业务培训会，提升环保督导员业务水平，提高履职能力。同时完善队伍考核机制，制定考核办法，将工作成效与工资奖金挂钩，实行奖先惩后制度，激发队伍干事创业热情。

2. 实施月评月比制度

将生态工程纳入梓桐镇"五大工程"月评月比体系，每月由分管领导带队赴各村开展治污运维、垃圾分类、清洁乡村和河长制等月度检查，发现问题现场予以指导并及时交办整改，形成问题闭环管理。依据检查情况严格按照评分标准对各村进行打分评比，实行"红黑榜"制度，得分情况纳入镇对村年终综合考评，作为个人评优评先和次年安排各村项目资金的重要依据。同时连续两个获得黑榜的，由包村干部和村书记做专题分析和表态发言。

3. 开展找寻查挖行动

依托生态环保管家队伍，每月动员各村开展"找寻查挖"自查自纠行动，结合生态环保七张问题清单、省级生态环保督察在线等工作，根据生态环保督察和长江经济带生态环境警示片涉及浙江省主要问题清单重点排查整改水污染问题、垃圾固废处置问题和农业面源污染问题等九大类问题。2022年已完成省级生态环保督察在线问题报送20个并按期完成销号。今年以来，已累计发现各类生态环保问题110个，完成整改108个，整改率达98.2%。

（供稿：淳安县梓桐镇）

沈满洪点评： 生态环境与文化艺术具有天然的联系。没有优质的生态环境，就不可能发展文化艺术事业。如果没有当时富春江优质优美的生态环境，黄公望先生就不可能创作出举世闻名的《富春山居图》。梓桐镇遵循自然发展规律、社会发展规律、经济发展规律，以生态环境保护为基础，奋力打造艺术小镇，实现了人与人、人与自然、人与社会的和谐协调。梓桐镇的做法完全符合全体人民共同富裕的现代化、物质文明与精神文明相协调的现代化、人与自然的和谐共生的现代化等中国式现代化建设的基本要求。

第七节　"百村万亩亿元"产销共同体共富模式

农业产业是淳安县农民收入的主要来源。如何破解"八山半水分半田"的土地资源、农村劳动力结构失衡等制约助力农民增收，淳安县在"冬闲田"上作出探索，走出了一条"党委政府 + 企业 + 村集体 + 农民"四方合作的共富新模式。2022 年 11 月，淳安县和明康汇集团达成战略合作协议，按照"计划共谋、标准共定、基地共建、产业共推、品牌共塑、村企共赢"的目标，以"冬闲田联农共富"项目为突破，构建"种植、加工、销售、品牌、信用"产业体系，打造"百村万亩亿元"产销共同体，将千岛湖畔的"好风景"真正转化为"好'钱'景"。

一、实践举措

1. 突出组织保障，打通政企合作堵点

全县统筹推进，成立由分管县领导任组长的产销共同体建设领导小组，建立高效协同的专班工作运行体系，通过定期例会研讨会商、专班协调跟进、属地乡镇跟踪落实，充分发挥县、乡、村三级"桥梁、纽带、协调、服务"的作用，破解政企合作中项目落地、种植布局、产销对接、品牌赋能等堵点。并通过注册一家明康汇分公司、建立一批优质农品基地、建设一座生鲜分拣中心、打造一个千岛农品窗口、成立一支专家技术团队、探索一类联结共富机制，创新打造"六个一"产销平台，推进产销共同体任务落实。

2. 开展集约经营，破解产销协同难点

依托明康汇的生鲜销售大数据信息，及时发布收购计划，村集体和农户根据订单明确种植品种、种植规模、分批种植时间等组织生产，让市居民升级消费需求，快速链接到"冬闲田"。制订生鲜产品供货标准，联动企业、市县农业农村部门和浙江省农科院蔬菜所组建技术专家团队，向各村派出常驻技术员，强化种植、培管、采收、加工、包装、物流关键环节技术指导，确保供货农产品品质稳定和质量安全，增强种植信心。实施"供货价格统一磋商、包装箱框统一提供、冷链运输统一配送的"三统一"机制，由明康汇兜底收购，实现产出即销售，让农民真正敢种、会种、愿种。

3. 推动衍生扩面，打造农民增收新点

在大墅镇孙家畈村首批试点建设的基础上，全县扩面推广，规划建立"百村万亩"明康汇生鲜及标品供货基地，未来 3 年内将建立蔬菜基地 1.2 万亩。深化与明康汇战略合作，探索产业联农带农新机制，实施"百户万羽溜达鸡"增收行动，落地 60 万亩明康汇蛋鸡养殖项目，辐射带动农户林下养殖增收。同时，授权明康汇使用"千岛农品"区域品牌，推动"千岛农品"销售专区在杭州 300 余家明康汇社区店布局落地，将合作产品由生鲜品延伸至千岛湖茶、山核桃、淳安酱、山茶油等特色农产品，进一步拓宽农民增收渠道。

二、实践成效

1. "冬闲田"变效益田，农业产业化进程加快

产销共同体模式充分利用冬季闲置田地开展订单农业，在生产端提供技术指导，在销售端进行品牌赋能，两端双向发力，并通过规模流转推动机械化种植，发挥冷链运输统一配送优势，降低了生产和物流成本，提高了亩均效益。2022 年，全县"冬闲田"利用面积 4308.7 亩，亩均产值 3800 元，总产值 1637 万元。

2. "冬闲田"变增收田，增收渠道不断拓宽

产销共同体模式通过村集体统筹种植、明康汇集团按照保底价结合市

场价浮动定价收购，以销定产，以销惠农的模式，实现村集体经营性收入增长，农民家门口就业增收。以大墅镇孙家畈村产销共同体基地为例，利用冬闲田种植蔬菜 150 亩，总收入约 60 万元，村集体增收 34 万元，产生劳动力用工 2260 人，发放劳务费 26 万元。

3. "冬闲田"变"品牌田"，品牌影响力持续提升

"冬闲田联农共富"项目露天种植越冬蔬菜，打出"生吃也清甜"的口号，成功推出"霜打菜"品牌 IP，扩大了"千岛农品"的品牌影响力，将千岛湖优越的生态条件转换为实实在在的产品附加值，产生了较好的经济和社会效益。淳安县"霜打菜"市场销售价格比同品种、同时期的大棚蔬菜溢价近三成，明康汇各门店累计销售"千岛农品"系列产品近千万元。

三、经验启示

1. 农田季节性轮作制度既保障粮食安全又保障农民增收

推动永久基本农田特别是粮食功能区地块季节性流转，在单季稻收割后的不种植小麦、油菜等作物的冬闲田上轮作蔬菜，满足主粮产出的同时，可提高耕地复用率和亩均产出，综合效益与全年种植经济作物基本持平，也促进了蔬菜育苗、精深加工等关联产业的发展。据测算，淳安县在满足主粮种植的基础上，可作为冬闲田蔬菜种植面积约 12.87 万亩，推动适宜土地规模化轮作将为农业高质量发展提供有力支撑。

2. 产销共同体模式既解决了农民就业又提高了农民技能

产销共同体模式坚持充分协商、合作共赢，构建稳定的联农带农利益联结机制，通过为农民提供技术、销售、效益保障，有效增加农民土地流转、就业务工收入，同时通过实施农民就业技能培训，引导农民特别是低收入群体和弱势劳动力人群参与到产销共同体建设中，可破解受教育程度、专业技能、就业经验总体层次不足与农民增收的矛盾，也让留守农民增收的信心得到明显提升。

3. 创业合伙人计划既解决了人才供给又解决了人才输出

安排"一村一名大学生"配合乡镇、村集体参与项目建设，充分发挥"统"的作用推动土地流转、生产组织、农民培训等工作，经营、组织、协调等能力得到明显提升。项目启动了"创业合伙人"计划，筛选

杭州百李屋农业公司和杭州千润农产品公司法人为"创业合伙人",依托明康汇的生鲜销售大数据信息,指导提升"创业合伙人"农产品生产经营,通过示范带动返乡创业 13 人。明康汇还将向浙江省山区 26 县招募一批新农人,由明康汇带班开课学习,到基地、物流、门店等一线轮岗,帮助农业青年人才快速成长为山区共富合伙人,不断提升乡村人才活力。

(供稿:淳安县农业农村局)

沈满洪点评:在禁止农田尤其是永久基本农田"非农化""非粮化"背景下,如何提高农田亩均收入和农民共富是一个重大现实问题。淳安县通过实施农田季节性轮作制度,高效开发利用"冬闲田"资源,既保障了粮食产出又提高了亩均产出和收入;通过推行产销共同体模式,连接了供给者和需求者、县内农民和县外企业,形成了共富共同体;通过实施创业合伙人计划,帮助农业青年人才快速成长为山区共富合伙人,做到乡村"人才振兴"。"百村万亩亿元"产销共同体模式是一个实现农民共同富裕的好模式。

后　记

　　2023 年是时任中共浙江省委书记习近平同志亲自擘画的"八八战略"实施 20 周年。在这一特定的时间节点对"八八战略"及其生动实践进行典型案例分析，具有十分重要的理论意义和实践意义。"八八战略"之五是"进一步发挥浙江的生态优势，创建生态省，打造'绿色浙江'"。作为首个通过国家验收的全国生态省，值得深入研究的区域很多，淳安县一定是其中的一个典型样本。

　　淳安县是山区、老区、库区等"多区合一"的县域，也是时任浙江省委书记习近平同志蹲点联系村——下姜村的所在县。习近平总书记高度重视千岛湖的生态环境保护和淳安县的经济社会发展。淳安县也不辜负习近平总书记的殷殷嘱托，按照"生态优先，绿色发展"的要求，严格保护生态环境，做大"绿水青山"；努力谋求生态产品价值实现，做大"金山银山"；充分利用生态环境优势，大力发展生态产业，促进共同富裕。在这一背景下浙江省社科联以"社科赋能山区 26 县高质量发展行动"规划专项课题设立项目，并与淳安县委宣传部合作委托我牵头的课题组承担"习近平生态文明思想在淳安的实践创新研究"（22FNSQ38Z）的研究工作。

　　我和我的团队长期聚焦水资源、水生态、水环境问题研究，对千岛湖、新安江及淳安县跟踪研究已经长达 20 多年。由于这种特殊经历和感情以及本项目研究的特殊意义，我组织了浙江农林大学、宁波大学、浙江理工大学、浙江大学、中央财经大学等有关学者对课题进行集中攻关。2022 年 7 月和 8 月课题组赴淳安县进行了为期各一周的集中调研，走政府、走乡镇、走园区、走企业、走村庄、走农户，真正做到"社科学者走基层"。在实地调研的基础上形成了课题报告撰写提纲。分工执笔撰写课题报告，我反复提出修改意见，课题组成员也反复修改课题报告，直至我认为可以拿出来征求意见。

2023 年 4 月 3 日，淳安县委宣传部组织召开了"习近平生态文明思想在淳安的实践创新研究"课题报告汇报结题会，淳安县委、县政府、县人大、县政协四套班子主要领导及部门负责人参加会议，与会同志认为该报告是一份"总结经验有条有理、梳理问题直言不讳的高质量报告"，并同意结题。同时，也提出了诸多中肯的修改建议。课题组再次做了修改，形成完整的课题报告。

基于 2023 年是"八八战略"实施 20 周年的特殊年份，淳安县委宣传部根据县委领导的指示，建议把课题报告转化为学术专著，并安排典型案例及评论。为此，课题组为淳安县委宣传部代拟了案例征集通知，在规定时间内共征集到 41 个案例。这些案例总体上都十分优秀，但有的过于综合，缺乏故事情节；有的不符合案例的写作规范；有的没有紧扣"生态优先，绿色发展，绿色共富"的主题。因此，只是选用了其中的 21 个案例，并对每个案例做出点评。最后，课题组对课题报告做适当的压缩，分为"总论篇"和"专论篇"，同时，增加"案例篇"。

该书的前期成果是"习近平生态文明思想在淳安的实践创新研究"的课题报告。课题报告第一章"习近平生态文明思想及对淳安的指示批示精神"由浙江农林大学团委书记、北京林业大学在职博士生魏玲玲执笔，梳理总结十分到位。由于习近平同志对淳安的指示批示大多为非公开出版物，不宜出版。因此，与中国财政经济出版社沟通后决定以《生态文明建设的淳安样本》为书名正式出版，忍痛割爱放弃课题报告第一章。课题报告第九章"浙江省山区 26 县绿色发展比较及对淳安县的启示"的指标体系有待深入探究，也不纳入书稿。为了使书稿更加生动鲜活、可复制可学习，以"淳安县坚持生态优先的生动案例""淳安县坚持绿色发展的生动案例""淳安县坚持绿色共富的生动案例"三个章的形式纳入专著，并作为第三篇"案例篇"。我对每个案例做出了点评。

本书执笔分工如下：

摘要：沈满洪（浙江农林大学生态文明研究院院长、浙江省生态文明智库联盟理事长、浙江省人民政府咨询委员会委员、中国生态经济学学会副理事长）

第一章：吴应龙（浙江大学经济学院博士生）、沈满洪

第二章：王琦（浙江农林大学经济管理学院硕士生）、沈满洪

第三章：王寅梅（浙江农林大学经济管理学院硕士生）、沈满洪

第四章：李玉文（浙江省新型重点专业智库——浙江农林大学生态文明研究院信息部部长、浙江农林大学经济管理学院副教授）

第五章：谢慧明（宁波大学商学院副院长、长三角生态文明研究中心副主任、教授）、裘文韬（中央财经大学政府管理学院博士生）、娄豪（宁波大学商学院硕士生）

第六章：强朦朦（浙江理工大学经济管理学院副教授）

第七章：陈海盛（浙江农林大学经济管理学院博士生）、沈满洪

第八章：淳安县各相关部门和乡镇、沈满洪

第九章：淳安县各相关部门和乡镇、沈满洪

第十章：淳安县各相关部门和乡镇、沈满洪

在该课题研究过程中，课题组成员努力将研究成果转化成政策实践，形成了若干份成果要报，主要有：

1. 沈满洪、刘琼：《健全我国生态保护补偿机制的建议》，全国社科规划办主编的《成果要报》，2022年第31期。

2. 沈满洪、李玉文、陈海盛：《关于高质量推进淳安特别生态功能区建设的对策建议》，杭州市决咨委《资政建言》2023年第4期，2023年3月6日，中共浙江省委常委、杭州市委书记刘捷和杭州市市长姚高员肯定性批示。

3. 刘琼、沈满洪、钱志权：《健全我省生态补偿机制的对策建议》，浙江社科要报，2022年第124期（总第909期），浙江省副省长卢山肯定性批示。

4. 谢慧明、沈满洪：《健全淳安生态产品价值实现机制的问题与对策》，浙江省社科联主编的《浙江社科要报》（改革攻坚专报）第20期（总975期），2023年2月21日。

5. 沈满洪、陈海盛：《支持淳安走绿色共富道路的建议》，浙江大学公共政策研究院、浙江省公共政策研究院主编《公共政策内参》，第22991期，2022年11月16日。

在课题设计和研究过程中，得到了浙江省社科联的大力鼓励，从事该项目研究的"浙江农林大学生态文明与碳中和团队"被授予"社科赋能行动优秀团队"；得到了中共淳安县委书记杨建根，县政协主席郑志光，县委常委、宣传部部长章临凯等领导的指导和帮助；得到调研所到的各个部门、乡镇、园区、企业、村庄所有相关人员的热情接待；特别是在整个

调研过程中得到中共淳安县委宣传部和淳安县社科联周密的工作安排和热情的全程接待，中共淳安县委宣传部原常务副部长余国富，县社科联专职副主席汪思强，县委宣传部理论教育科科长、社科联秘书长汪红军，县社科联综合科副科长（主持工作）蒋奇做了大量艰苦细致的工作，在此表示衷心感谢！

在浙江省哲学社会科学规划办公室和浙江省社科联的大力支持下，浙江农林大学生态文明研究院于 2023 年年初正式被批准为浙江省新型重点专业智库。智库建设需要有资政建言的成果要报、阐释思想的理论文章、探究科学的学术论文，更需要有智库发展报告和系列专著。于是，浙江省新型重点专业智库——浙江农林大学生态文明研究院、浙江省生态文明智库联盟在推出《浙江生态文明发展报告》（年度系列）《碳中和论丛》的同时，推出开放性、连续性、不定期的《生态文明研究丛书》。本书便是该丛书的第一本著作。在此衷心感谢中国财政经济出版社和周桂元编审的大力支持！

沈满洪

2023 年 5 月 6 日